두피 · 모발관리학

SCALP and HAIR CARE

최연희 지음

청구문화사

머 리 말

과거에는 탈모는 남성들의 전유물로 인식되어 왔으나 근래에는 여성들도 머리가 빠져 고민하는 사람들이 점차 많아지고 있다. 호르몬 등의 영향으로 50대 이전의 여성들은 거의 머리숱이 줄어들지 않는다고 알려져 왔으나 이제는 남녀노소를 가리지 않고 각자 독특한 형태로 탈모현상이 일어나고 있다. 이러한 탈모현상을 보이는 고객에게 헤어서비스를 하는 미용인들로 하여금 그들의 생리적·정신적·사회적인 측면을 포괄적으로 이해하며 모발관리에 대한 지식을 정확히 습득하여 고객들의 헤어를 관리해야할 필요성이 인식되어지고 있다.

현대인들이 헤어스타일에 높은 관심이 있음을 알게 되었으며 보다나은 헤어스타일을 연출하기 위해서는 두피와 모발에 발생되는 여러 가지 문제점들이 해결되고 나아가서 두피가 모세혈관으로부터 영양분을 공급받아서, 모근이 건강해져야 한다. 두피의 문제를 해결함으로써 탈모로부터 해방되고 모발을 건강한 상태로 유지·개선시켜 줌으로서 멋진 헤어스타일을 연출할 수 있게 된다.

그 동안의 현장경험과 교육경력을 바탕으로 연구하여 미력하나마 이 책을 지필 하였으며 풍부한 경험과 폭넓은 지식을 갖춘 미용분야 취업준비생들과 두피&모발관리사 자격증 취득을 위한 교재 및 지침서가 될 수 있도록 노력하였다.

이 책을 지필하기까지 많은 도움을 주신 사) 한국두피모발관리사협회 김영배 이사님, 사랑스러운 제자들, 청구문화사의 이상태사장님과 직원 여러분들께 감사드리며 끝으로 편안한 마음으로 지필 할 수 있도록 도와주웠던 사랑하는 남편과 딸에게 이 책을 통해 감사의 마음을 전하고 싶습니다.

2014년 8월

저자 최연희

목 차

제1장 두피 · 모발관리학

1. 두피 · 모발관리의 정의

두피와 모공에 쌓여 있는 노폐물을 제거하여 두피를 청결하게 하고 두피에 영양을 공급하여 두피의 신진대사와 산소공급 및 혈액순환을 원활히 이루어지도록 함으로써 염증, 지루성, 비듬성 두피 등의 문제성 두피를 개선하고 예방하여 모발이 손상되거나 탈모되는 것을 막아주며 윤기있고 건강한 모발로 자랄 수 있도록 두피를 관리해 주는 것이 두피관리이다.

두피와 모발을 과학적 분석을 통하여 두피와 모발에 관련된 질병을 예방하고 전문적으로 관리하는 것이다.

2. 두피 · 모발관리의 필요성

두피에 쌓인 노폐물은 모발의 성장을 저해하고 세균감염과 산소공급 부족으로 탈모현상까지 유발할 수 있는 가능성이 있기 때문에 두피관리에 세심한 주의가 필요하다. 두피·모발관리의 목적은 두피에 자극을 주어 혈액순환을 원활히 하여 모발 건강에 유용한 영양공급과 산소공급을 원활하게 함으로써 탈모방지 및 모발의 성장을 촉진시키고 탈모를 포함한 모든 건강관리에 있어서 시너지 효과를 부여할 뿐만 아니라 생리 기능을 원활하게 하여 두피와 모발에 건강을 유지시키는데 있다.

고객 상담카드 작성과 두피진단기를 통해 과학적으로 두피의 상태, 모공의 상태, 모발의 상태를 상세히 살펴보고, 원인을 파악하여 모발의 각질 및 더러움을 제거하고 두피마사지를 통해 자극을 주어 혈액순환을 원활히 하여 탈모방지와 모발의 성장에 도움을 준다. 또한 두피의 생리기능을 원활히 도와 두피와 모발건강, 탈모예방 등을 효과적으로 관리 할 수 있다.

3. 두피 · 모발관리의 효과

1) 건강한 두피와 모발

모근 부분에 흡착된 이물질은 모발에 굴곡을 형성하고 모발의 탄력을 저하시켜 모발의 볼륨을 감소시키거나 펌이나 염색 시 원하는 스타일을 만들지 못하는 원인이 된다.

장기적인 이물질의 흡착은 신생모의 건강상에도 문제를 일으켜 가늘고 탄력이 저하된 손상모가 발생하는 원인이 된다. 따라서 두피의 생리기능을 원활히 하여 두피와 모발건강을 유지시켜 주어야 한다.

2) 탈모예방 및 청결

건강하고 윤기있게 모발이 성장할 수 있도록 하고 탈모를 방지한다. 두피가 불결하다고 하여 그 자체가 탈모로 이어지는 것은 아니지만 탈모를 유발시키는 원인이 되기 때문에 두피의 청결은 탈모를 예방할 수 있는 가장 기본적인 관리이다.

3) 두피의 문제점 해결

문제성 두피가 가장 큰 비중을 차지하는 것이 불결한 환경에서의 세균번식이다. 감염부위의 세균번식으로 인하여 그 범위가 확산되어 두피 전체로 번지게 되는데, 이러한 문제점을 막기 위해서는 두피의 청결, 두피 살균, 소독으로 세균의 번식을 억제하는 것이 최고의 해결방법이다.

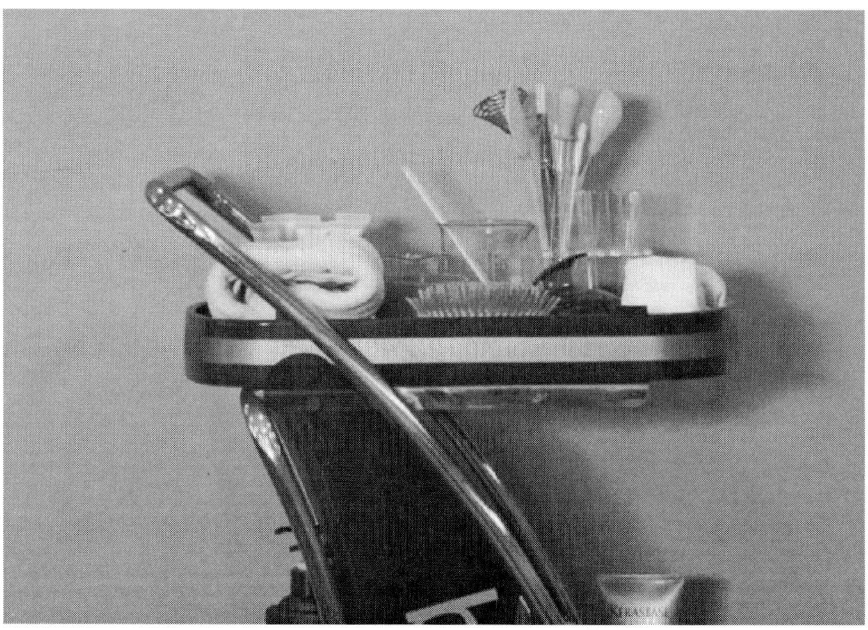

4. 두피 · 모발관리사의 정의 및 교육과정

1) Trichologist(두피관리사) 정의

모발학(Trichology)은 모발(hairs)과 두피(scalp)의 생리적 이론과 모발에 발생 가능한 문제들을 분석하고 다루는 과학이며 모발에 내한 기초지식과 그 관리빙법을 습득하여 긴강한 두피와 모발을 유지하도록 도움을 주는 역할을 하는 전문가를 Trichologist(두피관리사)라고 한다.

2) 교육과정

(1) 전문가

- 두피모발 생리학에 대한 개요
- 인체의 구조
- 모발화학 및 제품사용법
- 영양학
- 두피 진단법
- 기기학
- 서비스 이론 및 서비스 테크닉
- 고객 관리법

(2) 상담자

- 고객 상담 기법
- 성격유형분석 진단법
- 심리학
- 서비스 이론 및 서비스 테크닉
- 이미지 메이킹 기법
- 고객 관리법

5. 두피 · 모발관리 시장의 변화

사회가 선진국으로 발전하며 풍요로워질수록 현대인들은 아름다움, 건강, 풍요로운 삶에 대한 관심이 급격히 높아지는 추세이다. 따라서 '잘 먹고 잘사는 법'이라는 TV프로가 나올 정도로 다른 사람들은 어떤 것을 먹으며 어떻게 사는지 궁금해 하는 이들과 더불어 삶의 질을 높이기 위한 방안으로 여러 가지를 연구하게 되었다.

우리나라 사람들도 삶이 풍요로워지면서 그만큼 건강에 관심이 집중되어 있으며 평균수명 100세를 바라보는 고령화시대로 접어들고 있다. 두피 · 탈모관리시장 또한 젊게 아름답게 살고 싶어 하는 고객들의 필요에 따라 급진적으로 발전해 나아가고 있다.

과거에는 탈모는 남성들의 전유물로 인식되어 왔으나 근래에는 여성들도 머리가 빠져 고민하는 사람들이 점차 많아지고 있으며, 미국에서는 20세 이상 성인여성 5명중 1명은 머리카락이 25% 이상 빠져 심각하게 고민하고 있다는 통계자료가 보고되어진바 있다. 여성호르몬 등의 영향으로 50대 이전의 여성들은 거의 머리숱이 줄어들지 않는다고 알려져 왔으나 이제는 남녀노소를 가리지 않고 각자 독특한 형태로 탈모현상이 일어나고 있다.

최근 들어 접근성이 좋은 뷰티살롱을 중심으로 전문적으로 두피, 탈모 관련 관리기술을 배우려는 수강생들이 늘어나고 있으며 집중교육을 위한 전문적인 매뉴얼도 개발되고 있다.

병원과 두피 전문샵에서는 의학적 치료에 장점을 가지고 전문가적 기술을 가진 두피관리사를 채용하여 의사들의 의학적 치료와 두피관리사의 관리기술의 장점들을 모아서 임상효과를 높이고 있다. 또한 두피, 탈모환자들을 대상으로 집중적으로 두피모발관리 프로그램을 도입하는 뷰티살롱과 전문관리샵(닥터스칼프, 르네휘테르, 웰킨, WT-메소드, 다모코스메틱, 스펠라랜드, 아미치, 까망, 스칼프메디슨 등)들이 대거 등장, 급성장 하는 추세이다. 고객의 두피 및 모발상태에 맞는 임상효과를 극대화하는 목적으로 두피관리 메뉴얼을 개발하는데 중점을 두고 있다.

이러한 무제성두피와 탈모현상을 보이는 고객들께 헤어서비스를 하는 미용인들은 생리적 · 정신적 · 사회적인 측면을 포괄적으로 이해하며 모발관리에 대한 지식을 정확히 습득하여 고객들의 헤어를 관리해야할 필요성이 인식되어지고 있다.

1) 두피 · 모발관리(탈모 & 두피클리닉)시장의 규모

홈쇼핑의 저변확대가 탈모 & 두피크리닉 시장을 급성장시키는 요인으로 작용하고 있으며 먹고 살기 힘들던 시대에는 병이 나야 병원에 갔으나 이제는 예방차원에서 병원을 찾는 시대로 점차 변화하고 있다. 두피와 모발관리도 이제는 예방차원에서 시행되어야한다고 생각되어진다.

2015년까지의 창업코드는 건강과 레져, 환경으로 압축된다. 이에 따른 소자본 창업에 초점을 맞추기 두피 클리닉에 대한 시장의 수용 급증으로 인해 지속적으로 두피·모발관리시장도 급증할 전망이다.

두피·모발관리(탈모 & 두피클리닉)시장의 규모

구 분	2002	2005	2007	2009	2011
시장규모	2,000억원	5,000억원	1조 5천억원	2조원	2조 5천억원
탈모인구규모	-	500만명	800만명	900만명	1,000만명

(이코노미21)

2) 두피 · 모발관리(탈모 & 두피클리닉)시장의 문제점

(1) 현장 전문인력의 부족
(2) 체계적인 매뉴얼 부재
(3) 효과적인 임상데이터 전무
(4) 지속적인 임상데이터 전무(1년 이상)
(5) 제품의 희소성 결여
(6) 전문적인 시스템의 부재
(7) 체계적인 탈모 클리닉 시스템의 결여

3) 두피 · 모발관리(탈모 & 두피클리닉)시장의 환경(자료 : 고운세상 클리닉)

(1) 20대부터 탈모가 일어나는 조기 탈모증이 전체 남성 중 84%를 차지하고 있다.
(2) 병원 방문 환자의 68.5%가 30세 미만 환자이다.
(3) 젊은 층의 탈모는 결혼이나 면접, 구직난 등이 원인으로 작용한다(우리나라에서는 대머리에 대한 네거티브적 견해를 가진 사람들이 많다).
(4) 연령대 별로 보면 20대 10%, 30대 17%, 40대 28%, 50대 36%로 나타났다.
(5) 직종 별로 보면 샐러리맨, 전문직종사자, 연구원, 교수 등 인터넷 환경과 인접한 전문직 종사자들의 불안감이 극대화되고 있다.

4) 두피 · 모발관리(탈모 & 클리닉) 사업의 비젼

(1) 대한민국 인구의 20%에 해당 하는 1,000만 명이라는 잠재적인 고객을 가진 2조 5천억의 시장
(2) 현대인의 외모에 대한 관심과 웰빙을 추구하는 라이프-스타일로 인해서 사업의 장기적 성장가능성이 내포되어 있다.

5) 두피 · 모발관리(탈모 & 클리닉)센터 유형

구 분	전문 탈모관리 센터	병원 샵인샵	미용실/피부관리실 샵인샵	전문판매점
운영 특성	- 브랜드 독립형 - 전문 탈모 관리 센터	- 병원의 신뢰도를 바탕으로 샵인샵 개설	- 미용실 인지도를 바탕으로 샵인샵 개설	- 탈모 및 두피클린징 홈케어 판매점에서의 탈모 및 두피관리
장점	- 전문성 부각 - 브랜드 홍보용이 - 수익률 극대화	- 고객 신뢰도 극대화 - 부가수익 창출 - 투자비용 저렴	- 고객의 접근성 용이 부가수익 창출 - 미용실 운영자의 투잡 가능	- 매출 창출용이
단점	- 투자비용 높음 - 경영 리스크 높음 - 마케팅 비용 증가	- 수익률 저하 - 병원 측의 경영 간섭	- 전문성 결여 - 독립적인 경영 곤란	- 전문성 결여 - 홈케어 제품 판매 위주 부가서비스 전략 - 상권 및 입지 중요

6) 두피 · 모발관리 센터의 상담기술

(1) 유능한 상담사가 되기 위한 10가지

① 단정함과 품위를 지키고 내가 최고의 전문가라고 주문을 걸어라.
② 나의 첫인상은 30초 이내에 결정되는 단 한 번의 기회이다.
③ 정중하고 절도 있게 고객을 맞이하라.
④ 발음을 정확하게 내용은 논리 정연하게 진행하라.
⑤ 상담은 30분을 넘기지 마라.
⑥ 고객에게 집중적인 질문을 하라.
⑦ 해결책을 너무 일찍 제시하지 마라.
⑧ 1분 말하고 2분 들어주며 3번 이상 맞장구쳐라.
⑨ 고객의 장점을 진심으로 칭찬하고 미소를 잃지 마라.
⑩ 벤치마킹 하라.

(2) 전문 상담의 7가지 조건

① 상담의 기본은 관심이다.
② 전문가로서의 지식과 경험을 갖추어라.
③ 고객의 요청사항을 우선으로 하라.

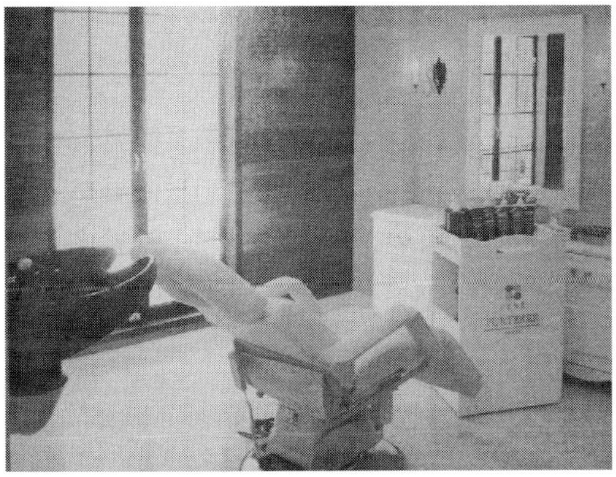

④ 경청할 때와 말할 때를 구분하라.
⑤ 결과를 기다리는 자세가 필요하다.
⑥ 상담 중 고객의 반응이 NO일 때를 미리 준비하라.
⑦ 상담자는 물 같아야 성공한다. “눈높이를 맞추어라”

제2장 두피 · 모발생리학

1. 두피의 개요

1) 두피의 정의

두피는 피부의 일부분으로 두상을 싸고 있는 피부조직으로 외부의 환경으로부터 신체를 보호해주는 중요한 기관이다.

피부조직은 각 부위에 따라 얼굴, 손등, 손바닥 등과 같이 다양한 명칭으로 구분되어시며 그 중 두부를 보호하고 있는 부분의 피부조직을 **두피**라고 지칭한다.

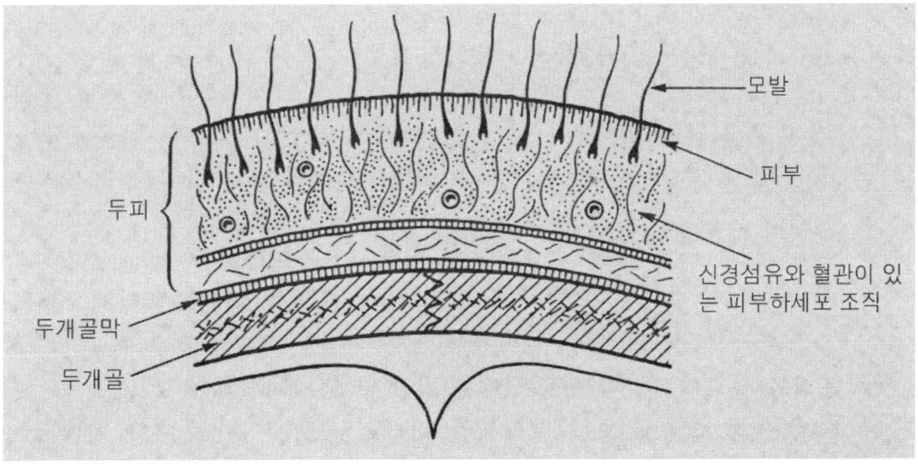

그림 2-1 두피의 구조

2) 두피의 기능

(1) 보호기능

물리적인 충격으로부터 직접적인 손상을 막고, 아름다움을 위해 사용되고 있는 여러 종류의 화학적 약물로부터의 피해를 막는 것이 두피를 보호하는 가장 기본적인 기능이다.

(2) 흡수기능

두피의 흡수작용으로 약물이 스며들면 화학제품인 암모니아 성분에 의해 모낭의 조직세포들이 파괴되어 제 기능을 하지 못하게 되고 모모세포의 활성저하로 인해 새로운 모발의 성장을 막게 된다. 또한 피지선을 자극함으로써 피지분비과다, 염증, 알레르기 등이 발생할 수 있으며 증상이 심할 경우 피지분비기능이 저하될 수도 있다.

(3) 호흡 및 배출기능

두피에 각질 및 노폐물들이 피지와 섞여 표면에 쌓이게 되면 두피의 모공을 막아 피부호흡을 방해하기 때문에 두피염증을 유발하여 모발이 가늘어지게 된다. 호흡 및 배출기능이 원활치 못하여 노폐물이 체내에 축적되어 신체균형이 깨지게 되면 다른 기능에도 영향을 끼칠 수도 있기 때문에 두피를 청결히 하여 원활한 호흡과 배출을 할 수 있어야 탈모를 방지할 수 있다.

(4) 감각 기능

두피에 자극을 주면 두피가 민감해져 모세혈관이 확장되어 약한 자극에도 따갑거나 간지럽게 된다. 샴푸를 할 때 손톱으로 긁거나 너무 세게 빗질을 해도 민감하게 반응하기 때문에 심한 자극을 주면 안 되고 화상을 입었거나 수술 한 부위는 두피의 영구적 손상으로 모낭조직이 파괴되기 때문에 더 이상 모발이 자라지 않을 수도 있다.

3) 두피 타입별 분류 및 특징

(1) 정상 두피

두피 표면이 맑은 청백색을 띄며 투명도가 높고, 각질이 없고 깨끗하며 모발 주위의 모공이 완전히 열려 있는 상태로, 한 개의 모공에 2~3개의 모발이 건강하게 자리 잡고 있으며, 모발의 굵기가 거의 일정하고 투명한 반사 빛을 보인다. 그러나 요즘에는 잦은 퍼머와 염색, 환경오염, 스트레스로 인해 현대인들에게는 흔히 볼 수 없는 두피이다.

(2) 건성 두피

피지량과 수분조절 기능의 밸런스가 깨져 유 · 수분이 과도하게 제거되거나 증발하여 건조한 두피 상태로, 탁한 백색을 띄며 각질화 된 표피세포가 정상적인 주기를 거쳐 탈락되지 못하고 모공을 막는 경우가 생기며, 부분적으로 비듬 형태의 각질을 보이며 모공 주위에 유 · 수분기가 적고 모공이 뚜렷하게 함몰되어 있다.

잦은 샴푸, 펌과 염색, 강한 드라이 열 등으로 인한 자극 등에 의해 건성이 더욱 악화된다.

(3) 지성 두피

정상 두피와 달리 모공 주위에 과다한 피지분비로 인하여 두피의 투명감이 없고 탁해 보이며, 모공에 물이 고인 것처럼 보인다. 과도하게 분비된 유분에 빛이 반사되어 번들거리는 현상이 발생한다. 각질과 피지가 결합, 산화되어 끈적거리는 모발을 형성하고 심한 경우 악취가 난다. 과도한 유분기로 인해 모발은 힘이 없고 가라앉고, 지성 두피가 심할 경우 비듬이 같이 발견되고, 가려움을 동반하거나 피지분비 과다로 지루성 염증이 유발되기도 한다.

(4) 민감성 두피

외부 물질에 대해 과민반응을 나타내는 두피로서 두피 표면에는 붉은 반점이나 뾰루지와 같은 실핏줄이 보이고, 잦은 퍼머, 염색과 탈색 등의 화학적인 시술 때문에 민감해 지기도 한다.

(5) 비듬성 두피

피지선의 과다한 분비로 비듬균에 의해 각질이 쌓이게 되는 지성 비듬의 형태와 피지 분비가 원활하지 않아 두피에 수분이 모자라는 상황으로 표피가 갈라져서 이루어지는 건성 두피의 형태로 나눌 수 있는데, 비듬균의 이상 증식으로 비듬이 비정상적으로 쌓여 가려움이 유발되므로 긁게 되고 이로 인하여 자극이 가해짐으로서 두피는 예민하게 변할 수 있고 관리시기가 늦어질 경우 염증이나 탈모를 유발할 수 있다.

(6) 탈모 진행형 두피

피지가 과도하게 분비되고, 두피가 경직되어 딱딱하고, 비듬과 가려움증을 동반하고 있으며, 증세가 더욱 악화되는데 탈모가 있는 두피는 모공 하나에 1개의 모발만이 존재하거나 빈 모공의 상태로 함몰되어 있는 경우가 있다.

그러나 스트레스를 많이 받거나 혈액순환 장애, 다이어트로 인한 영양부족, 임신과 출산, 폐경에 따른 호르몬의 영향, 노폐물의 축적 등에 의해 성장하는 모발 보다 빠지는 모발의 수가 많아진다.

(7) 문제성 두피

① 백 선

곰팡이균과 직접적 접촉, 상흔에서 떨어져 나온 가피들과의 접촉, 오염된 빗, 타월에 의한 간접적 접촉 등에 의해 발생된다. 증상으로는 둥근 모양으로 반점이 번지면서 회색빛의 비늘 가피가 형성되어 핑크빛 반점이 나타나기 시작하고 반점을 중심으로 절모 현상이 일어나며, 전염성이 매우 높다.

② **모낭염**

피부 및 두피에 손상을 받았을 때 박테리아가 침범하여 급성 화농염 염증을 일으켜 발생한다. 오염된 기구를 통해 감염되며, 간혹 와인딩시 과도한 당김으로 퍼머 약제가 모공으로 들어가 모낭염을 일으킬 때도 있다. 증상으로는 작은 농포가 형성되고 특징적으로 농포 중앙에 모발이 나는 형상을 띄기도 한다.

③ **모공각화증**

모낭 유두의 과각화증으로 모낭공이 부분적으로 폐쇄되어 휴지기 털이 빠지지 못하여 발생한다. 증상으로는 모낭이 솜털의 뭉치가 있는 깔대기 모양의 각질 덩어리로 채워져 있어 노인의 코와 이마에서 주로 나타나며, 어깨와 등에는 면포와 같은 작은 흑점을 보인다.

2. 모발의 개요

1) 모발의 정의

모발은 포유류 특유의 피부 부속기관으로서 피지선이나 한선과 함께 태아의 발육과 동시에 발생한다. 따라서 모든 피부의 발생에 따라 생겨나 각화현상이 진행되어 한 가닥의 모발이 형성되는 것이다.

머리카락은 두피에 1~5개씩 근접하여 비스듬히 뿌리 박혀 있으며 모발은 잘라도 다시 자란다. 모발은 자연 또는 화학적인 작용에 의해 손상될 수 있으며 모발의 색도 변할 수 있다. 비록 모발의 주성분이 단백질이고 단백질은 모든 생물체의 기본이라고 해도 오직 모구의 세포만 살아 있지 모발 자체가 살아 있는 것은 아니다.

모발은 두 부분으로 나눌 수 있는데 우리가 눈으로 볼 수 없는 부분을 모근(hair root)이라 하고, 우리가 눈으로 볼 수 있는 부분을 모간(hair shaft)이라고 한다.

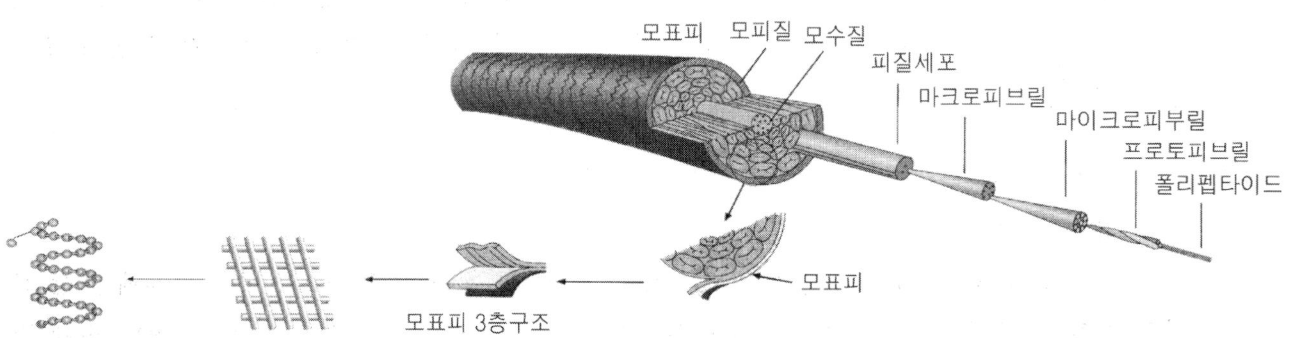

그림 2-2 모발의 구조

2) 모발의 발생

(1) 모 낭

피부의 표면에 솟아 있는 모발은 세포 결합조직의 이중층으로 둘러 싸여 있으며 표피의 함입구에 박혀 있다. 이 표피 함입구는 진피의 몇 mm 안쪽으로 묻혀 있다. 섬유주머니는 똑딱단추와 같이 깊이 들어있는 모눈(모유두=진피돌기)을 표피함입구의 최하부에 포함하고 있다. 진피돌기와 섬유주머니는 과립층과 기저층에 인접한 아주 얇은 기저막에 의해 표피함입구와 분리된다. 모유두는 매우 가는 모세혈관에 의해 영양공급을 받으며 모근과 혈관계를 연결시켜 준다.

상피막은 모근을 둘러싸고 있는 표피함입구로 외상피막과 내상피막으로 구별된다. 내상피막은 모근부를 둘러싸고 있으며 동일점을 중심으로 앙레층, 헉슬리층, 표피층이란 3개의 세포층으로 구성되어 있다.

상기에 기술한 섬유주머니, 모유두, 상피막 등의 세부구조를 일컬어 모낭이라고 하며, 모낭의 최하부를 모구라고 한다.

(2) 모발의 생성과정

모낭이 형성되는 생성기간은 2~5개월이며, 그 후에 머리카락이 탄생한다.

① 모모태 또는 배아층이 있는 모낭하부의 모유두 부근에서는 모발의 형성에 기여하게 될 세포(keratinocyte)들이 발견되는데, 이 세포들은 유사분열에 의해 증식된다.

② 세포분열과 모구의 발달에 필요한 영양분은 모세혈관으로부터 영양을 공급받은 모유두에서 가져오게 된다.

③ 세포증식의 결과로써 성장에 기인한 압력이 생기며, 세포들은 모낭의 방향대로 위쪽으로 밀려올라 가게 된다.

④ 세포들은 우선 미분화영역에 도달하는데 여기서 서로 다른 형태를 갖게 된다. 한 부분은 상피막의 세포층을 이루며 또 다른 부분은 모유두 바로 위쪽에 있는 세포들로 모낭의 축을 향하여 방추형의 형태로 변화되고 아주 얇은 섬유상(소섬유)의 구조를 형성한다. 이 세포들은 모발의 모피질(cortex)을 구성한다.

⑤ 모모태에서 조금 떨어진 곳에서 형성된 케라티노사이트(keratinocyte)는 반쯤 이행될 대까지 세포벽의 표면에 변화를 받아들으며 퇴적층의 형성하게 된다.

⑥ 세포들은 바깥 방향으로 길쭉해지고 납작해져 서로 포개어 들어가기 시작한다. 이렇게 해서 비늘층(각질층) 또는 큐티클(모표피)이 구성된다.

연이은 각화 영역에서 피질세포를 포함하고 있는 미세섬유는 견고한 모태 속에서 표피세포처럼 완전히 각화된다.

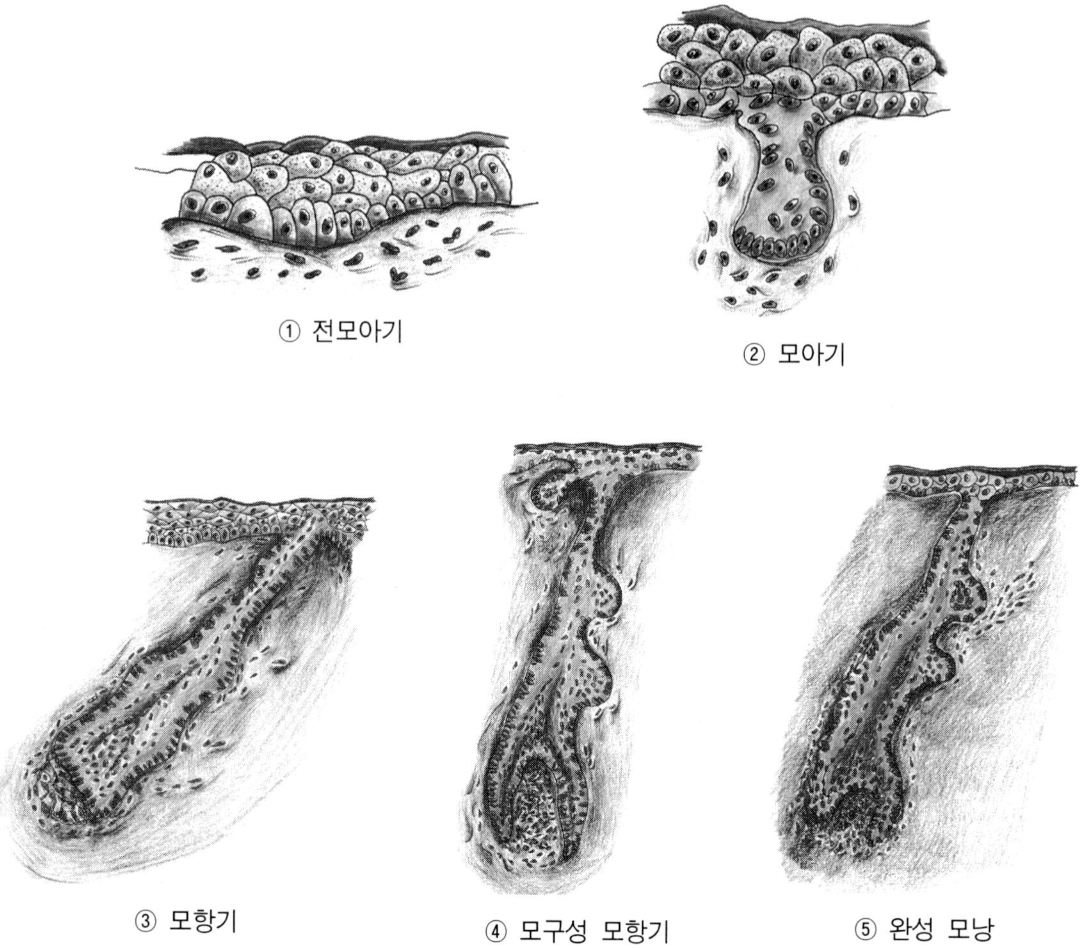

그림 2-3 모발의 생성과정

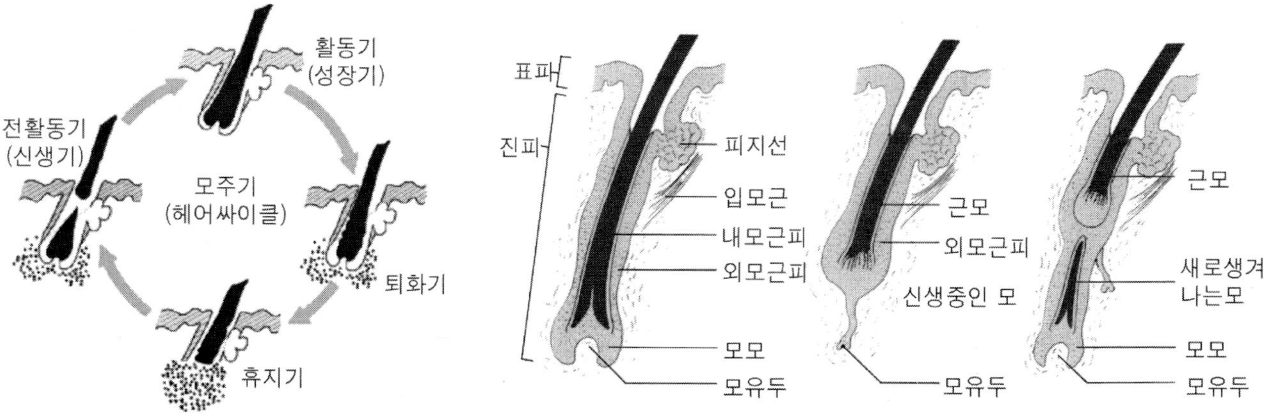

그림 2-4 모발의 성장사이틀

3) 모발의 성장주기

모발은 성장주기에 따라 새로 자라나며, 성장단계는 연속되는 3단계를 반복한다.

모낭의 활동단계를 성장기(anagen)이라 하고, 계속되는 짧은 기간 동안의 과도기적 활동단계를 과도기(catagen)이라 한다. 그리고 휴지기의 단계를 휴지기(telogen)이라 한다.

(1) 성장기(Anagen)

모발의 성장은 모구의 밑 부분에 자리 잡고 있으며 혈관계에 직접 연결되어 있는 모유두의 영역에서 시작한다. 성장에 필요한 아미노산을 모유두에서 가져오게 되는데, 이 과정에서 세포분열이 일어나게 된다. 영구적인 세포분열의 구역은 모모세포층으로 지칭된다. 이곳의 세포들은 완만한 속도로 모낭 안에서 단단해지면서 위로 향하여 천천히 올라오는데, 이것을 각화라고 한다. 멜라닌은 색소 세포들 속에서 저장되어 발견되며 모발에 자연색을 갖게 한다. 전체 모발의 85~90%%가 2~6년간 지속되는 성장기 단계가 있다.

(2) 과도기(Catagen)

모유두가 모발의 영양섭취를 관장하는 성장단계 이후 모세포층의 세포분열은 중지된다. 모근이 파괴되며 상피막이 수축되고 혈액공급이 중단된다. 전체 모발의 1%가 대략 3~4주간 지속되는 과도기 단계에 있다.

(3) 휴지기(Telogen)

모구가 모유두에서 분리되고 모발은 위로 향하여 자라난다. 피지분비에 의해 탈락될 때까지 모발은 모낭 안에 머무른다. 휴지기 동안에 모유두에서는 새로운 성장의 단계가 생성되며 새로운 모발의 시작이다. 이전의 모발은 빗질, 브러싱, 샴푸잉 등에 의한 물리적인 원인에 의하여 떨어지지 않으면 새로운 모발에 의하여 떠밀려 떨어지게 된다. 전체 모발의 14%가 3~4개월간 지속되는 휴지기 단계에 있다.

4) 모발의 구성성분

(1) 모발의 구성요소

모발은 다양한 구성요소들로 이루어진 단백질이다.

① 모표피(Cuticle)
② 모수질(Medulla)
③ 모피질(Cortex)
④ 멜라닌Melanin 알갱이(모발 색소)
⑤ 세포막 복합체
⑥ 세포핵 잔여체

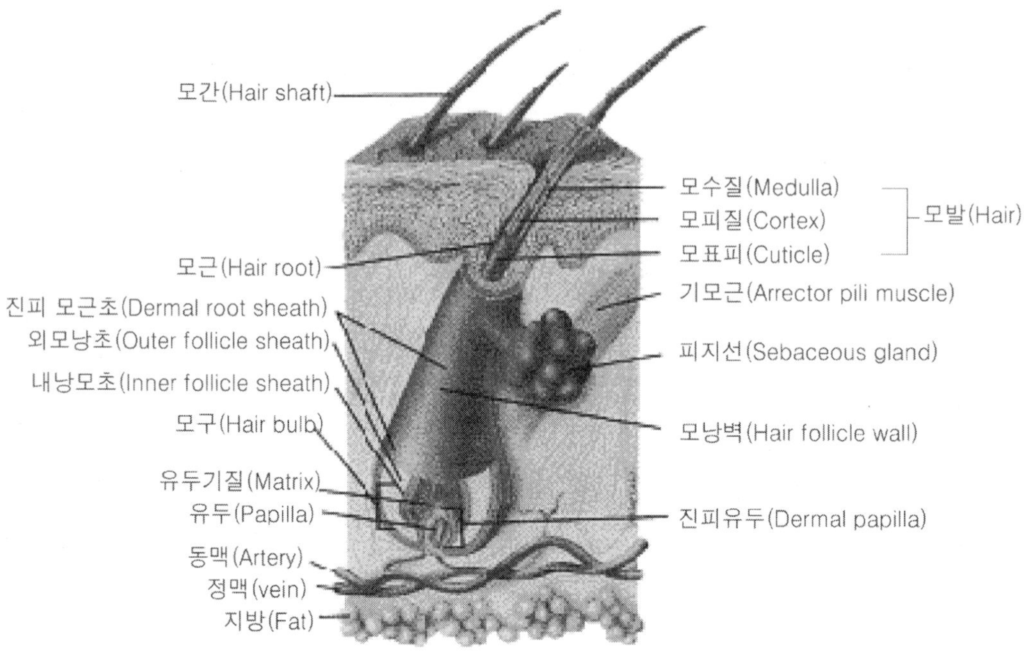

그림 2-5 모발의 구성요소

(2) 모발의 구성성분

모발은 케라틴이라는 단백질로 구성되어 있다. 이 케라틴은 일종의 단백질로서 약 20여종의 아미노산(amino acid)이 모여져 만들어진다. 이 아미노산이 펩티드(peptide) 결합을 이루어 폴리펩티드(poly peptide)가 되고 이 폴리펩티드가 연결되어 케라틴 단백질(keratin protein)로 되어 진다.

따라서, 모발에 있어 가장 중요한 것은 아미노산으로 식물과 동물성 단백질을 통해서만 얻어질 수 있다.

(가) 모발의 구성성분

케라틴 : ① 탄소C : 50~60%
② 산소O : 25~30%
③ 질소N : 8~12%
④ 수소H : 4~5%
⑤ 황 S : 2~5%
⑥ 수분 : 8~10%
⑦ 멜라닌 색소 : 1~3%

(나) 아미노산(amino acids)

아미노산은 단백질의 구성요소이다.

각 아미노산은 탄소, 질소, 산소와 수소원자로 이루어져 있으며 황 원자는 일부 아미노산에만 포함되어 있다.

일반적인 아미노산으로는 22가지가 있는데 그 중 모발에는 19가지의 아미노산이 필요하며 만일 19가지 아미노산이 다 갖추지 않는다면 그 구조는 모발이 될 수 없다.

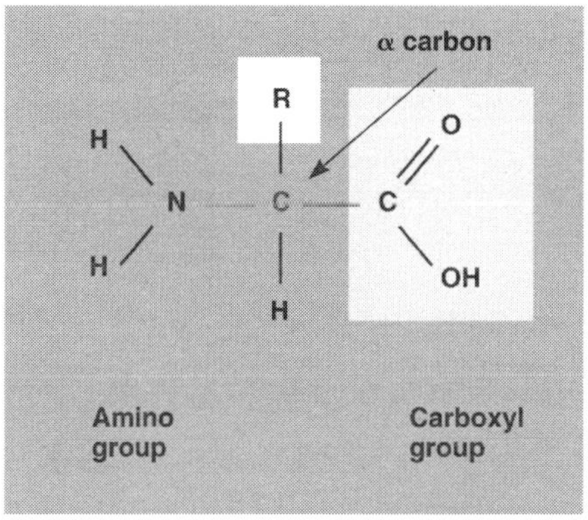

그림 2-6 아미노산의 기본 구조

아미노산은 사슬 같은 모양으로 결합되어 단백질을 형성하며 모든 아미노산은 질소원자 1개와 수소원자 2개로 이루어진 1개의 아미노기(NH_2)와 탄소원자 1개 수소원자 1개와 산소원자 2개로 구성된 1개의 카르복실기 또는 산기(COOH)를 갖고 있다. 이는 모든 아미노산의 기본구조는 다 동일하다는 것을 의미하며, 알킬기(R Group)는 어떤 유형의 아미노산을 다른 유형의 아미노산과 다르게 만드는 역할을 한다.

■ 모발에 함유된 아미노산의 비율

아미노산 종류	함 량
알라닌	2.8 ~ 4.4
아스파라긴산	3.7 ~ 6.5
알기닌	8.8 ~ 9.6
시스틴	14.0 ~ 16.5
글루타민산	14.3 ~ 15.5
글리신	3.3 ~ 3.5
히스티딘	0.7 ~ 1.1
이소류신	2.3 ~ 2.5
류신	6.4 ~ 6.9
리신	2.6 ~ 3.1
메티오닌	0.5 ~ 0.9
페닐알라닌	2.2 ~ 3.7
프롤린	7.0 ~ 7.8
세린	9.6 ~ 10.8
트레오닌	6.5 ~ 7.5
트립토판	0.8 ~ 1.2
티로신	2.1 ~ 2.7
발린	5.0 ~ 5.8
시스틴산	소량

5) 모발의 구조(The hair shaft)

눈에 보이는 모발의 단면을 현미경으로 확대해 보면 바깥층에서부터 모표피(cuticle), 모피질(cortex), 모수질(medulla) 3층으로 나누어진다.

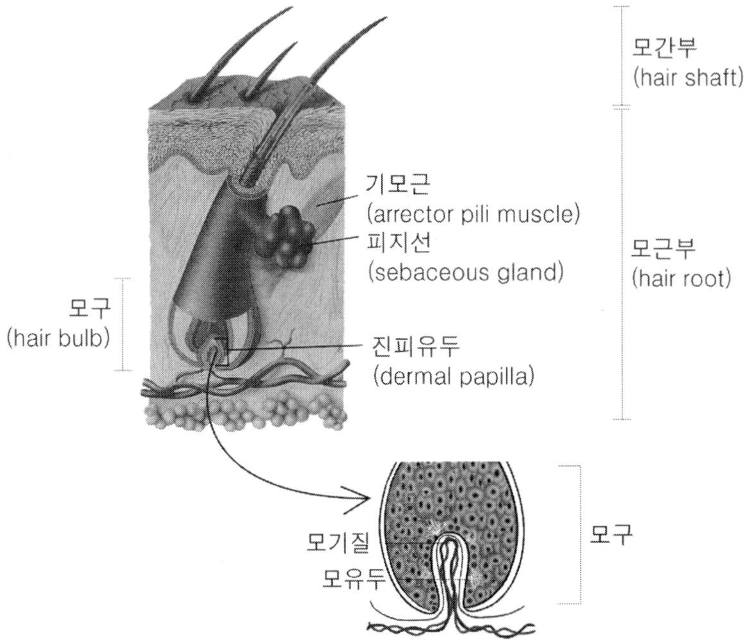

그림 2-7 모발의 구조

(1) 모표피(cuticle)

모발의 가장 겉 표면으로 모발 내부를 보호하며 딱딱하고 납작한 단백질 세포로 여러 겹(3~10겹)의 물고기 비늘과 같은 조직이다. 표피층은 팽창 능력이 커서 화학 성분의 흡수를 쉽게 하며 알칼리와 접촉하면 팽창되어서 열리고 산과 접촉하면 단단하게 폐쇄된다.

모발의 응집력에 기여하고 피질의 케라틴 섬유질을 유지하며 물리적, 화학적 힘에 저항력이 있다. 따라서 표피층(cuticle)이 약해지면 응집력과 저항력을 잃어서 모발은 약해진다.

이 반투명의 세포막은 빛을 통과시키므로 모발이 상했거나 갈라졌을 경우 빛을 불규칙적으로 통과시키고 반사되므로 거친 느낌을 준다.

표피층의 세포를 살펴보면 3개 층으로 보이며 다음과 같이 구성되어 있다.

① 에피큐티클(epicuticle)

모표피의 가장 외층막으로 비늘 단백질이 견고하게 결합되어 있기 때문에 산소와 화학약품에 대한 저항이 가장 강한 층으로 알칼리에 강하며 친유성이다.

② **엑소큐티클**(exocuticle)

펌 등 케라틴 침식성 약품의 작용을 받기 쉽다.

③ **엔도큐티클**(endocuticle)

가장 안쪽에 있는 층으로 친수성이며 알칼리에 약하다.

(2) 모피질(cortex)

모피질은 모발의 75~90%를 차지하며 모발의 성질을 좌우하는 매우 중요한 부분으로 표피층과는 달리 부드러운 단백질(protein fiber)인 케라틴(keratin)으로 구성되어 있다. 이 단백질 사슬들은 서로 휘감아 원섬유가 되며 이 원섬유들은 서로 꼬여서 마이크로 섬유가 된다. 마이크로 섬유는 동일한 과정으로 매크로 섬유가 되는데, 이 매크로 섬유도 나선형으로 결합된다.

이 과정이 완결되면 모발의 모피질이 형성되며 이 케라틴 체인은 모발을 팽팽하게 잡아 늘릴 때, 스프링처럼 끊어지지 않고 늘어나는 성질을 지니게 된다. 특히, 모발이 젖어 있을 때 잡아당길 경우 마른 모발보다 더 많이 늘어나기 때문에 결합력이 약해져서 모발이 손상될 수도 있다.

피질에는 모발의 응집력과 모발색상을 결정하는 멜라닌 색소를 함유하고 친수성으로 화학약품의 작용을 쉽게 받게 된다(펌, 컬러링 등).

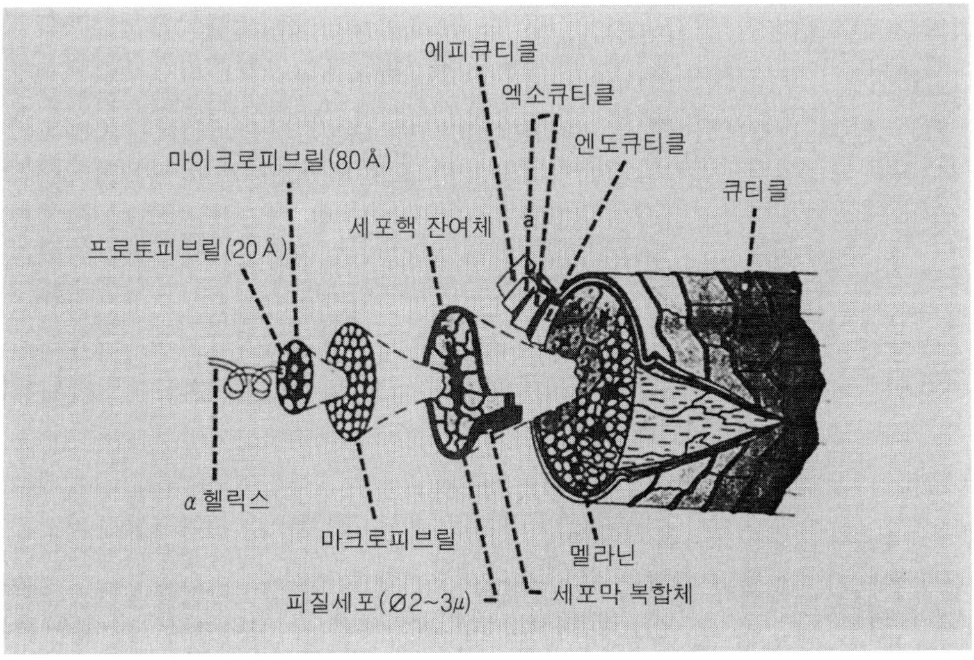

그림 2-8 모발섬유의 구성

① α 헬릭스

모발구조의 기본단위는 자연상태의 α 헬릭스이다(α 케라틴 폴리펩티드 사슬).

② 원섬유(Protofibril)

α 헬릭스 사슬이 고도로 감긴 3가닥 꼬기 루프를 형성하는데, 이것을 프로토피블릴, 즉 원섬유라고 한다. α 헬릭스의 폴리펩티드 사슬의 3가닥 꼬기 배열은 시스틴 잔기에 인접한 폴리펩티드 사슬 사이에 주어진 공유성 교차결합으로 서로 강하게 연결되어 있다.

③ 마이크로 섬유(Microfibril)

3가닥 꼬기 로프(프로토피브릴) 11개가 모여서 마이크로 피브릴을 형성한다.

④ 매크로 섬유(Macrofibril)

마이크로피브릴이 모여서 매크로피브릴을 형성한다.

(3) 모수질(medulla)

모발의 중심 부분이며 속이 비어 있는 동공으로 되어 있고 그 안에 공기를 함유하고 있다. 실제적인 기능적 중요성은 아직 정확하게 알려지지 않았다.

대다수 동물에는 이 수질이 털의 2/3를 차지하고 이 빈세포는 전열체(보온의 역할)의 작용을 한다. 태아와 유아의 모발 또는 초기모와 같이 부드럽고 가는 모발에서는 찾아볼 수가 없다.

6) 모발 케라틴의 특성

모발 케라틴인 α 케라틴의 폴리펩티드 사슬은 오른쪽 감기인 α 헬릭스 코일로 이루어졌으며 불용성이다. 코일은 3.6개의 아미노산 잔기가 5.4nm 길이로 헬릭스의 장축을 따라 반복되는 구조단위로 비틀려져 꼬여 있다. 모든 펩티드 결합이 사슬 내에 수소결합을 만들며, 시스틴의 교차결합이 많이 있다. 종류에 따라 단단함과 유연성 정도가 서로 다른, 견고하며 불용성인 보호구조이다. 모발, 깃털, 손톱, 뿔, 말굽, 거북의 등껍질, 양모 등이 α 케라틴으로 구성되어 있다. α 케라틴의 시스틴 함량은 종류에 따라 다른데 가장 튼튼하고 단단한 α 케라틴으로 만들어진 거북의 등껍질은 18%에 이르는 매우 높은 시스틴 함량을 갖고 있다.

α 케라틴인 모발은 섬유상의 단백질로서 물리적 강도 뿐 만 아니라 신장성이 있으며 체온에서 pH 7.0인 물에 전혀 녹지 않는 성질도 두드러진 특징이다(페닐알라닌, 이소류신, 발린, 메티오닌, 알라닌과 같이 소수성 또는 물에 불용성인 아미노산을 많이 포함하고 있다). 화학적인 요인에도 아주 강한 편이나 충분히 농축된 산과 알카리에서 용해된다.

모발의 α 케라틴을 증기로 가열하면 정상적인 길이의 2배 정도를 늘일 수 있다. 늘어난 상태에서 모발의 α 헬릭스의 구조는 명주의 피브로인(β 케라틴)과 비슷하다. 이는 증기에 의한 가열이 α 헬릭스를 유지하는 수소결합을 파괴하여 코일이 보다 길게 늘어나는 것을 가능케 했기 때문이며, 냉각시켜 그 장력을 제거하면 자발적으로 본래의 α 헬릭스로 되돌아간다. 이러한 특성을 미용에 응용한 것이 세팅, 블로우 드라이, 퍼머넨트이다.

(1) β 케라틴

실 모양의 불용성 단백질로 0.70nm의 주기성을 나타내며 지그재그 모양을 이루면서 뻗어 있다.

인접한 폴리펩티드 사슬은 서로 수소결합으로 연결되어 있고 역평행의 방향으로 병풍구조의 배열을 이룬다. 부드럽고 유연한 섬유이며 명주, 거미줄도 β 케라틴으로 구성되어 있다.

(2) 모발의 케라틴에 견고성을 주는 결합

① 시스틴 결합 : 모발 케라틴에 가장 중요한 역할을 한다. 2개의 황원자로 구성되며 티오글리콜산과 과산화수소에 화학적으로 반응을 한다. 모발 케라틴은 황의 함유량이4~5%인 반면, 피부는 0.5%의 황만을 함유하고 있다. 황은 항전염성, 항부패성, 해독성 요소이며 모발성장의 가장 큰 요인이다.

② 염결합 : 농축된 알카리에 반응하여 모발 케라틴을 유연하게 하고 부풀리게 한다.

③ 수소결합 : 모발의 폴리펩티드 체인에 스며든 물 분자에 의해 끊어지면 모발이 부풀게 된다.

7) 모발의 종류

(1) 황인종의 모발은 굵고 직모이다.

(2) 백인종의 모발은 가늘고 곱슬머리이다.

(3) 흑인종의 모발은 거의 헝클어진 듯한 강한 곱슬머리이다.

8) 모발의 분류

(1) 취모(배냇머리, lanugo hair)

(2) 연모(솜털, vellus hair)

(3) 중간모(intermediate hair)

(3) 성모(종모, 경모, terminal hair) : 길고 굵은 털로 머리카락, 눈썹, 속눈썹, 수염, 있는 털, 억센 털

9) 모발의 수

모발의 색, 인종, 굵기에 따라 다양하다. 평균적으로 개인이 갖고 있는 모발의 수는 약 100,000개 정도이다.

(1) 금발의 모발 수

- 금발의 여성 : 140,000~150,000개
- 금발의 남성 : 130,000~150,000개
- 금발은 갈색모 보다 가늘고, 모발의 숱이 더 많다.
- 금발은 주로 가느다란 머리 결을 갖고 있다.

(2) 갈색모의 모발 수

- 갈색모의 여성 : 110,000개
- 갈색모의 남성 : 100,000개

(3) 흑모 및 적색모의 모발 수

- 흑 모 : 100,000개
- 적색모 : 85,000~88,000개

10) 모발의 밀집도

- 머리카락은 두피 1cm^2 위에 약 50~150개 정도 발견된다.
- 여성이 남성보다 더 많은 모발을 갖고 있다.

11) 모발의 길이

- 신체는 매일 두피에서 약 30m의 모발을 생성할 수 있게 한다.
- 모발은 하루에 약 0.4mm씩 자란다(1개월에 1~1.5cm).
- 남자가 여자보다 자라는 속도가 빠르다.
- 겨울보다 여름이 자라는 속도가 빠르다.

12) 모발의 무게

- 신체의 모발무게는 약 100g 정도이다.

13) 모발의 직경

- 나이와 인종에 따라 0.05mm~0.12mm로 다양하다.
- 갓난아이의 모발은 매우 가늘고 약하다.
- 성인의 경우 가장 굵으며, 늙어 갈수록 가늘어진다.

14) 모발의 수명

- 신체의 모발의 수명은 2~6년이다.

15) 모발의 손상요인

(1) 생리적인 요인

호르몬의 불균형, 편식, 스트레스, 다이어트, 모질, 영양부족

(2) 물리적인 요인

브러싱, 브로우 드라이, 커트, 타올 드라이, 마찰, 전기 세팅

(3) 화학적인 요인

샴푸, 모발탈색, 모발염색, 퍼머넌트웨이브

(4) 환경적인 요인

일광(적외선, 자외선), 해수, 온도, 대기오염, 건조

16) 모발의 색

모발의 자연색은 멜라닌 색소의 형태뿐만 아니라 양과 분포상태에 따라 다르다. 모발의 멜라닌 색소는 피부에 자연색을 갖게 하는 피부 멜라닌 색소와 같으며 모발의 색소구성은 2가지 유형의 멜라닌에 기인하며 유전적인 요인 하에 놓여있다.

(1) 멜라닌 색소의 형성

멜라닌의 형성은 티로신이라는 아미노산에서 출발한다. 첫 번째 산화작용에는 모구에 있는 생리학적 촉매제인 효소 티로시나제(티로신 산화효소)가 필요하며 티로신은 디하이ᄃ록시-페닐알라닌(dihydroxyphenylalanine = DOPA)이 되고, 다시 스스로 산화작용을 하여 디하이드록시-인돌(dihydroxyindole)이 되고 중합된다. 즉 멜라닌 색소를 형성하는 분자의 증식이다.

생리학적 산화염료인 디하이드록시-인돌은 인체에 무해하고 잘 견디어내는 반면, 화학합성의 산화염료인 파라토륄렌디아민(paratoluylenediamine)은 인체에 알레르기 현상을 일으키기도 한다.

Tyrosinase (산화작용의 생리학적 촉매제)

Tyrosine + O → Dihydroxyphenylalanine(DOPA)

↓

\+ O = Melanine

중합화

모발견본 내의 eumelanine 농도

인 종	eumelanine(%)
동양인\흑색모발	2.0
이태리인\갈색모발	1.1
아일랜드인\붉은모발	0.3
스칸디나비아인\금발	0.06
색소결핍	0

동양인은 서양인보다 유멜라닌이 페오멜라닌 보다 많아서 모발색상이 어둡다.

(2) 멜라닌 색소의 유형

(가) 페오멜라닌(pheomelanine) 또는 분사형 색소(diffuse pigments)

덜 농축된 노란 색과 아주 강하게 농축된 옅은 붉은 색을 갖고 있다. 페오멜라닌은 황을 풍부하게 갖고 있다.

페오멜라닌을 많이 갖고 있는 사람들은 태양에 대한 피부의 멜라닌에 의한 보호가 약하여 태양광선을 쉽게 받아들이고 만성상해와 피부종양을 일으키기 쉽다. 마찬가지로 색소가 옅은 금발머리는 색소가 짙은 갈색머리보다 태양에의 노출에서 더 빨리 약화된다.

(나) 유멜라닌(eumelanine) 또는 입자형 색소(granular pigments)

적갈색에서 짙은 흑색까지 다양한 과립상의 형태로 존재한다.

(3) 멜라닌 색소의 특징

멜라닌의 역할은 외인성의 빛에너지를 분해하여 모피질 속으로의 유해물질의 유입을 중화시키고 막아 준다. 멜라닌 알갱이들은 모피질 전체를 통해 분산되지만 가장자리에 더 밀도가 높다. 전자현미경으로 관찰하면 검은색 색소는 길이 0.8㎛~1.2㎛, 두께 0.3㎛~0.4㎛의 쌀알 모양을 하고 있으며 매우 조밀한 표면을 나타낸다. 금발과 빨간 머리의 색소 알갱이는 더 많이 분산되어 있고, 더 작으며, 더 둥글거나 타원형이다. 모발의 자연색이 어떤 것이든 추출된 멜라닌은 갈색이며 인종에 따라 양은 크게 다르다.

멜라닌은 매우 밝은 노란색에서 흑갈색까지 변화하지만 일반적으로 거무스름한 색을 띤다. 물과 대부분의 용매제에 녹지 않으며 과산화수소에 닿으면 변화한다. 멜라닌은 표피의 기저층에서 발견되는 멜라노사이트(melanocyte)를 모태로 생성되며 모수질은 약간의 색소를 포함하고 있으나 모유두는 전혀 포함하고 있지 않다. 멜라닌 색소는 모피질 안에서 케라틴과는 전혀 겹쳐지지 않은 채 아무렇게나 분산되어 있다.

모발의 자연색조를 밝게 할 때에 멜라닌의 산화작용은 자연색소의 변형을 일으킨다. 탈색제는 특히 유멜리닌(Eumelanine)에 작용하며 탈색의 진행에 따라 점진적으로 수가 감소되며 페오멜리닌(Phaeomelanine)으로 변화된다. 탈색의 진행에 따라 짙거나 옅은 붉은 반사색에 오렌지빛의 반사색 짙은 노랑에서 옅은 노랑의 반사색이 출현하며 마지막으로 미색의 반사색에 도달한다. 색소가 완전히 제거되었을 때 백금의 하얀색이 된다.

멜라닌에 의한 모발의 다양한 색은 다음과 같은 특징을 갖는다.

① 검은색과 갈색의 뉘앙스는 유전적인 근원이 같고 색조의 밝기는 멜라닌 색소의 양과 직접적으로 관련되어 있다.

② 색의 농도는 멜라닌 색소의 분포상태에 따라 검은 색에서 노란색까지 다양하다.

③ 노란색과 붉은 색의 뉘앙스는 검은색과 갈색의 멜라닌 색소세포와는 유전적으로 다른 과정을 갖으며, 물리적이고 화학적인 특성도 다르다.

17) 모발의 물리적 특성

(1) 모발의 탄력성

모발은 마른 상태에서 20~30% 늘려지게 할 수 있다. 젖은 상태에서는 50%, 암모니아와의 접촉 시에는 더욱 많이 늘려지게 할 수 있다. 그러나 늘어나는 30%를 넘지 않아야 원래의 형태로 돌아갈 수 있게 된다. 모발의 탄력성은 열에 작용에 의해 사라진다.

(2) 모발의 흡수성

모발의 단백질은 친수성이므로 수분을 흡수하는 성질이 있다. 모발의 섬유질 사이에는 구멍이 있어 수분은 그 안으로 흡착된다. 건강한 모발이 수분을 흡수하게 되면 15% 정도 부풀어 오르고 1~2% 정도 길이가 늘어난다. 손상된 모발은 다공성 정도가 심하게 되어 수분의 흡수량도 많아지게 된다. 보통 정상 모발은 마른 모발에서 무게의 10% 수분을 가지고 있고 샴푸 직후에는 30% 정도의 수분을 함유하고 있으며 드라이 시 10% 이하로 떨어진다.

이 습기는 모발을 탄력성 있고 촉촉하게 해준다. 그러나 세팅이나 드라이 후에 지나친 습기는 웨이브의 형태가 없어지게 하므로 이를 유지하기 위해 세팅로션이나 스프레이를 사용해야 한다.

(3) 모발의 견고성

모발은 모든 기계적인 요인들에 대하여 매우 견고하며 모발을 끊기 위해서는 상당한 힘이 필요하다 모발의 파열량(= 모발절단에 필요한 힘)은 나이, 인종에 따라 다양하며 화학적인 제품의 작용 후에 모발 파열량은 변화한다.

(4) 모발의 다공성

① 다공성은 모발의 섬유가 수분을 흡수할 수 있는 능력을 말하며 모발의 다공성이 클수록 더 많은 액체를 흡수한다.
② 모발은 염모제를 받아들이기 위해 어느 정도는 다공성이 있어야 한다.
③ 칼라나 펌하기 전에 마른 모발에 시술하는 이유 중의 하나이기도 하다.
④ 다공성에 수분이 가득 차 있어 제품이 들어갈 자리가 없기 때문이다.
⑤ 모발전체에 걸쳐 다공성이 고르지 않으면 칼라의 색조들이 고르지 않은 색상을 나타낸다.

18) 모발의 pH

미용에 있어서 pH는 대단히 중요하므로 미용전문가라면 pH를 이해하여야 한다. 모발은 산, 알칼리에 의해 변화되므로 제품의 pH에 따라 모발의 손상 정도가 달라질 수 있다.

(1) pH란 무엇인가?

pH는 물질의 산성, 알카리성 정도를 나타내는 수소이온농도 지수를 의미한다. 지수에 따라 pH는 수분을 포함하고 있는 물질이 산성인지 알칼리성인지를 구분하는 단위이다.

어떤 용액이 산성 또는 알칼리성이냐 하는 것은 그 용액이 포함하고 있는 수소 양이온(positive hydrogen ions)이나 수산화 음이온(negative hydroxide ions)의 수에 달려 있다.

물은 전기를 통하는데 물 1L를 전리하면 다음과 같다.

$$H_2O \rightarrow [H^2] + [OH-]$$

수소이온[H+]과 수산화이온[OH－]을 가지는가를 측정한다. 순수물은 산성을 가리키는[H+]와 알카리성을 가리키는 [OH－]의 농도가 같아서 중성이다.

pH 눈금(pH scale)은 0~14까지 있는데 7이 중성이고 7보다 작으면 산성이고 7보다 크면 알카리성이다. pH눈금은 각 수치마다 10배수로 증가하는 것을 의미한다. pH 6은 중성은 7보다 10배나 더 산성이라는 것을 의미하고 6은 5보다 10배 덜 산성이라는 것을 의미한다.

pH 5는 모발피부와 두피의 평균 pH이다. 그러므로 모발의 평균 pH에서 수치 1만 떨어진 pH 6의 제품을 사용하여도 그 제품은 실제로 10배 덜 산성이라는 의미로 이것은 큰 차이이다.

pH 0은 중성인 7보다 1,000만 배(10×10×10×10×10×10×10) 더 산성이고 pH 14는 7보다 1,000만 배 더 알카리성이다.

(2) 산성의 특성

산성에 대한 모발의 저항력은 비교적 강하다. 모발층의 단백질은 산성에 대하여 수축작용을 함으로써 모표피의 응축 현상으로 표피층이 단단해진다.

① 알칼리로 중화할 수 있다.
② 신맛이 난다.
③ 산성 린스는 모발에 윤기를 주고 건강하게 하며 손질하기 쉽게 해준다.
④ 강한 산성이 아니라며 산성에 의한 모발손상은 아주 적은 편이다.
⑤ 산성막(acid mantle) : 피부 모발이나 손톱을 감싸고 있는 피지막은 약산성이다. 바테리아의 성장을 막아 주고 보호작용을 하면 화학적 손상과 모발 건조 등을 방지한다.

두피의 pH는 4.5와 5.5 사이(평균치)이다. 이것은 실제의 모발, 피부 또는 두피의 pH가 아니라 표면을 덮어 매끄럽게 만들고 있는 산성의 지방 분비물 보호막의 pH이다. 지방과 수성물질이 결합되어 있는 이 화합물을 산성막 이라고 한다. 이 산성막은 피부의 땀샘과 지방샘에서 생성된다. 산성막은 모발, 피부와 두피가 최적의 상태로 유지되도록 한다. 두피표면의 평균 pH는 4.8이다. 하지만 두피에서 떨어진 모발의 pH를 측정하면 pH의 수치가 증대된다.

긴 모발은 끝으로 갈수록 약해지고 윤기가 없는데 이는 모발 끝에는 산성막이 적게 도달하기 때문이다.

(3) 알칼리성의 특성

알칼리는 모발을 부풀려 팽창하게 하는데 pH수치가 높을수록 단백질의 염결합이 파괴되어 불안정한 상태가 된다. 약한 알칼리에서는 모발의 유연함을 느낄 수 있고 알칼리성이 상해지면 모발의 측쇄결합은 물론 단백질 자체도 분해된다.

① 산으로 중화할 수 있다.
② 쓴맛이 난다.
③ 건조해 보이며 손질하기가 나쁘다.
④ 산성막은 알칼리성의 펌, 염색, 탈색과 같은 pH가 높은 제품이 모발과 접촉하는 경우에 파괴된다.

(4) pH 발란스

pH 발란스란 피부나 모발이 화학적인 처리 후 원래의 pH 4.5~5.5의 약산성으로 되돌아가게 해주는 것이다. 화학적으로 처리된 모발은 내부음전하의 균형을 잡기 위하여 보다 강한 산성용액이 필요하게 된다. 일반적으로 pH 발란스 제품은 피부의 산성막과 같은 효과를 준다.

칼라와 pH와의 관계는 같은 염모제를 사용해도 pH에 따라 발색 정도와 탈색 정도가 달라진다.

pH가 낮은 상태(2~4)또는 높은 상태(9~11)에서 최대의 탈색 또는 염색정도를 얻을 수 있다. 그러므로 pH 2~4의 염모제는 산성 염모제이고 pH 9~11의 염모제는 알칼리성 염모제로 구분할 수 있다.

모발염색에는 대체로 알칼리성 용액이 요구된다. 알칼리성 용액은 내부의 피질을 부풀게 하여 색소 분자가 모발에 착색되게 만든다.

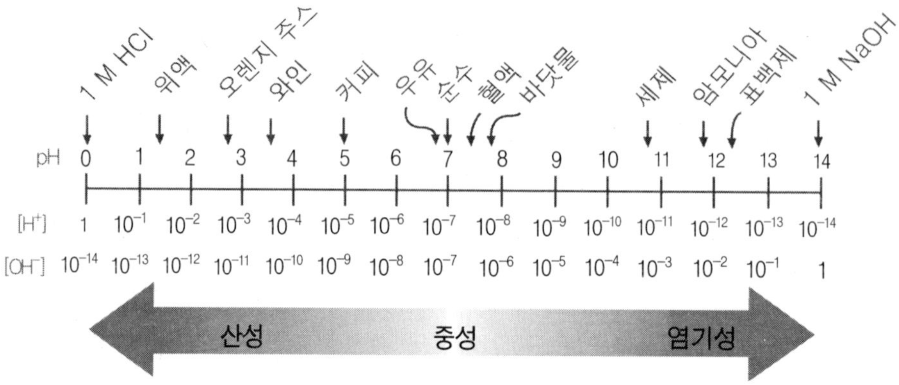

그림 2-9 pH 척도

(5) 칼라에 사용되는 화학제품의 pH

① 과산화수소(peroxide)는 산성 pH 3.0~4.0이다. 과산화수소는 펌과 염색의 산화제 로 사용된다.

② 모발탈색제(bleach)는 10.0~11.0이다. 표백제는 과산화수소와 혼합될 경우 모발의 멜라닌 색소를 제거할 정도의 알칼리성으로 만든다.

③ 암모니아는 pH 11 정도이며 멜라닌색소 제거 과정을 돕는다.

④ 모발염색(tint)용액은 9.5 정도이다.

⑤ 알칼리성 제품을 시술한 다음에 산성 pH가 낮은 컨디셔너를 사용하면 pH를 중화시켜서 내부피질이 환원되고 외피가 단단하고 부드러워지게 된다.

제3장 두피 · 모발의 영양과 호르몬

1. 영양소의 종류와 작용

1) 열량 영양소

에너지를 공급하는 영양소로 탄수화물이 직접관여하고 2차적으로 지방과 단백질이 관여한다.

(1) 탄수화물

탄수화물은 1g당 4kcal의 열량을 내는 에너지 공급원으로 탄소(C), 수소(H), 산소(O)로 구성되어 있다. 필요한 양의 탄수화물이 섭취해야 체내 단백질을 절약할 수 있으며 필요량 이상 섭취한 탄수화물은 글리코겐으로 전환되어 대부뷴 체내 지방으루 축적된다.

채소나 콩류 같은 복합 식물성 탄수화물들은 인슐린 분비를 원활하게 하지만 감자, 밀가루음식, 쌀밥 등은 섭취되면서 곧바로 당분 형태로 흡수되므로 인슐린 분비가 촉진되는 역할을 한다. 단음식도 인슐린 분비를 촉진시키기 때문에 이런 식품들을 많이 섭취하게 되면, 호르몬의 균형이 깨져 모발에 안 좋은 영향을 미치게 된다.

(2) 지 방

지방은 당질, 단백질과 같이 생체 구성 성분이며 영양상 중요한 물질이다. 탄소(C), 수소(H), 산소(O)로 구성되어있으며 1g당 9kcal의 열량을 내는 에너지 공급원이다.

지방은 피부나 모발에 광택을 주고 유연하게 하며 건조를 막아주는 작용을 한다.

(3) 단백질

단백질은 1g당 kcal의 열량을 내는 생체 구성성분이며 에너지 공급원으로 탄소(C), 수소(H), 산소(O)로 구성되어 있다. 피부나 모발의 구성성분은 대부분 콜라겐과 얼라스틴, 케라틴과 같은 단백질로 이루어져 있다.

2) 구성 영양소

인체를 구성하는 단백질이 가장 큰 역할을 하고 탄수화물, 지방, 수분이 관여한다.

3) 조절영양소

체내에 이용되는 조절 역할을 하는 영양소

2. 두피 · 모발에 관여하는 영양소

(1) 비타민 A

- 결핍 시 두피가 건조해져 비듬 발생.
- 건조성 두피와 비듬이 있는 사람에게 효과가 있다.
- **결핍시 :** 모공이 각화증, 모공의 주위가 딱딱해지고 돌기되어 탈모가 촉진된다.
  야맹증, 시력증진, 피부와 눈 건조방지
- **식품 :** 간, 버터, 마가린, 치즈, 계란, 장어, 당근, 시금치, 무청, 순무

(2) 비타민 B_2

- 에너지 대사의 조효소
- 흰머리로 되는 속도를 지연시키는데 도움이 된다.
- **결핍시 :** 피부와 모발에 신진대사가 나빠진다. 입과 혀의 염증 및 구순구각염
- **식품 :** 우유, 버섯, 시금치, 계란, 간, 어류, 가금류

(3) 비타민 B_5

- 에너지 대사 지방 합성 및 분해의 조효소
- 흰머리 예방 도움
- **식품 :** 버섯, 브로콜리 계란, 우유

(4) 비타민 B_6

- 단백질 대사, 헤모글로빈 합성을 도움
- **결핍시 :** 피지분비촉진
- **식품 :** 동물성 단백질식품, 시금치, 브로콜리, 바나나, 토마토, 감자, 우유, 해바라기, 연어

(5) 비타민 D

- 칼슘과 인의 흡수 증가,
- 모발 재생에 효과가 있어
- 비타민 A와 함께 모발 영양제에 배합하여 사용
- **결핍시 :** 골다공증, 모발생육지연
- **식품 :** 연어, 청어, 계란, 고등어

(6) 비타민 E

- 항산화제 기능
- 말초혈관을 확장해주는 작용을 해 혈액순환을 촉진
- 토닉에 많이 사용
- **식품 :** 쇼트닝, 버터, 녹색채소, 과일류, 견과류, 마요네즈, 마가린

(7) 비타민 F

- 리놀산이나 리놀렌산 등의 지방산
- 식물성 기름이 함유되어 모발과 피부에 윤기 부여
- **식품 :** 콩기름, 올리브유, 카놀라유, 참기름, 들기름 등

(8) 비타민 C

- 모근과 모구를 강하게 하고
- 두피의 혈액순환 ,탈모예방 하는데 도움.
- **식품 :** 감귤, 딸기, 사과, 피망, 풋고추, 시금치 쑥, 두릅, 풋마늘, 돌나물 취나물, 도라지, 민들레, 씀바귀 원추리 달래 등

(9) 아연(Zn)

- 모발을 튼튼하고 윤기를 나게 하고 흰머리 예방에 도움이 된다.
- **식품 :** 패류, 육류, 우유, 해바라기, 시금치

(10) 황(S)

- 모발을 구성하는 주성분
- **결핍시 :** 모발의 노화
- **식품 :** 콩, 닭고기, 쇠고기, 생선, 계란, 우유

(11) 요오드(I)

- 갑상선 호르몬을 합성한다.
- 모발의 발생을 촉진한다.
- **식품 :** 해조류(미역, 김), 해산물

3. 두피·모발에 중요한 식품

(1) 검은콩

활성 산소 억제, 모발 성장에 관여, 혈액순환을 촉진하여 조직이나 세포를 지켜주는 역할을 한다.

(2) 등푸른 생선 & 동물의 간

고영양가, 모발의 성장을 돕고, 건조해지지 않도록 도와주는 역할을 한다.

(3) 다시마와 미역(해조류)

면역성을 강화시켜 영양분의 흡수를 조절, 노폐물을 몸 밖으로 배출시켜주는 작용, 딱딱한 두피를 부드럽게 만들고 혈액순환을 촉진하여 탈모를 예방 한다.

(4) 참깨, 들깨, 검정깨, 호두

식물성 지방과 비타민 E, 단백질이 풍부한 식품이므로 모발 건강에 도움이 된다.

(5) 포도, 블루베리, 아사히베리

블랙푸드로 안토시안 항산화물질이 들어있어서 탈모와 노화방지에 좋다.

(6) 어성초, 자소엽, 녹차

어성초는 어혈을 풀고, 녹차의 카텐킨 성분은 혈액순환과 해독에 좋다.

4. 두피 · 모발에 유해한 식품

(1) 단음식

청량음료에 함유된 감미료가 두피 건강에 유해, 혈액순환을 악화시켜 모근의 영양 공급을 방해, 탈모 유발한다.

(2) 기름진 음식

남성호르몬 생성을 관여해 탈모를 직접적으로 일으킨다. 피지 분비를 촉진시켜 모공을 막아 균의 번식을 초래한다.

(3) 술, 담배, 카페인, 인스턴트식품

간접적인 영향을 끼친다.

담배이 경우, 세포 기능을 저히시켜 혈관 확장이 이루어지시 않아 혈액순환 장애를 유발. 인스턴트식품의 경우, 첨가제, 불포화지방산 등으로 인해 성인병을 유발시키는 원인으로 작용한다.

(4) 탄수화물 식품

흰쌀, 옥수수, 감자, 사탕무, 정제된 흰 밀가루로 만든 국수, 빵 ,분식 등

인슐린의 분비를 자극하여 체내에 지방으로 저장하고 에너지로 전환시키는 글루카곤의 부비를 억제하여 혈중 농도를 높여 탈모를 촉진 시킬 수 있다.

5. 호르몬의 개요

호르몬(Hormone)이란 잠에서 깨어나게 하는 물질이라는 그리스어에서 유래되었다.

내분비선에 의해 체액 중으로 분비되는 화학적 물질로 다른 장기의 기능에 대해 특이한 작용을 하는 것이다. 이러한 물질은 특정의 세포나 기관에서 만들어지고 혈액순환에 의하여 전신에 퍼지고, 만들어진 곳과는 멀리 떨어진 곳에 있는 특정한 조직이나 기관에 가서 그 기능이나 구조에 영향을 준다. 모발은 성장 또는 신체 대사에 부분적으로 호르몬의 영향을 받게 되는데 호르몬은 모발에 대한 직접적 영향보다는 신진대사에 영향을 미치게 되므로 모발 성장과 발달에 장애를 초래하게 되는 경우가 일반적이다. 또한 모발에 영향을 주는 호르몬은 뇌하수체, 감상선, 부신피질, 성선호르몬 등이라고 할 수 있다.

한선에서 분비되는 땀, 타액선에서 분비되는 타액 등은 별도의 도관을 통해 체외로 분비되는데 이를 외분비선(exocrine gland)이라고 한다. 그리고 성선, 갑상선처럼 별도의 도관이 없이 분비물이 직접 혈액 또는 림프를 통해 분비되는 것을 내분비선이라고 한다. 내분비선에서 분비되는 것이 바로 호르몬이다.

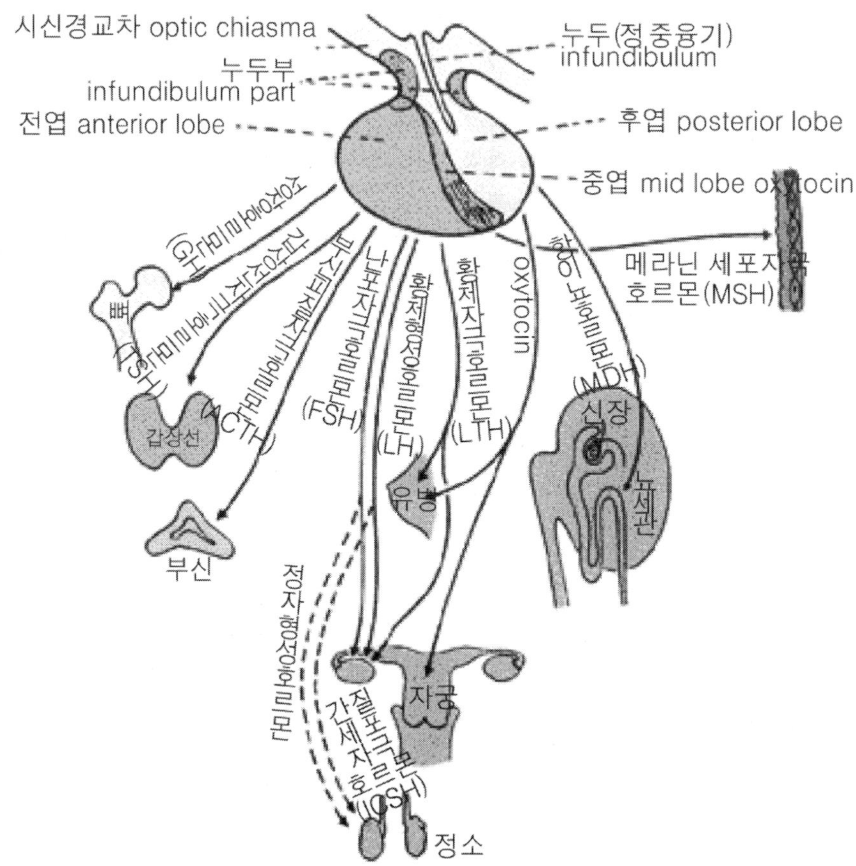

그림 3-1 인체 호르몬 경로

1) 호르몬의 역할

(1) 성장과 발육을 조절한다.
(2) 물질대사를 조절한다.
(3) 생체의 내부환경을 일정하게 유지한다.
(4) 성행동, 자율운동 등의 특수한 행동을 조절한다.

2) 탈모에 영향을 주는 호르몬

(1) 뇌하수체 전엽 호르몬

뇌하수체는 내분비계를 지배하는 호르몬으로 지도자의 역할을 한다. 갑상선 자극 호르몬, 부신피질 자극 호르몬, 성선 자극 호르몬, 성장 호르몬, 난포자극 호르몬, 황체 형성호르몬, 프로락틴을 생성하며 이들 호르몬의 분비를 지배한다. 뇌하수체에 이상이 생기면 갑상선 호르몬 및 부신피질호르몬, 성상 호르본 등 분비를 억제하거나 촉진시키게 되어 모발이 성장장애나 탈모가 일어나는데, 뇌하수체 호르몬의 투여로 모발의 발육이 좋아진다는 실험 결과가 있기도 하다. 호르몬의 직접적인 작용이라기보다는 다른 호르몬의 분비를 억제하거나 촉진시키거나 하는 간접적 작용에 의한 것이다.

(2) 갑상선 호르몬

갑상선의 무게는 15~20g 정도이며 목의 한가운데 위치하면서 체내에 중요한 호르몬을 분비하는 곳이다. 티로신이라는 호르몬을 분비한다. 물이나 음식물에 함유된 요오드 화합물은 위나 장으로부터 쉽게 흡수되어 혈액 중에 들어와 갑상선에 이르면 티로신으로 합성되는데, 뇌하수체 전엽의 갑상선 자극 호르몬에 의하여 촉진된다. 모발의 발육과 관계되는데 갑상선의 기능이 저하되면 모발은 유연하게 가늘어지고 퇴화된다. 반대로 갑상선 기능이 항진되면 모발의 성장은 양호해진다. 그러나 지나친 항진은 바세도씨 병을 일으키며, 탈모현상을 수반하기도 한다.

갑상선 제거수술을 받게 되면 갑상선 호르몬의 분비가 줄어들어 모발 성장의 속도가 늦춰지고 모발의 직경이 줄어들면서 머리카락이과 몸의 털에 성장 억제 효과가 나타난다.

(3) 부신피질 호르몬

부신을 신장 위에 붙어 있는 삼각형의 작은 장기로 중심부는 부신수질이고 외괍부는 부신피질로 되어 있으며 무게 10mg 정도의 한 쌍으로 된 주요한 내분비선이다. 부신피질에는 염분과 수분 균형을 조절하는 호르몬과 탄수화물, 지질, 단백질의 중간대사를 조절하는 호르몬, 남성의 제 2차 성징을 발현하는 남성 호르몬이 분비되고 있다. 모발과 관련된 호르몬은 성호르몬과 같은 작용을 하는 것으로 여성의 경우에는 남성 호르몬과 같은 물질이 여기에서 분비되므로 성모나 체모의 발생에 영향을 준다(androgen). 여성의 경우 피부나 피하조직이 얇아져가는 모발이 나타나고 조모증이 발생한다. 체모가 짙거나 수염이 나는 것은 부신피질의 기능항진에서 오는 것으로 알려져 있다. 부신피질의 호르몬의 기능이 쇠퇴되면 염분대사가 정상적이지 않고 부종이 생기면서 탈모가 일어나는 경우가 있다. 피부에 멜라닌 색소가 증가되면서 모발색과 체모의 색이 진해진다.

(4) 성호르몬

① 여성 호르몬(estrogen)

난포 호르몬이라 하며 호르몬은 모낭의 활동을 지연시킨다. 성장기 모발의 성장 속도를 늦춤으로써 모발의 성장기간을 연장시키지만, 수염이나 털의 발육을 억제시키는 특징이 있다. 에스트로겐의 감소는 탄력있는 피부, 윤기있는 머리카락, 근육이나 뼈도 쇠퇴시켜 버린다. 에스트로겐의 생산, 분비는 뇌하수체 전엽의 난포자극 호르몬에 의해 조절되고 있고 난포자극 호르몬(FSH)의 분비가 증가하면 에스트로겐 호르몬의 생산, 분비도 증가 한다.

② 황체호르몬(progesterone)

프로게스테론은 배란된 난포로부터 만들어진 황체에서 분비되고, 뇌하수체 전엽의 황체호르몬(LH)에 의해 조절되므로 황체형성 호르몬(LH)이 증가되면 황체호르몬이 증가한다. 여성은 배란 전에 에스트로겐이 증가하지만 배란 후에는 에스트로겐이 줄어들고 프로게스테론이 늘어난다. 프로겐스테론은 자궁점막에 작용해서 분비물을 증가시켜 수정란에 착상될 수 있는 상태를 만들어 주고, 배란을 억제하고 자궁근의 운동을 억제시켜 임신 상태가 유지 될 수 있도록 해준다.

프로게스테론은 남성 호르몬과 비슷한 구조를 가지고 있어 피비분비를 촉진하는 작용이 있다. 그래서 생리 전에는 피지분비를 억제하는 작용이 있는 에스트로겐이 줄고 프로게스테론이 증가하면서 피부와 두피의 경우 피지의 분비하여 월경 시 여성들의 피부, 모발이 일시적으로 지성화 되기도 한다.

여성에게서 분비되는 프로게스테론은 모발의 성장 억제 효과가 약간 있으나 몸의 털에 대해서는 성장 촉진 효과가 있다.

③ 남성 호르몬(Androgen)

남성 호르몬은 남성들에게는 많이 분비되기 때문에 남성 호르몬이라고 하지만, 여성들에게도 소량 분비된다. 남성호르몬체모의 발육을 촉진하며, 피지분비를 촉진시켜, 지루성이 되기 쉽고, 과잉된 피지는 모근을 손상시켜 탈모를 일으킨다.

남성 호르몬(Androgen)은 부신피질 및 고환의 간질세포로부터 분비된다.

남성 호르몬(Androgen)에는 테스토스테론(testosterone), 디하이드로테스토스테론(dihydro-testosterone, DHT), 안드로스테론(Androsteron) 등이 있으나 생리적으로 작용을 일으킬 만큼 충분히 분비되는 대표적인 호르몬은 테스토스테론(testosterone)이다.

테스토스테론(testosterone)중 10% 정도가 고농도 남성 호르몬인 디하이드로테스토스테론(dihydrotestosterone, DHT)으로 전환된다. 디하이드로테스토스테론(dihydrotestosterone, DHT)은 전립선, 정낭선이나 두피 등에 작용하여 대머리가 되게 하기도 하고 남성적인 목소리를 내게 하는 물질이다. 이불질은 테스토스테론보다 10백나 강력한 효과를 가지고 있다.

모낭이 남성 호르몬과 반응하는 정도는 부위에 따라 다르다.

■ 남성호르몬과 관련 있는 털

음모, 겨드랑이 털, 수염, 가슴 털, 귀털, 코털, 이마와 정수리 부위의 머리털, 기타, 몸의 털

■ 성호르몬과 무관한 털

눈썹, 속눈썹, 후두부(뒷머리)

■ 역할 비교

디하이드로테스토스테론(DHT)	테스토스테론
- 이마와 정수리 부위의 머리털 - 수염, 가슴털, 귀털, 코털 - 전립선의 성장 - 여드름	- 수염, 음모, 겨드랑이털, 체모성장 - 2차 성징 - 근육 형성과 지방분해 - 성욕과 성기능 증진 - 정자형성 - 음경 및 음낭의 성장

3) 간접적으로 영향을 미치는 호르몬

(1) 세로토닌(serotonin)신경전달물질

뇌의 시상하부 조직이나 혈소판에서 방출되는 신경전달물질로 뇌 조직 분비물의 경우에는 기분, 감정, 수면, 식욕 등에 관여하며, 혈소판에서 분비된 분비물의 경우에는 혈관 수축작용을 통해 지혈 작용을 한다.

분비농도의 변화가 발생 될 경우 우울증, 공황장애, 거식증 등의 현상을 유발하며, 햇빛, 걷기 조깅 등을 통해 분비를 늘 릴 수 있다.

(2) 멜라토닌(Melatonin)세로토닌 계열 호르몬

뇌 조직의 중앙부에 위치한 내분비선인 송과선(pineal gland)에서 분비되는 물질로 망막에 도달한 빛의 양에 따라 분비량이 조절되기 때문에 일몰이후 분비량이 증가하며, 수면주기, 성적성숙을 유도하는 호르몬 및 Testosterone, Cortisol, Growth hormone의 분비조절에 영향을 준다. 주로 일몰 이후 새벽 2시경에 가장 많이 분비되며, 계절적인 부분에서는 가을, 겨울철에 분비량이 증가하는 것으로 가을철 testosterone의 분비량 증가와 무관하지 않다.

제4장 탈모 & 두피관리

1. 탈모의 정의

탈모는 effluvium 혹은 defluvium이라 하며, 탈모로 인하여 야기되는 상태를 탈모증(alopecia)라 한다. 탈모증은 비반흔성과 반흔성으로 구분되는데 비반흔성의 경우 임상적으로 조직의 염증, 반흔, 위축 등이 보이지 않는 반면, 반흔성은 이들을 관찰할 수 있다.

탈모증(Alopecia)은 탈모의 정도에 따라 두피, 눈썹, 액와부 및 치모부 등 전신의 모발이 탈모되는 전신탈모증(Alopecia universalis), 두피, 전체의 모발이 탈모되는 전두탈모증(Alopecial totalis)과 원형의 모반이 국소적으로 발생하는 원형탈모증(Alopecial areata)이 있다. 이중 가장 흔한 원형 탈모증은 보통 자각증상이나 구소적인 염증성 변화 없이 경계가 명확한 한 개 혹은 여러 개의 원형 또는 타원형의 탈모반으로 발생한다. 발병 원인으로 최근에 면역학적인 이상에 의한 이론도 제시되고 있지만 이에 대한 직접적인 증거는 발견되지 않고 있으며 정신적 스트레스, 유전적 인자, 국소감염, 내분비 장애, 신경 병변, 혈관장애 등 여러 가지 요인이 제시되고 있다

탈모에는 자연탈모와 이상탈모로 구분할 수 있으며 자연탈모는 생리적으로 발생하는 탈모이고, 이상탈모는 성장과 탈락이 비정상적으로 균형이 깨어져 성장하는 모발보다 탈락하는 모발이 많은 탈모를 말한다.

탈모성 두피는 모공 하나에 1개의 모발만이 존재하거나 빈 모공인 상태로 있는 경우가 많은데, 비듬과 가려움증을 유발하며 사후 관리를 소홀히 할 경우 증세가 더욱 악화되기도 하고 피지가 과도하게 분비된다. 두피가 경직되어 손가락으로 누르면 지나치게 딱딱하고 모발이 점점 가늘어지고 힘이 없어 보이는 것이 특징이다.

2. 탈모의 분류

1) 탈모증상의 형태적 분류

① 광범성 탈모증

넓은 범위로 탈모하고 때로는 머리전체가 탈모하는 것.

② 국한성 탈모증

탈모한 부분과 그렇지 않은 부분의 구별이 분명한 것.

③ 재발성 탈모증

한번 치료된 탈모가 어느 정도 시간이 경과 한 뒤 다시 탈모를 하는 것.

2) 체내적 인자에 의한 분류

유전, 호르몬의 밸런스, 피지의 이상분비, 비타민 부족에 의한 각화 이상, 자율신경의 불균형, 혈행장애 및 위장장애 등으로 체내적 원인에 의한 것이다.

3) 탈모증의 증세

비듬과 가려움증이 탈모의 첫 신호 이며 비듬의 양이 늘어나고 두피가 가려운 증세는 6개월~2년쯤 나타나다가 갑자기 사라지게 된다. 그러나 이것은 비듬이 없어져서 생기는 현상이 아니며 본격적인 탈모의 징후가 나타나는 시기인 것이다.

이상 탈모 현상이 나타나며 정상수치인 50~100개 보다 훨씬 많은 양이 빠지게 된다.

굵었던 머리카락이 점차 얇아져 머리 결이 가늘고 부드러워지면서 머리카락의 양이 줄어들다가 빠져버리게 되어 수 자체가 줄어들게 된다.

(1) 탈모의 전조 현상

① 모발이 가늘어진다.

② 팔, 다리, 가슴 등에 털이 많아진다.

③ 모발이 윤기가 줄어들고 푸석푸석 해졌다.

④ 모발이 잘 끊어지고 모발 양도 적어지는 느낌이다.

⑤ 두피에 기름기가 많아지고 지저분해 진다.

⑥ 모발 숱이 줄어드는 느낌이 강하게 든다.

⑦ 요즘 들어 두피에 뾰루지가 자주 난다.

⑧ 새로 나는 모발이 예전 같지 않고 잘 자라지 않으며 탄력이 없다.

⑨ 모발에 힘이 없고 볼륨이 없다.

⑩ 최근 들어 두피가 가렵고 비듬이 평상시 보다 많이 생긴다.

3. 탈모의 개요

모포 기능의 저하, 모포 및 모구부의 신진대사 기능의 저하, 두피 생리 기능의 저하, 두피 긴장에 의한 국소 혈류 장애, 영양 불량, 스트레스, 약물 부작용, 유전적 요인, 자가 면역, 화학물질, 결핵, 백혈병, 악성 임파종 등의 질병과 모발 제품의 남용 등이 원인이 되고 있다. 탈모증에 영향을 미치는 것은 호르몬대사의 장애, 영양소의 부족, 스트레스로 인한 자율 신경의 혼란, 모유두 기능의 정지 또는 쇠퇴를 들 수 있다.

1) 탈모증의 분류

증세에 따른 분류

선천성 탈모증		
후천성 탈모증	피부병이나 반흔을 동반하지 않은 탈모증	남성형 발모증 원형 탈모증 휴지기 탈모증 외상성 탈모증 내분비 이상에 의한 탈모증 영양 장애, 대사 장애에 의한 탈모증 약물에 의한 탈모증
	피부의 병변은 발견할 수 없으나 병적인 피부에서 볼 수 있는 탈모증	염증에 의한 탈모증 감염에 의한 탈모증 종양에 의한 탈모증
	반흔성 탈모증	감염 특수질환 화학적 물리적외인

(1) 원형 탈모증(alopecia areata)

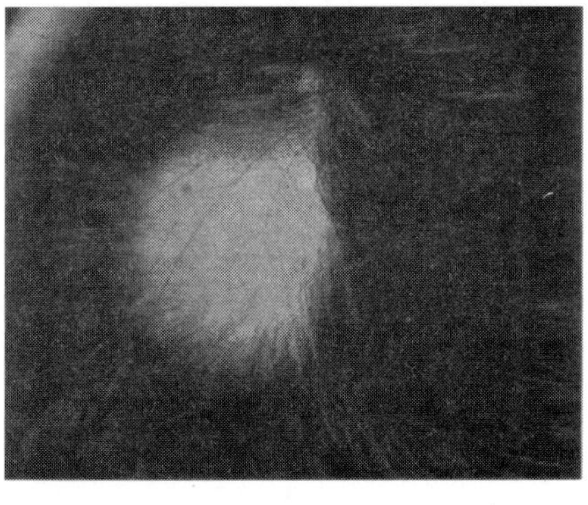

원형 탈모증은 경계가 명확한 원형 또는 타원형의 탈모반을 특징으로 하는 비교적 흔한 질환이다. 원인은 유전적, 정신 병리학적 및 면역학적 요인들로 생각되고 있으나, 아직 발생기전은 확실하지 않으며, 임상 양상 및 경과도 다양하다. 탈모증의 치료로는 스테로이드의 경구 투여 및 병변내 주사, 국소 자극제, 접촉 면역요법, 광화학요법, minocidil의 국소도포 등의 치료 방법이 있으며,

치료에 대한 반응도 다양하다. 이밖에 탈모가 전 두피의 50% 이상인 경우와 계속 진행중인 병변 및 여러 치료제에 반응하지 않는 경우에 DNCB(dinitrochlorobensene)나 DPCP(diphenyl-cyclopropenone)를 이용한 접촉 면역요법을 사용한 보고들이 있다.

(2) 남성형 탈모증(안드로겐성 탈모증)

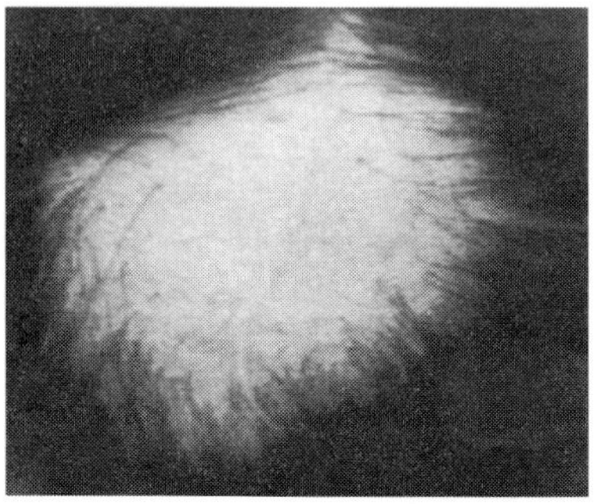

유전적 소인과 모발에 대한 안드로겐의 작용으로 점진적인 탈모가 발생한다. 탈모가 되는 형태는 다양하게 나타나는데 양측두부의 이마가 깊이 파이는 형태, 전두부와 두정부의 머리가 얇아지는 형태, 후두부와 측두부의 모발을 제외한 두피의 모든 모발이 빠지는 형태 등으로 보일 수 있다.

원인은 안드로겐의 영향과 유전적으로 소인이 있는 모낭에서 발생한다.

증상은 대부분 점진적으로 모발이 얇아지고 빠지는 것을 호소하며 남자에서 이마 두피 모발이 경계선이 뒤로 후퇴하는데 특히 두정부의 모발이 빠지어 M자와 같은 형태의 탈모를 보이며 뒷부분의 모발이 빠지게 된다. 남성형 탈모증이 빠르게 진행되는 경우 어떤 환자들은 탈락되는 모발이 갑자기 증가하는 것을 느끼게 된다. 여자의 경우는 윗부분의 모발이 얇아져 있으며 전두부, 측두부의 모발도 얇아지고 탈모가 일어난 것을 볼 수 있다.

(3) 신경성 탈모증

경계가 분명치 않은 불완전 탈모로 전두부에 한정되지 않은 부정형선상, 지도상으로 원인은 중추신경질환으로 진행성 미비, 간질과 말초신경장애로 삼차신경통과 신경성 쇼크를 유발한다.

(4) 비강성 탈모증

비만성으로 처음은 조금씩 점차 많아지고 전두 탈모를 일으키는 수가 있다. 모발은 건조해 있고 광택이 없고 정상의 길이로 성장하지 않고 탈락되며 비듬이 많고 가려움을 호소하지만 두피에 염증은 없다.

원인은 비타민 A, D의 부족에 의한 두피각화 비정상이며 위장장애, 빈혈, 결핵, 신경쇠약, 자율신경실조 세발 불량, 두피압박, 건조 등이다.

(5) 지루성 탈모증

두피가 유성으로 끈적이기도 하며 대개 모발은 가늘고 염하고 달라붙는 느낌이며 점차 모발이 적어진다, 장년성 탈모와 합병하는 경우가 많다. 특히 여성에게도 많이 발생(난소기능장애, 구신기능항진) 원인으로는 피지분비 과잉에 의한 모근각화 장애 등이다.

(6) 장년성 탈모증

20세 전후부터 일어나는 탈모로 두피는 매끄럽고 긴장성으로 광택이 있다. 지루성 탈모와 합병증을 일으키는 경우가 많다. 원인으로는 남성호르몬과잉과 유전자에 의한 상승작용, 혈행 장애 등이다.

(7) 노인성 탈모증

50세 이상으로서 남자에게서 볼 수 있다. 원인은 모유두 조직의 노화, 유전적 요인, 두피경화 등이다.

(8) 소아 탈모증

15세 이하 어린이 및 유아들이 스트레스나 감상선 기능이상 등으로 인해 탈모가 생기는 것으로 대부분이 머리카락이 갑자기 한웅큼 정도 빠지기 시작하여 1주일을 전후해 동전크기 만한 원형탈모가 생기는데 방지할 경우 탈모 범위가 점차 넓어지게 된다. 어린이들의 과중한 학업교육과 과외교육, 특기교육으로 인해 생기는 스트레스는 정신건강에 심각한 장애가 된다. 원형탈모를 갖고 있는 어린이의 경우에 불안장애, 우울증, 신경증, 각박증, 거부장애 등을 보여 정신적인 면과 밀접한 관계를 보여 준다.

15세 이하 어린이들이 원형탈모에서 벗어나는 방법은 과중한 학습에서 벗어나 다양한 경험을 쌓아 올바른 가치관을 설정하도록 이끌어주는 것이 좋으며 스트레스를 해소하는데 필요한 방법 중에 하나인 대화나 정신과 치료를 병행 하는 것이 좋다.

(9) 휴지기 탈모증

생장기 모발이 퇴행기, 휴지기로 이행이 촉진되어 탈모되는 수가 일시적으로 증가하는 것을 휴지기 탈모증이라 한다.

원인은 출산, 유산, 피임제의 중지 혹은 다른 피임제로 바꾸었을 때, 수술 손상, 단기간 내의 심한 식이요법, 고열을 동반한 질환 등이 원인이다.

(10) 생장기 탈모증

생장기 탈모증은 전두피에 광범위하게 발생하는 휴지기 탈모와 비슷하나 더 빠르고 심하게 발생한다. 자라고 있는 생장기 모발의 성장이 급격히 억제되어 퇴행기와 휴지기를 건너 뛰고 빠지게 된다. 주로 약물, 중독, 화학요법 등에 의해 발생한다.

2) 기계적 자극에 의한 탈모증

(1) 정전기에 의한 탈모증

모발은 나이론 브러쉬 등으로 강하게 마찰하면 건조한 모발이 양전기를 띤다. 그 반명 모근부의 피부는 음전기로 모유두의 부분이 양전기와 음전기의 접점이 되어 거기서 쇼트가 일러난다. 이 때문에 모유두에 염증을 일으켜 탈모하게 된다. 이 나일론 브러쉬에 의한 탈모는 가르마나 앞이마의 잔머리 부분에서 많이 볼 수 있다.

(2) 결발성 탈모증

결발을 하기 위해 모발을 강하게 잡아당길 때 모근부에 가벼운 염증이 발생하는데 이때 모유두 부위가 위축되어 빠지게 된다. 이 증상은 여성들이 결발하여 올림머리를 할 경우에 간혹 발생한다.

3) 병적원인에 의한 탈모증

(1) 산후 탈모증

산후의 영양 불균형이나 체력의 쇠약에 따라 일어나는 광범성 탈모증으로 체력의 회복과 같이 자연히 치유된다.

(2) 열병후 탈모증

말라리아, 장티푸스 등의 고열병에 의해 일어나는 탈모증으로 병의 화보과 같이 낫는다.

(3) 약물 중독 탈모증

유기수은, 카트륨 등의 중금속 및 항결핵제, 제암제 등의 중독에 의해 발병하는 것으로 중독증상의 회복에 의해 자연히 낫는다.

(4) 매독성 탈모증

부독의 제2기 이후의 증상의 하나로서 일어나는 탈모로 후두부에 불규칙한 탈모를 일으키는 것이 특징이다.

(5) 나병 탈모증

나병에 의한 것으로 눈썹부터 탈모하기 시작하는 것이 특징이다.

(6) 반흔성 탈모

염증성 질환 등에 의해 반흔을 남기고 치유후 보이는 탈모반을 반흔성 탈모라 한다. 주로 염증성 질환에 의해 반흔성 탈모가 발생하며 탈모된 병변은 반흔, 위축과 함께 모든 모낭이 소실된 것을 관찰할 수 있다. 만성 피부 홍반성 루프스, 두부 백선 등에서는 탈모반 주위 혹은 탈모반 내에 그 질환의 피부 병변을 관찰할 수 있다. 비교적 흔하게 반흔성 탈모를 일으키는 질환은 다음과 같다.

① 가성 독발(Pseudopelade of Brocq)

이는 서서히 진행되는 반흔성 탈모증의 하나로 편평 태선, 홍반성 루프스의 말기 병변에서 볼 수 있다. 그러나 원인이 밝혀지지 않은 비염증성 질환에 의한 반흔으로도 나타난다. 두피는 부드러우며 위축되거나 반흔으로된 탈모반이 융합되어 나타난다. 모공은 관찰되지 않으나 병변의 주변부에는 비화농성 염증이 모낭 주위에 관칠된다. 반흔 내에는 한 보공에 여러 개의 모발이 있는 것을 관찰 할 수 있다.

② 독발성 모낭염(Folliculitis Decalvans)

모낭의 염증이 융합되고 화농되어 가피. 위축 혹은 반흔을 형성하여 두피 혹은 수염이 나는 부위에 반흔성 탈모반을 일으키는 질환이다.

③ 농양성 천굴성 두부 모낭 주위염(Dissecting Perifolliculitis of the scalp, Perifolliculitis capitis abscedens et suffodiens)

심한 농양과 반흔이 보인다 이 질환은 세균에 의해 발생되는 질환은 아니나 이차 감염에 의한 모낭 주위염 소견을 보인다. 반흔에 의해 영구 탈모가 발생한다.

④ 케로이드성 여드름(Acne Keloidalis)

대개 흑인 남자에서 발생한다. 오래 지속되는 구진, 농포로 시작하여 목과 후두부에 비후된 켈로이드성 반흔을 형성하며 덜모가 발생한나.

⑤ 수발가성 모낭염(Pseudofolliculitis Barbac)

주로 흑인 남자에서 발생하는데 수염이 심하게 굽어 피부로 파고 들어가며 염증을 일으킨다. S. aureus에 의해 2차 감염이 흔히 동반된다.

4. 탈모의 원인

1) 유전적요소

탈모증은 부모로부터 탈모증이 되는 체질이 유전되어 자식에게 전해진다.

남자인 경우 유전력이 대단히 강하다. 탈모를 야기하는 체질 및 형태가 이어지는 것이지 탈모 그 자체가 유전이 아니고 유전자를 가지고 있더라도 그 유전자의 표현성에 따라서 탈모현상의 유무가 결정된다. 피부세포를 활성화시켜 나가는 노력을 게을리하지 않는다면 탈모 예방을 할 수 있다.

2) 남성 호르몬의 과다 분비

남성 호르몬인 안드로겐의 수용체가 모자라는 선천성 질환에서는 대머리를 발견할 수 없다.

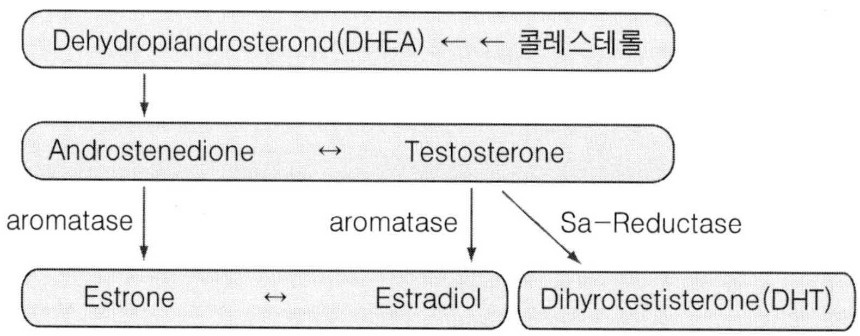

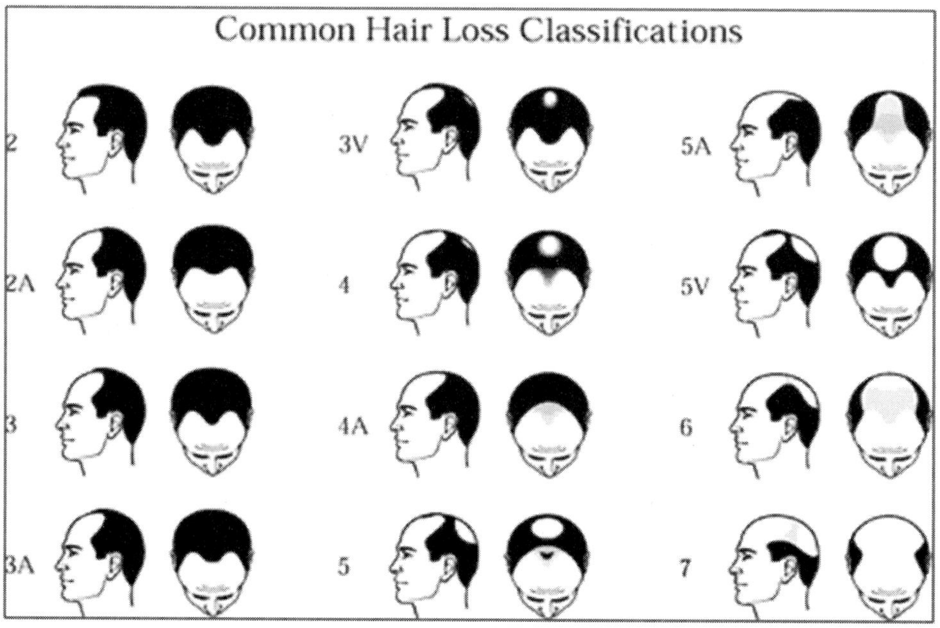

탈모의 시작을 확인하는 방법

3) 피로와 스트레스

수면부족과 피로, 특히 스트레스는 업무에서 비롯된 것보다는 인간적인 갈등에서 스트레스가 더욱 과중하게 쌓인다. 이를 방치하게 되면 머리가 빠지게 되고 이것이 다시 스트레스로 쌓이게 되어 탈모를 더욱 부채질하게 된다.

주요 원인 중 하나로 꼽을 수 있는데 단순히 스트레스만으로 보기는 어렵고, 다른 요인과 중복될 경우 탈모의 진행속도를 촉진시키는 경향이 있다. 모발 영양 공급의 장애 및 영양 결핍 현상 등을 가져와 결과적으로 모발의 연모화 현상을 촉진시키거나 두피 문제점을 유발하고 심각한 경우 모모세포의 세포분열을 관장하고 모발의 모주기를 조절하는 자율신경에 영향을 주어 실조 현상을 가져올 수 있다.

4) 식생활

무리한 다이어트와 육식은 탈모 현상을 돕는 원인이며 그 까닭은 동물성 시방으로 인해 혈중 콜레스테롤이 증가하여 모근의 영양 공급을 약화시키기 때문이다.

서구화된 식습관 패턴이 탈모가 늘리는 원인이 된다. 채식 위주의 동양인보다 육식 위주의 서양인의 탈모 발생률이 5배 이상 높다고 한다. 그 까닭은 동물성 지방으로 인해 콜레스테롤이 증가하여 모근의 영양 공급을 악화시키기 때문이다

5) 환경오염

환경 오염 역시 모발 주기에 변화를 가져오는 등 모발에 영향을 끼친다.

다른 원인들에 비해 직접적 원인은 아니지만 장기간에 걸쳐 대기중에 포함되어 있는 각종 먼지나 유해물질에 모발이나 두피가 노출될 경우 두피 염증이나 비듬 등이 생겨 심하면 탈모 유발을 할 수 있다. 환경 호르몬은 우리 생명에 필요한 작용을 하게 위해 분비하는 모든 호르몬의 작용을 교란시켜 탈모를 발생하게 한다.

6) 물리적인 자극

잘못된 샴푸법에 의한 마찰, cut 불량, blow-dry, iron, 전기세팅 등을 비롯한 압박성 탈모와 견인성 탈모가 여기에 속한다.

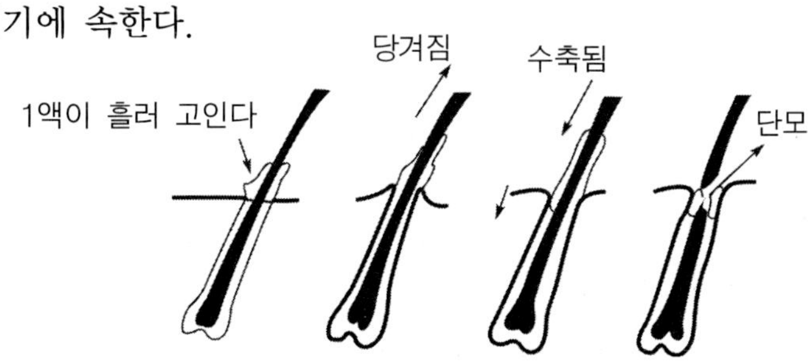

견인성

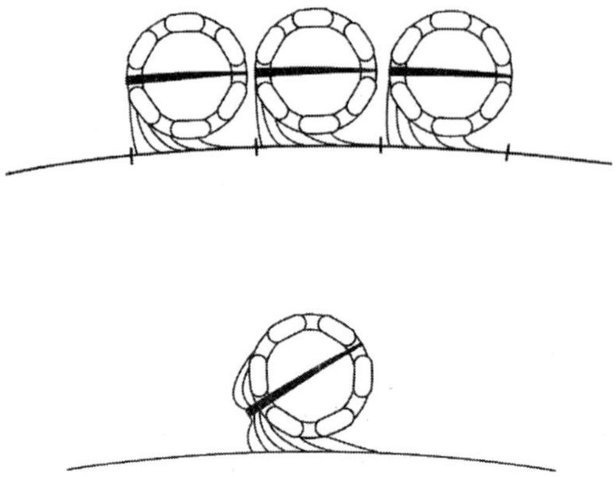

압박성(세팅, 펌롯트)

7) 화학성분의 제품 사용

permanent wave 시술불량, 과도한 bleach, hair coloring 등이다.

화학성 원료의 제품을 사용할 경우 가려움증, 염증, 각화현상을 유발시켜 두피에 손상을 입힌다. 염색약의 주성분인 과산화 산소는 독한 염료가 모발의 통로 부분인 모수질로 침투하여 모근과 모구가 시들거나 모모세포의 생산을 못하게 하거나 산화 현상으로 새로운 모발이 자라지 못하게 한다.

8) 두피의 과도한 피지 분비

두피에 비듬이 생겼다면 지성이나 건성, 복합성의 탈모 초기 단계인 두피에 문제가 생긴 것이다. 흰 가루의 비듬이 어깨에 떨어지는 현상과 집중 탈모 상태가 아닌 분산 탈모 현상이 나타난다. 이때부터 모주기 사이클이 균형이 깨지게 된다.

9) 임신과 출산, 갱년기에 의한 호르몬 변화

여성 탈모의 원인

(1) 스트레스

(2) 임신, 출산과 폐경

(3) 잦은 물리적, 화학적인 미용시술

(4) 출산 후 탈모

- 휴지기 비율의 급격한 증가

(5) 만성 휴지기 탈모

- 이마 위 헤어라인의 변화

10) 질병 및 약물의 작용

일반적으로 항응고제, 항우울제, 고혈압 치료제, 위궤양제, 여드름 치료제, 피임약 등이 탈모의 원인이 될 수 있다. 질병과 약물에 의해 발생하는 탈모의 경우 두상의 특정 부위에서만 나타나는 것이 아닌 전체적으로 나타나는 특징을 지니고 있다. 질병에 의한 경우는 고열에 의한 모근부의 손상 및 영양분의 공급 장애 등과 같은 현상으로 인해 발생한다.

11) 혈액순환장애

심한 탈모인들의 대부분이 두피와 두개골이 붙어 있어 모세혈관의 압박으로 혈행이 좋지 못해 탈모의 원인이 되고 있는데 이것이 빈혈, 고혈압, 중풍, 동맥경화 등을 갖고 있는 현대인들이 탈모가 많은 이유 이고 두피의 모세혈관은 산소와 영양분의 통로이자 노폐물의 배출로이다.

12) 기호식품

술, 담배

5. 탈모의 예방법

대머리가 되는 것을 완벽하게 예방할 수는 없으나 탈모 증상을 어느 정도 방지 할 수는 있다. 그러기 위해서는 무엇보다 건강한 생활을 해야 하며, 대머리에 대한 올바른 지식을 가져야 하고, 정확한 모발 정보를 알아 탈모의 2차적 요인에 관심을 지녀야 한다.

평소에 낙천적인 성격과 느긋한 마음을 가지며 기분 전환을 위해 여행을 간다든지 온수욕 등을 즐기며 정신적·육체적 스트레스를 해소한다.

머리카락 성분의 95% 이상은 단백질과 젤라틴으로 구성되어 있다 따라서 아미노산과 단백질은 물론, 지방산이 다량 함유되어 있는 돼지고기, 달걀, 정어리, 콩을 비롯한 미역 등 해조류와 야채를 많이 섭취해 균형 있는 식사를 한다.

탈모가 진행되는 사람은 피지의 분비량이 많아지면 전염성 질환에 걸릴 가능성이 보다 높아지며 비듬이 많으면 탈모가 그만큼 촉진되므로 머리카락의 청결을 유지한다.

머리를 감고 나서도 삼푸제, 스타일링제, 염색약 등 헤어제품이 모발에 남아 있게 되면 두피를 자극하여 탈모 증세가 나타나기 쉬우며 머릿결 또한 푸석거리게 되므로 충분히 헹궈내야 한다.

1) 한방침 헤어브러싱 기법

한방침 헤어브러시를 써서 두부의 경혈을 자극하는 기법이다. 동양의학 최고의 문헌「황제내경소문」에 '오장육부의 정기는 모두 머리로 올라간다.'라고 쓰여 있는 것처럼 두부에는 내장과 깊은 관계가 있는 경혈이 집중되어 있다. 그래서 두부의 경혈을 적당히 자극하여 뇌로부터 오장육부로 전달하여 내장의 질병을 회복시키고 동시에 모발의 트러블도 해소해 간다.

멧돼지 털을 사용하여 만든 브러시로 적당한 경도가 있기 때문에 두피에 알맞은 자극을 줄 수 있고 모근에 윤기를 준다. 그리고 정전기도 생기지 않으므로 큐티클을 손상하는 일이 없다.

(1) 브러싱 기본 순서

- 이마부터 백회까지
- 오른쪽 관자놀이부터 백회까지
- 오른쪽 귀 위로부터 백회까지
- 오른쪽 귀 뒤쪽 머리카락이 난 부분부터 백회까지
- 목덜미의 오목한 곳부터 백회까지
- 왼쪽 귀 뒤쪽 머리카락이 난 곳부터 백회까지
- 왼쪽 귀 위부터 백회까지
- 왼쪽 관자놀이부터 백회까지이다.

(2) 압 법

두피를 직각으로 누르는 방법

(3) 타 법

두피를 직각으로 두드리는 방법

(4) 헤어브러시 기법의 주의점

- 절대로 힘을 주어서는 안 된다.
- 익숙할 때까지 거울을 보면서 브러싱 하도록 한다.
- 헤어팩제를 두피에 골고루 바르고 나서 브러싱 하도록 한다.
- 브러싱하기 전에 털끝을 가지런히 정돈해 둔다.
- 브러시를 쥔 손을 바꾸어 가면서 브러싱 한다.
  10일에 하루는 쉰다.

브러싱으로 혈액순환을 촉진시킨다. 모발은 두피 속 모유두로 뻗어있는 모세혈관으로부터 영양을 공급받게 되므로 두피 속의 혈액순환은 매우 중요하다.

혈액순환이 제대로 안될 경우 모발이 정상적으로 성장하지 않아 탈모현상이 일어난다. 브러싱은 모발의 흐름을 정리해 주고 두피를 자극시켜시 혈액순환을 촉진시키며 휴지기에 빠져 있는 모발을 제거시키고 성장기에 있는 모발을 촉진시키는 기능이 있다. 손님 중에는 모발이 많이 빠진다고 해서 전혀 브러싱을 하지 않는데 그러면 모발은 더 많이 빠지게 된다. 샴푸 전에 모발과 두피에 부착된 먼지, 비듬을 제거하고 샴푸를 용이하게 하며 또한 두피를 자극시켜 피지분비를 촉진시켜서 두피부분의 피지를 모발 끝까지 고루 분포시켜 건조함을 막고 윤기를 준다.

끝이 둥글고 두피를 부드럽게 자극시켜 시원한 느낌을 줄 수 있는 나무 브러쉬나 쿠션 브러쉬를 이용하는 것이 좋다.

2) 두피 마사지 기법

매일 두 손의 손가락 끝을 사용하여 수분간씩 두피 마사지를 하게 되면 혈액순환이 원활해지면서 모발에 영양 공급이 촉진되므로 두피 건강은 물론이고 탈모 예방에도 효과를 볼 수 있다.

- 우선 따뜻하게 하여 혈행을 좋게 한다.
- 머리카락에 영양을 공급한다.
- 두피에 여유를 준다.
- 목·어깨의 결림을 제거한다.

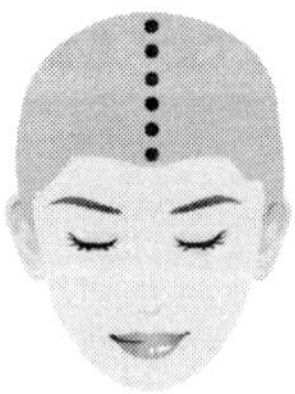

두부의 정중선에 따른 곳

관자놀이 근처에서 크라운(두정)을 향하는 곳

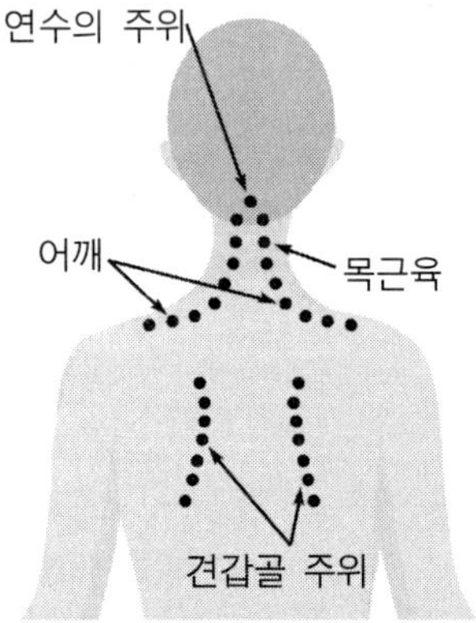

연수의 주위

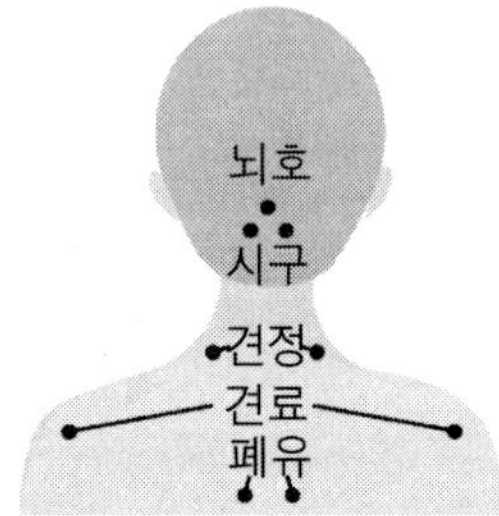

운동신경 침입점

(1) 경찰법(effeurage)

① 혈행, 신진대사의 촉진, 신경완화 유연성, 긴장된 근육의 안정

② 손바닥, 네손가락, 엄지손가락 등을 이용하여 부드럽게 완화시키며 쓰다듬는 행동 유연한 동작이다.

(2) 유연법(kneading)

① 노폐물의 제거, 신진대사의 촉진

② 양손의 손바닥을 전체적으로 사용하여 근육을 주물러서 풀어주는 동작이다.

③ 1, 2, 3의 리듬으로 3에서 가볍게 힘을 가한다.

(3) 압박법(pressure)

① 두피의 할성화, 혈행촉진

② 양손의 손바닥을 사용하여 팔꿈치를 들고 원을 그리듯이 전후좌우로 움직이면서 압박한다.

③ 1, 2, 3의 리듬으로 서서히 힘을 가해 튀어나오듯이 힘을 뺀다.

(4) 지압법

① 두피전체의 활성화 주로 엄지, 약지의 손가락을 사용하여 각각의 지압점 주변을 번갈아 주무르고 지압한다.

② 1, 2, 3의 리듬으로 3에서 가볍게 지압한다. 이것을 3회 반복한다.

(5) 강찰법(friction)

① 혈행, 신진대사의 촉진

② 두피 전체를 감싸듯이 누르면서 가하게 문지르는 동작이다.

③ 처음은 크고 천천히 차차 빠른 리듬으로 실시한다.

(6) 경타법

① 스트레스 해소, 근육의 수축력 증가

② 양손을 펴고 새끼손가락의 측면에서 교대로 머리, 목, 어깨를 리드미컬하게 가볍게 두드린다.

③ 리듬에 강약을 준다.

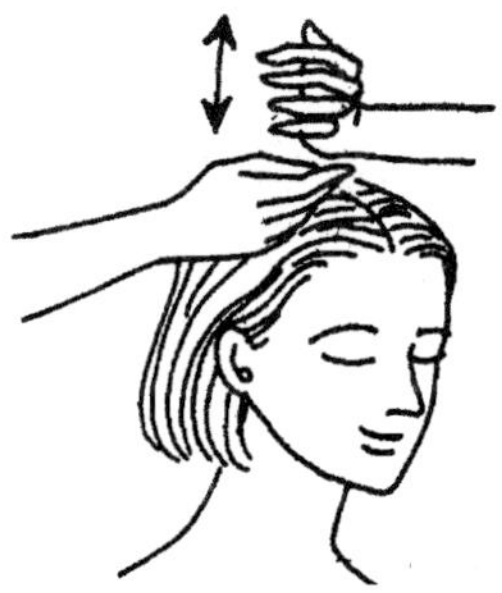

(7) 고타법(percussion)

① 스트레스해소, 근육의 수축력 증가, 지방질과 노폐물의 분해

② 손을 가볍게 쥐고 손등을 사용하여 자극적으로 가볍게 치기 또는 가볍게 두드리는 동작이다.

③ 리듬은 처음은 작게, 빠르게 서서히 크게, 천천히 실시한다.

6. 탈모 치료방법

탈모증의 치료에 있어서는 가장 먼저 탈모의 정확한 원인을 찾아내야 한다. 이를 위해 호르몬 검사와 임상 병리 검사를 실시하게 된다. 의학계에서는 빠져나간 모근을 대신하여 새로운 모근이 생성되지 않는 한 치료가 불가능한 것으로 생각되어 왔다. 그러나 탈모 예방책으로 두피의 혈액순환을 돕는 작용이 중심이 되었던 지금까지의 대머리 치료제인 '육모제'와는 다르게 모근 자체를 생성하는 '발모제'가 앞으로 실용화될 것으로 전망된다.

1) 육모제

(1) 자극을 주는 성분

머리에 자극을 줄 수 있는 약품을 바라 치료하는 방법으로써 머리에 충혈(어느 국부조직의 혈관 속을 흐르는 혈액의 양이 많아진 상태)을 가져오는 것에 의해 머리의 혈액순환을 도와 머리카락에 영양을 공급해 준다는 것이다.

두피에 자극을 주는 성분으로 고추정기, 센브리, 멘톨, 칸타리스 정기, D-판토테닐알코올 등이 있다.

(2) 영양소

육모제에는 비타민류가 함유되어 있는데 이 영양소가 곧바로 머리에 영양이 되는 것은 아니다. 오히려 비듬이 변화되어 두피에 악영향을 미치는 유해물질이 되는 것을 막는데 효과가 있다고 볼 수 있다.

영양소로는 비타민 E, D-판토테닐알코올, 염산, 피리독신 등이 있다.

(3) 그 외 성분

산성인 바이오히알론산은 피부에 좋을뿐더러 적당한 습기를 유지하는 작용을 한다. 또 콜레스테롤이 든 육모제는 머리로의 유분 공급 작용을 한다. 염산 지펜히드라민은 향히스타민제로써 가려움을 멈추게 하는데 효과가 뛰어나다. 이외에도 육모제에는 머리에 윤기를 더해 주는 감광소(感光素)가 들어 있는 것과 각질을 용해시키는 레졸신이 있다.

2) 발모 방법

(1) 5-알파 환원 효소

미국의 제프리 피셔 박사는 1~2년 내에 대머리 치료제가 탄생할 것이라고 말했다. 즉 그는 5-알파 환원 효소라는 항암제를 대머리 치료제로 예상했다. 대머리는 남성 호르몬의 작용이 정상인과 비교해 볼 때 월등하여 머리카락이 빠른 속도로 생성 · 소멸을 거듭하게 되는데, 이때

유방암 치료 등에 사용되는 5-알파 환원 효소가 남성호르몬의 작용을 억제시켜 탈모증을 치료한다는 것이다.

(2) 간세포 증식 인자(HGF)

일본에서는 간세포 증식 인자에 체모 성장을 활성화시키는 발모 인자가 들어 있다는 사실을 발표하여 탈모증 치료에 한발 다가서게 되었다.

이 인자를 사용하여 동물 실험을 해본 결과, 체모를 만들어 내는 모모세포가 평상시의 1.5배 정도 활발하게 분열하고 있음을 알 수 있었다. 또 털의 주성분인 시스테인이라는 아미노산을 생성하는 양도 1.2배로 증가했음을 발견할 수 있었다.

(3) 프로페시아(Propecia)

현재까지 나온 유일한 경구용 탈모방지약이며 화학명은 피나스테리드(Finasteride)이며, 1992년 미국의 머르크사(Merck)는 '프로스카'라는 전립성 비대증 치료제를 출시했는데, DHT를 생성하는 '5-알파-환원효소를 억제함으로써 남성 호르몬 디하이드로테스토스테론의 형성을 막아 전립선의 비대를 막고 이것이 발모를 활성화시키는 효과가 있다. 디하이드로테스토스테론 호르몬이 적은 경우에는 대머리 현상은 거의 나타나지 않기 때문이다. 프로스카로 치료를 받은 환자의 40%는 6개월 후에 새로이 머리카락이 자라기 시작했다.

머르크사는 1997년에 피너스테라이드(Finersteride)성분으로 '5-알파-환원효소'를 억제하고 DHT가 생성되는 것을 방지함으로써 탈모를 막는 것을 공식적인 의학 보고서는 1997년 3월 샌프란시스코에서 열린 〈미국 피부과 학회〉 에서 발표된 '정수리 부위 탈모에 대한 임상 연구 결과 보고서'와 1997년 6월에 시드니에서 열린 〈세계 피부과 학회〉 에서 발표된 '앞머리 부위 탈모에 대한 임상 연구 결과 보고서'가 그것이다.

◎ 1997년 미국 피부과 학회 발표내용 요약

임상 실험은 18세에서 41세에 걸친 중증도의 정수리 부위 탈모가 있는 1,879명의 남성을 대상으로 여러 나라의 기관에서 'Double-blind'연구기법(연구자와 연구 대상자가 어떤 약이 얼마나 투여되는지 모르는 상태에서 진짜 약을 투여한 군과 같은 모양의 위약을 투여한 군에 대한 비교연구 방법)으로 1년간 시행한 연구 결과이다.

① 프로페시아 복용군의 86%에서 모발수가 유지되거나 약간의 증가가 나타난 반면 대조군의 42%에서 모발수가 유지되거나 약간의 증가 결과를 보고함.

② 프로페시아 복용군의 14%에서 탈모가 지속되었고 대조군의 58%에서 탈모가 지속된 결과를 보고함.

③ 프로페시아 복용군의 65%에서 모발의 성장이 있었고 대조군의 37%에서 모발의 성장을 보고함.

④ 모발 전문의들의 사진 판독 결과 프로페시아 복용군의 48%에서 모발의 성장을 판독한 반면 대조군의 7%에서 성장을 판독함.

⑤ 연구 대상자들이 응답한 질의서 내용 분석 결과 프로페시아 복용군의 68%에서 탈모가 줄었다고 응답하였고, 반면대조군의 45%에서 탈모가 줄었다고 응답함.

◎ 1997년 세계 피부과 학회 발표내용 요약

임상 실험은 326명의 중증도 앞이마 부위 탈모가 있는 남성을 대상으로 'Double-blind' 연구기법을 이용하여 시행했다. 그 결과는 다음과 같다.

① 프로페시아 복용군의 52%에서 모발 성장이 있었고, 반면 대조군의 31%에서 모발의 성장을 보고함.

② 모발 전문의들의 사진 판독 결과 프로페시아 복용군의 37%에서 모발이 성장한 것을 판독하였고, 반면 대조군의 7%에서 모발이 성장한 것을 판독함.

③ 연구 대상자들이 응답한 질의서 내용 분석 결과 프로페시아 복용군의 53%에서 탈모 상태의 개선을 응답하였고, 반면 대조군의 30%에서 상태의 개선을 응답함. 추가로 프로페시아 복용군의 65%에서 탈모가 줄었다고 응답하였고 반면 대조군의 45%에서 탈모가 줄었다고 응답함.

1997년 미국 피부과 학회논문과, 1997년 세계 피부과 학회의 내용을 종합해 보면 앞이마 부위 탈모에 대한 치료 효과가 정수리 부위 탈모에 대한 치료효과에 비해 떨어지는 것을 알 수 있다. 그 원인은 아직 정확하게 밝혀지지 않았지만, 앞이마 부위의 모발 성장이 정수리 부위보다는 떨어진다는 것과 노화과정 역시 앞이마 부위가 빨리 온다는 점에서 그 이유를 찾을 수 있을 듯하다. 위의 두 학회의 논문에 의하면 머리의 전반적인 부위에서 프로페시아 복용군이 대조군 보다는 탈모방지 및 증상 개선 효과가 높다는 사실을 알 수 있었다.

1997년 FDA로부터 최초의 먹는 탈모 치료제로 승인 받았으며. 프로페이시아는 사용기간에는 두정부의 탈모에서 모말이 빠지는 것을 막아주고 가는 모발이 굵게 나오도록 하는 효과가 있지만 약복용을 중지하면 2개월 정도 지나면 전에 빠져야 할 모발 까지 함께 빠지게 된다. 따라서 지속적으로 1~2년 정도 복용해야 효과가 좋다. 또한 프로페시아의의 부작용으로는 성적기능장애가 3%정도가 생겼으며, 성적욕구 감소 1.8%, 발기부전 1.3%, 정액량의 감소 1.2% 등이 나타났다. 약의 복용이 중지되면 다시 회복된다.

(4) 미녹시딜(Minoxidil)

미녹시딜은 처음에는 고혈압 환자의 치료제로 널리 사용되었으나 부작용으로 모발이 난다는 사실이 밝혀진 후 발모제로 사용되어지게 되었다. 그 작용은 직접 모낭에 영향을 주는 것이 아니라 두피로 가는 혈류를 증가시킴으로써 모낭이 건강하게 자랄 수 있는 환경을 만들어주어서 모발의 생장주기를 연장해주는 것으로 알려져 있다.

바르는 탈모 억제제로서 미국 식품의약국(FDA)이 1998년 탈모 방지제로서 승인된 약품이다. 미녹시딜은 사용 후 2~3개월 후에 효과가 나타나고 바른 직후에는 일시적으로 모발이 더 빠질 수 도 있다. 여성 환자에게는 그동안 특별한 탈모치료제가 없어서 미녹시딜이 유일한 약물 치료제이며 일부 남성들에게도 효능이 있는 것으로 알려졌다.

한국에서는 식품의약품 안전청으로부터 허가 받은 바르는 약 한미약품의 목시딜, 중외제약의 볼두민, 현대약품의 마이녹실 3가지가 있다.

(5) 메조테라피(Meso-Therapy)

메조테라피는 '메조건(Mesogun)'이라는 특수 주사기를 이용하여 약물을 통증 없이 두피에 침투시키는 방법으로 최근 들어 탈모에 효능이 입증되어 약물복용이 어려운 사람이나 수술이 힘든 경우에 두피에 최소량을 혼합약물을 주사하는 방법이다. 이 방법은 1952년 프랑스 의사인 피토로(Pistor)가 창안한 시술법으로 주로 비만, 피부미용, 통증분야에서 효능을 인정받고 있다.

3) 주사 치료

부신피질 호르몬제인 트리암시노론액을 탈모된 부위에 주사하는 방법이 있다. 보통 2~3주에 한 번 정도 주사를 맞게 되는데 발모 효과는 뛰어나나 장기간 투여를 하게 되면 고혈압이나 위궤양, 백내장 등의 부작용을 발생시킬 수 있으므로 사용에 주의를 기울여야 한다.

4) 자외선 요법

모발이 잘 성장하도록 자극을 주게 되면 머리를 검게 하는 작용도 활발해진다. 마찬가지로 모발을 검게 하면 모발의 성장 작용도 강해지는 것이다.

머리를 검게 하는 방법으로써 가장 유효한 것이 바로 자외선이다. 자외선은 색을 검게 한 UV-A와 염증을 발생시키는 UV-B가 있다. UV-A는 파장이 길어 피부 흡수율은 높으나 작용 자체는 약한 탓에 오랜 시간 동안 조사를 해야만 효과를 볼 수 있다. 그러므로 조사하기 2시간 전에 자외선을 흡수하는 작용을 지닌 솔라렌이라는 약을 바른 후에 하게 된다. 바로 이것이 PUVA라는 방법이다.

한편 UV-B는 파장이 짧은 것으로써 작용이 매우 강하여 그대로 조사하면 된다.

5) 면역요법 및 심리요법

신체의 면역기능을 높여 탈모 증세를 억제시키는 것이 면역 요법이다. 면역요법으로는 스테로이드의 주입보다 DPCP 면역요법이 주로 사용되며 효과 또한 높다. 특히 탈모반의 넓이가 $46cm^2$일 때에는 DPCP 면역요법 치료가 유효하다.

이 약은 알레르기성 접촉 피부염을 발생시키면서 모근을 자극하여 모발의 성장을 이끌어낸다. 면역 증강제를 1만 배로 희석시킨 액체를 치료할 부위에 발라 주어 항체를 증강시키는 것으로, 치료 기간은 증세에 따라 다르기는 하나 보통 3~6개월 정도 소요된다. 유전적 요인에 의해 대머리가 되었을 경우에는 사실상 약물치료를 한다. 하더라도 효과를 얻을 수 없다. 이는 대증 (對症)적인 발모 촉진요법 대부분이 지니고 있는 한계 상황이기도 하다.

6) 에피모르핀

과거에는 인공적으로 배양한 피부에는 모공이나 모근의 재생이 불가능했으나, 피부의 내측에 있는 간충직이라는 조직세포를 배양한 피부에 접합함으로써 모근의 형성이 가능하게 되었다. 계속적인 연구를 통해 간충직이 분비하는 물질, 즉 에피모르핀에 의해 모근이 생성될 수 있음이 확인되어 새로운 발모제로 기대되고 있다. 이제 남은 과제는 에피모르핀을 이용해 탈모된 모근 대신 새로운 모근을 이식시켜 주면 된다. 즉 어떻게 효과적으로 접합시킬 수 있을 것인가가 문제인 것이다.

위의 것들이 곧바로 사용되기에는 많은 문제점들을 내포하고 있지만은 어느 시점이 되면 반드시 실용화 될 것임은 분명하다.

7) 보안대체요법의 종류

(1) 동양의학

- 한의학, 중의학, 후세방, 고려의학
- 한방재료를 이용한 방법

(2) 침술

- 음양오행설, 경락학설

(3) 자연요법

- 항상성에너지로 스스로 치유력을 갖고 활성화
- 식이요법, 영양요법, 동종요법, 약초, 침, 운동치료요법, 수기치료, 수치료, 전기치료, 광선치료, 물리치료, 명상요법, 요가, 최면요법, 자발요법 등

(4) 양자의학

- 전자파자극

(5) 동종요법

(6) 아유르베다 의학

(7) 아로마 마사지

8) 수술요법

(1) 모발 이식술(식모술)

머리카락을 뿌리째 뽑아 한두 가닥에서 수십 가닥, 또는 손바닥 크기만큼 한꺼번에 탈모된 부위에 옮겨 심서나 두피 자체를 늘려 모발 부위를 확장하는 등 매우 여러 가지가 있다. 자신의 머리카락을 옮겨 심는 것이기 때문에 거부반응이 거의 모발을 뽑아 탈모된 부위로 옮겨 온 모발이 지속적으로 자라기 때문에 치료 효과는 것의 확실하다고 볼 수 있다.

모발 이식술

분 류	종 류
유리 식모술	펀치 이식술 (원주 식모법) 미니 그레프트 단일모 식모술 대상 식모술
유경 식모술	플렙 식모술(피변 식모술) 회전 식모술
두피 신전법	스칼프 리넉션 엑스펜드법

(2) 인공 모발 이식술

머리카락이 빠진 형태에 따라 일정한 간격으로 바로 그 자리에 한 가닥씩 자연으로 생겨난 것처럼 머리를 심어 주는 것이 인공 모발 이식술이다. 인공모는 자연모와 달리 잘 빠지지 않으므로 식모가 시급한 사람에게는 권장해 몰 만하나, 음모나 수염 및 눈썹 등에는 인공모가 적합하지 않다. 인공 식모는 외관이 무척 자연스럽다는 특징을 지니고 있다.

(3) 두피 피판술(두피확장술)

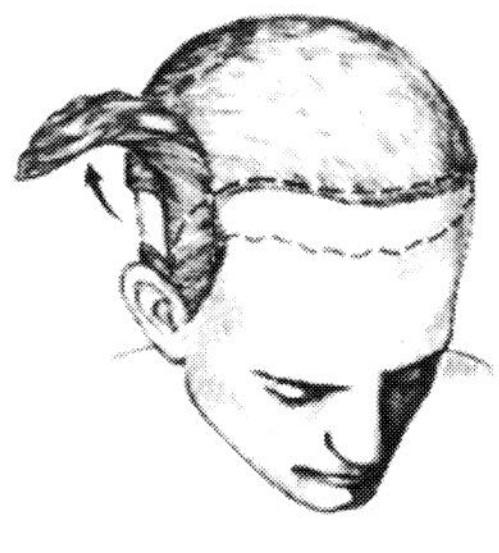

자신의 두피를 신경조직과 혈관을 모두 살리면서 옮기는 비교적 튼 수술에 속하는 피판술은 아직까지 우리에게는 생소한 수술 방법이다. 피판술은 모발의 수를 늘리는 것이 아니라 남아 있는 모발로 탈모된 부위를 감추는 방법이다. 앞머리나 정수리 부분은 모두 탈모되었더라도 옆머리나 뒷머리를 이용하여 모발이 남아 있는 곳의 피부를 늘린 후, 탈모된 부위를 오려낸 그곳에 늘어난 정상적인 두피를 덮는 것이다.

① 단순 두피 축소술

정수리 부분의 대머리처럼 공여부에서 모발을 이용할 소지가 있을 때 사용할 수 있다. 탈모된 부위에 방추상으로 두피를 없애고 양측 두피를 봉합하는 방법이며, 방추상 절제의 최대 폭은 3~4cm를 넘지 않아야 한다. 수술한 지 3일 이 지난 뒤부터는 정상적인 생활도 가능하나 과격한 일은 3주 정도가 흐른 연후에야 할 수 있다. 대략 3개월 정도 시간이 흐른 뒤 두피에 여유가 생겼을 때 2차 축소술을 할 수 있다.

② 조직 확장기를 이용한 두피 축소술

두피에서 머리카락을 가진 부위를 넓히면서 가져오는 부위에 해를 주지 않는 치료법으로써 피부가 손쉽게 늘어나는 성질을 이용한 것이다.

조직 확장기를 용한 두피 축소술은 원래 흉터 치료 등에 사용되었던 조직 확장술을 이용한 것으로써 우리나라에서도 외상이나 화상 흉터 치료로 쓰이다가 10여 년 전부터 대머리 수술에도 사용되고 있다.

조직 확장기를 이용한 두피 축소술은 여러 차례에 걸친 단순 축소술을 통한 교정을 빠른 기일 안에 마칠 수 있다는 장점을 지니고 있다.

③ 두피 이전술

대머리가 앞머리 부분에서 시작될 때 옆머리나 뒷머리 부분의 두피 위치를 바꾸는 것으로 이마 모발선의 재건이 주된 목적을 이루고 있다. 그러나 모발의 방향이 정상적인 방향을 향해 있지 않기 때문 수술을 한 후에는 흉터나 자연스럽지 못한 모발선이 생기게 된다. 이러한 문제점은 미세술을 이용한 유리 피판술(신경세포와 혈관까지 한꺼번에 두피 판을 옮기는 수술)을 시술하게 되면 어느 정도는 해소될 수 있을 것이다.

④ 두피 이식술

수술을 통해 탈모된 부위를 재건한 경우 이마의 모발선을 고치려 할 때 사용한다. 이 방법은 한꺼번에 많은 부분을 덮어 줄 수 있다는 장점을 지니고 있다.

제5장 두피 · 모발관리 실제

1. 두피타입별 관리방법

1) 정상두피(Plain Scalp)

두피가 맑고 청백색을 띄우며 투명도가 높고, 두피에 각질이 없고, 모발주위 모공이 완전히 열려 있고 깨끗한 상태를 말한다. 정상두피는 한 개의 모공에 2~3개의 모발이 건강하게 자리잡고 있으며, 모발의 굵기가 거의 일정하고 투명한 반사빛을 보인다.

▶ **관리방법 :**
각질제거와 두피의 영양공급하며, 스트레스 받지 않도록 하며, 현재의 건강한 두피상태를 유지 관리한다.

2) 건성두피(Dry Scalp)

두피 표면의 피지량과 수분조절 기능의 밸런스가 잃어 윤기가 없고 각질이 쌓여 있는 탁한 백색의 두피로 유 · 수분의 밸런스가 무너지고 건조한 상태이다.
건성두피는 모공 주의에 유 · 수분기가 유난히 적고, 모공이 뚜렷하게 함몰되어 있다.

▶ **관리방법 :**
막힌 모공의 샴푸와 혈액순환에 초점에 중심을 두어 두피의 수분 공급과 영양공급이 중요하며 두피를 자극하는 마사지를 자주하며 혈액순환을 돕는다.

자외선으로부터 모발을 보호해주며, 모발과 두피 보호를 위해서 염색이나 퍼머넌트를 자제하며 두피와 모발 보호제가 다량 함유된 제품을 사용하여 헤어 팩이나 트리트먼트를 해준다.

3) 지성 두피(Oily Scalp)

지성두피는 정상두피에 배해 모공 주위에 과다한 피지 분비로 인하여 두피의 투명감이 없고 탁해 보이며, 모공에 물이 고인 것처럼 보인다. 과도하게 분비된 유분으로 인해 유분기운이 반사되어 반짝하게 빛이 나며 번들거리는 현상이 있다.

두피가 서리가 낀 것처럼 두껍고 축축하거나 모공 주위에 응고물로 대부분 막혀있으며 각질과 피지가 결합 산화되어 끈적거리는 모발을 형성하고 심한경우는 악취가 난다.

심한 경우 비듬과 가려움을 동반하거나 과다한 피지로 인한 지루성 염증이 유발되기도 한다.

▶**관리방법 :**

피지와 분비물로 인해 모공이 막혀 있어 세포 호흡작용에 이상이 생겨 모발이 가늘어 지고 탈모가 일어날 수 있으므로 피지 응고물을 제거하고, 모공을 열어 청결을 유지한다.

마사지에 의한 자극에도 피지선이 활동이 증가 할 수 있으므로 피하는 것이 좋으며 두피 자체가 신진대사를 원활하게 하도록 세균에 대한 저항력을 키운다.

스트레스와 인스턴트 음식으로 인한 피지 분비를 피하고, 세정과 유·수분 조절이 가능한 지성용 기능성 샴푸와 트리트먼트제로 관리한다.

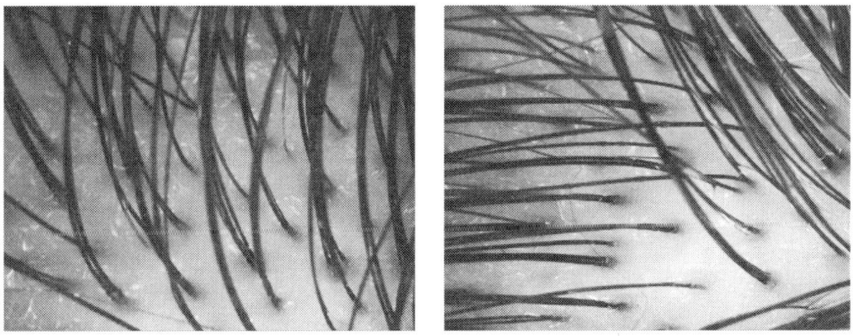

4) 민감성 두피(Sensitive Scalp)

외부 자극에 과민한 반응을 나타내는 두피로서 두피에 붉은 반점이나 뾰루지, 실핏줄이 보이거나 붉고 예민한 상태이다. 선천적으로 두피가 민감한 경우가 있고, 피로나 장기적 스트레스로 인하여 두피가 민감해지기도 한다.

잦은 퍼머넌트나 염색, 탈색 등의 화학적인 시술 때문에 민감해지는 경우도 있다.

▶ **관리방법 :**

두피가 예민하므로 두피에 최대한 자극을 줄이고 두피에 청결과 세균 번식의 억제 및 예방에 주력하며 염증 및 기타질환을 치료한 후 관리에 들어간다.

자극적인 음식이나, 잘못된 생활습관을 고치도록하고, 휴식과 적당한 운동으로 스트레스를 줄이도록 노력한다.

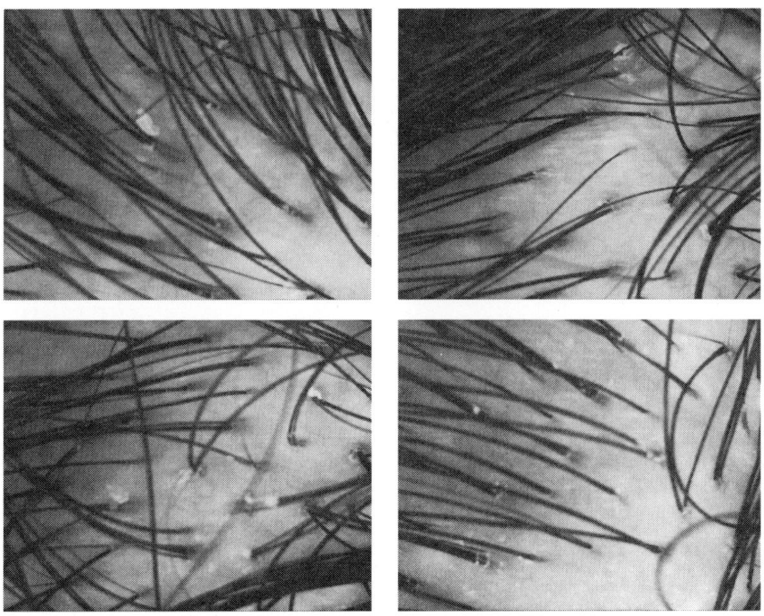

5) 비듬성 두피(Dandruff Scalp)

비듬은 피지선의 과다한 분비로 비듬균(pity rosporum ovale)에 의한 각질이 쌓이며 두피의 수분 부족으로 표피가 갈라져서 건성 비듬과 과도한 피지와 비듬이 엉켜 붙어 노란색을 띄며 끈적끈적한 지성비듬으로 구분할 수 있다.

비듬성 두피는 비듬균의 이상증식으로 비정상으로 쌓여 가려움증이 유발되므로 긁게 되고 이로 인하여 2차 자극이 가해짐으로서 두피는 예민하게 변할 수 있다. 관리 시기가 늦어질 경우 염증이나 탈모로 이어질 수 있다.

비듬은 과도하게 생성되면 두피의 소양증을 동반하고, 더욱 심해지면 붉게 부풀어 오르고, 습해지면서 염증을 일으킨다. 이때 세균에 의해 감염되면 두피에 악취가 나면서 타인에게 불쾌감을 주고 스트레스, 유전적요인, 음식물, 곰팡이, 기후, 땀 등에 영향을 받는다.

▶ **관리방법 :**

과도한 비듬은 균을 억제하는 특수관리와 적절한 제품을 사용해야 하며 두피에 살균, 소독하며 식물성분의 기능성 샴푸를 이용하여 저녁에 깨끗이 샴푸하고, 두피의 기능을 정상으로 되돌려줄 수 있도록 관리한다.

모발을 항상 청결히 유지 관리하고 스트레스를 줄이고, 아연(Zn)이 함유된 비타민과 생선류의 섭취를 늘이는 것도 좋은 방법이다. 유분기 있는 린스제품 보다는 레몬즙이나 구연산을 사용하면 마지막 헹굼에 도움이 된다.

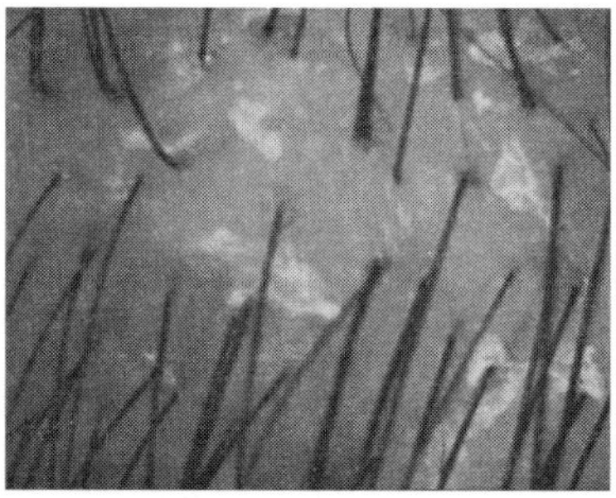

비듬 (10)등급 분류	미생물
II 등급 미만 : 무인설	피티로스포룸이 가장 중요한 원인균
III 등급 : 경미한 인설	〈근 거〉
IV 등급 : 경도의 비듬	1. 지루피부염 환자의 두피내 높은 비율로 존재
V 등급 : 중등도 비듬	2. 인설이 심할수록 진균 수 증가
VI 등급 이상 : 심한 비듬	3. 배양된 균으로 병변 유발 가능
	4. 항진균제로 병변 호전

6) 탈모 진행 두피(Hair loss Scalp)

탈모가 있는 두피는 피지가 과도하게 분비되고, 두피가 경직되어 딱딱하고, 비듬과 가려움증을 동반하고 있으며, 증세가 더욱 악화된다. 또 모발이 점점 가늘어지고 힘이 없어진다. 모공 한 개에 모발이 2~3개가 잇는 것이 정상모발인데 비해 모공 하나에 모발 1개 정도나 빈모도 보이게 된다.

모발은 하루에 50~100개 정도의 탈모는 정상 범위이지만 그이상인 경우는 탈모를 의심해 보아야 한다. 새롭게 자라 성장하는 모발보다 이상 탈모로 인해 빠지는 모발수가 많아진 상태이다.

▶ **관리방법 :**

탈모의 원인(스트레스를 많이 받거나 두피의 혈액순환 장애, 다이어트로 인한 영양부족, 임신과 출산, 폐경에 따른 호르몬 영향, 과다한 피지분비, 두피의 땀 등 노폐물이 쌓여 있을 때, 유전적인 요인, 라이프스타일, 기호식품 등)을 분석·파악하여 여러 종류의 탈모에 맞추어서 맞춤형 관리를 한다.

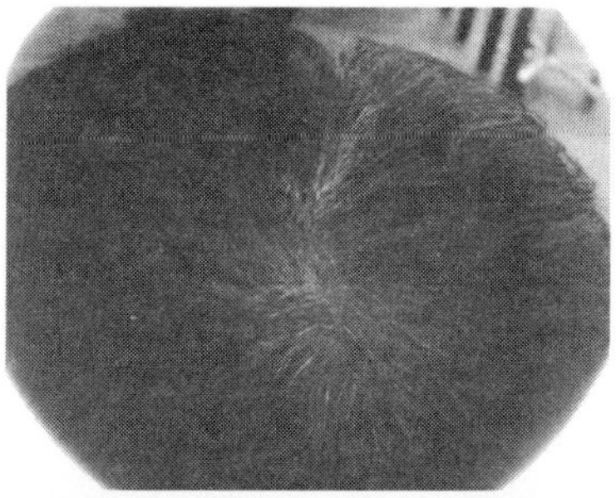
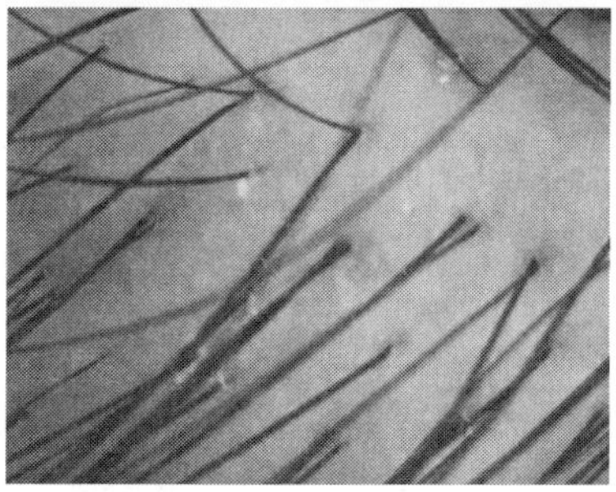

NOTICE 두피관리 전·후 비교 사진

before

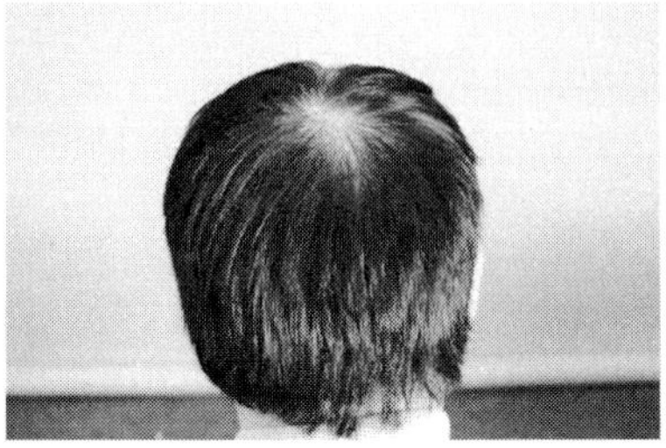

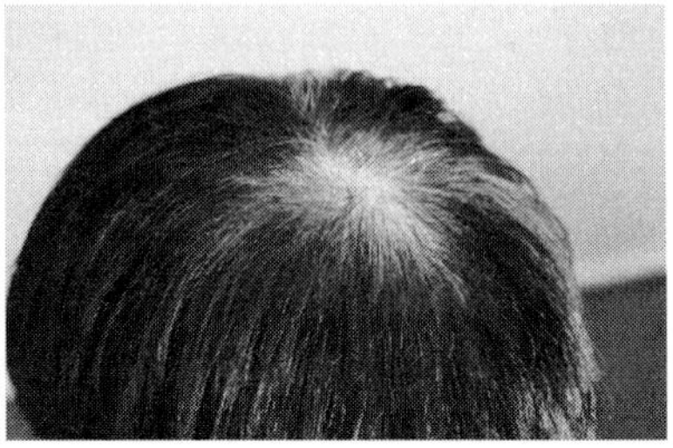

after

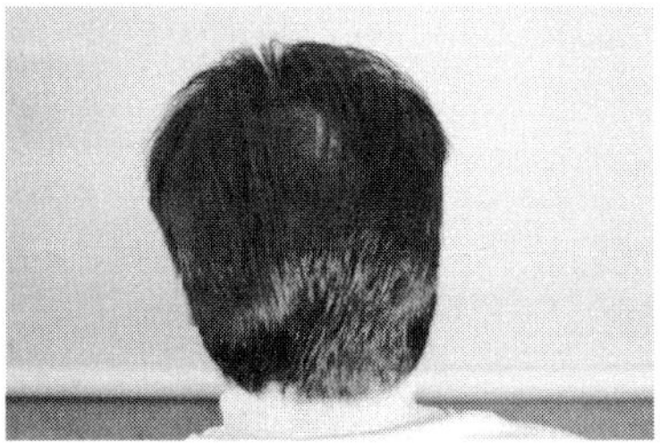

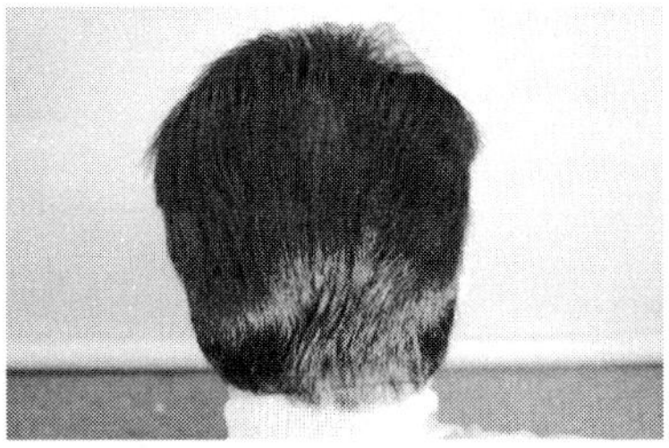

7) 문제성 두피

(1) 모낭염(Foliculitis)

피부와 두피에 손상을 받았을 때 모공에 박테리아가 침범하여 급성화농성 염증을 일으켜 발생한다. 감염된 사람과의 직접 접촉, 오염된 기구를 통해 감염되며, 퍼머넌트웨이브제가 모공속으로 들어가 모낭염을 일으키기도 한다. 증상으로는 작은 농포가 형성되고 특징적으로 농포 중앙에 모발이 나는 경우도 있다.

(2) 모낭낭종(Pilar cyst)

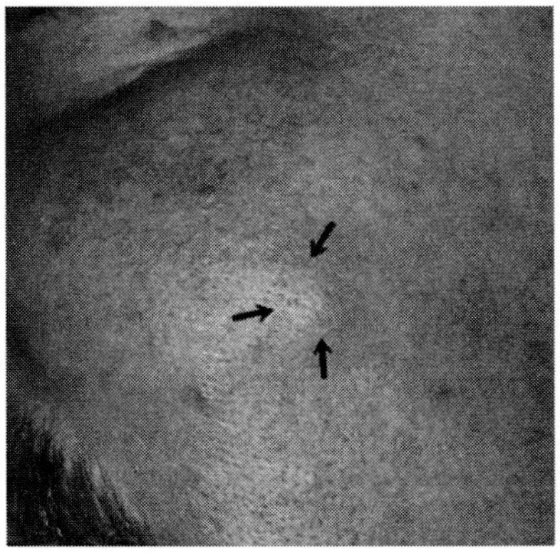

① 정 의

- 두피에 발생하는 각질을 함유하고 있는 낭종

② 원 인

- 모낭하부를 둘러싸고 있는 외모근초로부터 유래

③ 증 상

- 매끈하고 단단한 둥근 결절

- 가동성, 대개 다발성으로 발생
- 여자에서 흔하고 두피, 안면부에 발생

④ **치 료**

- 외과적 절제술

(3) 모공각화증(Keratosis)

모낭 유두의 과각화증으로 모낭공이 부분적으로 폐쇄되어 휴지가 털이 빠지지 못하여 발생한다. 증상으로는 모낭이 솜털의 뭉치가 있는 깔대기 모양의 각질 덩어리로 채워져 노인의 코와 이마에서 주로 나타나며, 어깨와 등에는 면포와 같은 작은 흑점을 보인다.

(4) 건선(Psoriasis)

진피 부분에 세포분열이 급속하게 일어나 피부가 부풀어 오르거나 비정상적으로 두꺼워지는 것을 말한다. 유전적 성향이 강하며 스트레스 때문에 발생하기도 한다. 증상으로는 피부가 두꺼워지며 은색의 비늘이 형성된다. 비늘을 제거 시 붉은 피부가 드러나며 따끔거리고 가끔 약간의 출혈 동반한다.

① **정 의**

- 은백색의 인설을 동반한 구진을 나다내는 흔한 피부질환으로 악화와 호선을 반복하는 만성 경과를 취한다.

② **역학빈도**

- 전세계적으로 발생. 우리나라 인구의 1% 내외
- 피부과 외래 환자 중 약 3% 내외
- 초발연령 : 20대 가장 흔하고 이어서 10대와 30대 많다.
- 조기초발 건선이 예후가 나쁘다.

③ **원 인**

- 유전적 요인
- 악화 혹은 유발 요인
- 면역학적 요인
- 표피운동성 이상
- 각질형성 세포 분화의 이상
- 생화학적 요인
- 암유전자
- 진피혈관의 이상
- 신경펩타이드

④ **증 상**

- 선홍색의 작은 구진이 점차 커지거나 융합하여 동전 모양 내지는 다양한 크기의 판상 형태를 취한다.
- 병변은 조그만 병변에서부터 거의 전신에 걸친 병변까지 크기가 다양하다.

⑤ **국소치료**

- 안쓰랄린 / 타르 / 스테로이드 연고 / 비타민 D 유도체

⑥ **광선치료**

- 타르 광요법 / 안쓰랄린 광요법 / 연화제 광요법 / 광화학요법(PUVA) / 단파장 자외선 B 광요법

⑦ **전신치료**

- 레티노이드 / 면역억제제 / 스테로이드 제제

⑧ **복합치료**

- 국소치료, 광치료, 전신치료법 들 중 두가지 이상을 복합

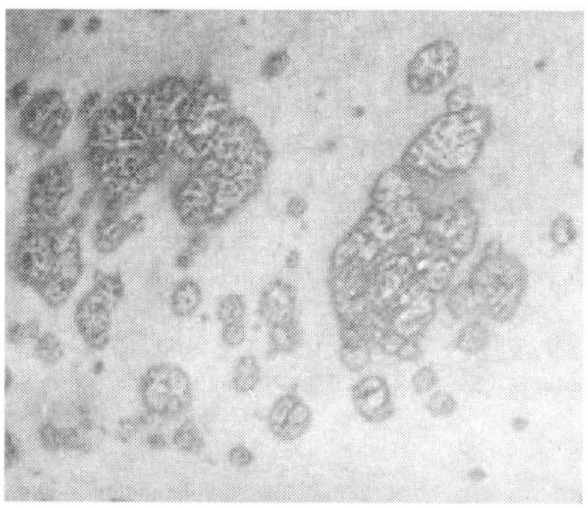
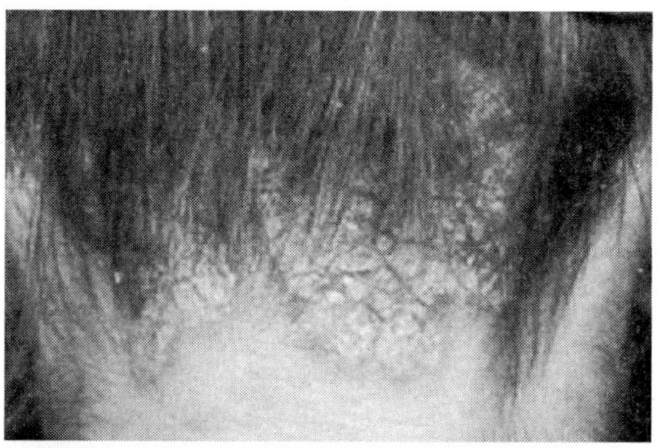
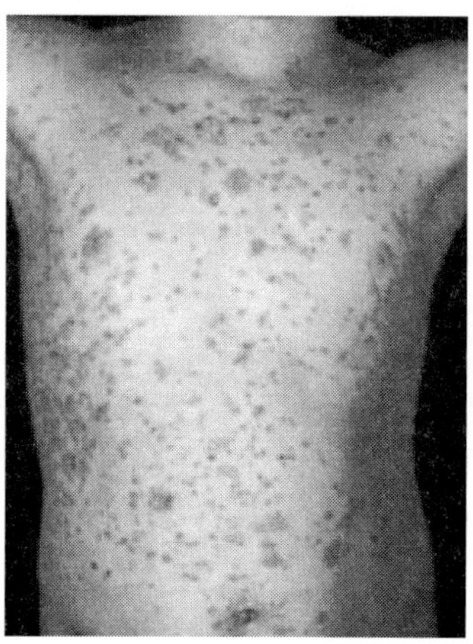
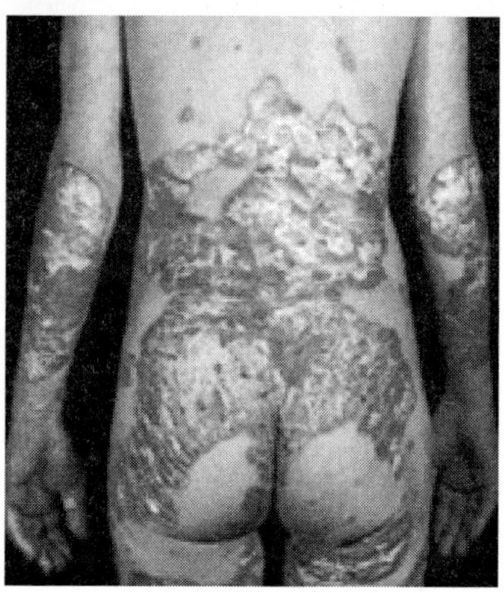

(5) 농가진(impetigo)

박테리아(연쇄 구균, 포도당 구균)가 손상된 피부를 통하여 침범하며, 주로 어린이의 얼굴이나 피부, 두피 등에 발생한다. 증상으로는 투명한 액체로 차인 수포를 생성하여 심한 두통이 오고, 시간이 지남에 따라 주위 피부의 발작, 열감, 농포가 형성된다.

(6) 백선(Ring warm, Tinea Capitis)

곰팡이 균과의 직접적 접촉 또는 상처에서 떨어져 나온 피부의 각질과 접촉 오염된 빗, 브러시, 타월에 의한 간접적 접촉에 의해 발생한다. 증상으로는 둥근 모양으로 반점이 번지면서 회색빛의 비는 가피가 형성되어 핑크빛 반점이 두피에 나타나기 하여 반점을 중심으로 절모 현상이 일어나며, 전염성이 매우 높다.

① 정 의

- 모낭과 그 주위의 피부에 발생하는 백선균의 감염

② 증 상

- 무증상의 보균상태 / 비염증성 탈모
- black-dot ringworm형 / 염증성 두부백선

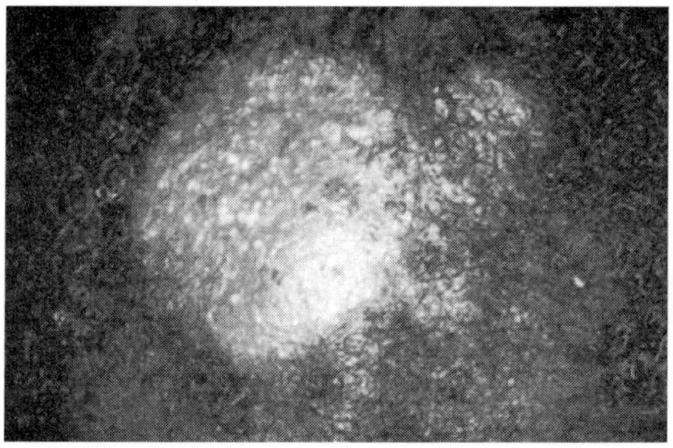

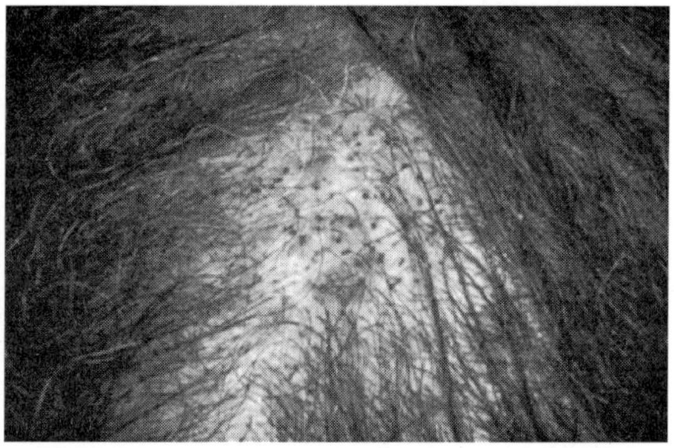

(7) 지루성 피부염

만성 습진성 피부질환으로 피지선의 활동이 증가된 부위, 즉 두 피, 안면, 흉골부위, 액와부, 배꼽, 서혜부 등에 호발하며 호전과 악화를 반복하고 건조하거나 기름기가 있는 인설과 홍반이 특징이다.

- 건성 비강진
- 지방성 비강진
- 염증성 지루피부염

① 원인과 발생기전

- 미생물(피티로스포룸)
- 피지의 과다분비
- 표피의 과다한 증식
- 정신적 스트레스나 과로
- 전신질환
- 세포성 면역
- AIDS 환자에서 지루피부염의 빈도 증가
- 환자의 림프구 반응 저하
- 인터루킨-2, 인터페론 감마 생산감소
- 기타원인 : 신경계 장애, 신경이완제, 내분비 질환, 피로, 긴장, 수면부족, 감기, 월경, 음주 등

② 치료방법

- 국소치료 :
  약용샴푸(황화 셀레늄, 타르, 아연 피리치온, 케토코나졸)
  항생제, 항진균 연고
  스테로이드 연고
- 전신치료 :
  항히스타민제, 항생제, 항진균제, 스테로이드제

(8) 알레르기성 접촉 피부염

① 정 의

- 외부 물질과의 접촉에 의하여 발생하는 피부염

② 발생기전

- 알레르겐(항원)이 원인
- 항원이 랑케르한스 세포와 결합 후 T 세포에 전달됨. 이 과정에서 염증 유발 물질인 사이토카인이 분비되어 유발됨

③ 원인물질

- 식물 : 옻나무, 은행나무고무제품 : 브래지어, 고무장갑, 팬티, 거들, 신발
- 머리염색약 : 파라페닐렌디아민 함유 제품
- 금속 : 니켈, 크롬, 코발트, 수은
- 화장품 : 방부제, 향료, 기제성분
- 향료 : 시나믹 알코올, 시나믹 알데하이드, 발삼
- 농약

④ **예방과 치료**

- 원칙적으로 습진에 준해 치료
- 원인물질 확인 후 재차 접촉 피한다.
- 대개는 국소치료로 가능하나 급성기나 광범위한 경우
- 부신피질홀몬제의 전신치료
- 항원 대체(antigen replacement)
- 탈감작요법(desensitization)

(9) 편평태선

① **정 의**

- 피부와 점막에 발생하는 원인 불명의 염증성 질환

② **발생빈도**

- 대부분은 30~60대, 여자가 남자보다 흔하다.

③ **원인**

- 정신적요인, 바이러스 감염설, 유전, 면역설, 약물 또는 화학 물질

④ **증상**

- 다양한 피부소견 반흔성 탈모증, 가성독발 초래

⑤ **치료방법**

- 자연소실과 악화를 반복
- 악화요인 제거
- 구강위생과 규칙적인 치아관리
- 스테로이드 제제
- 항히스타민제, 신경안정제

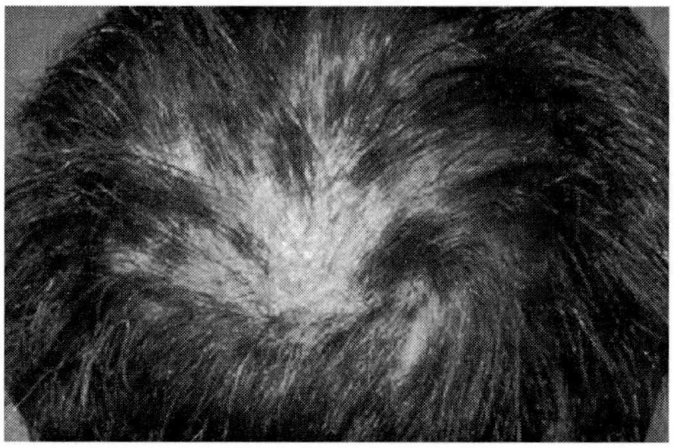

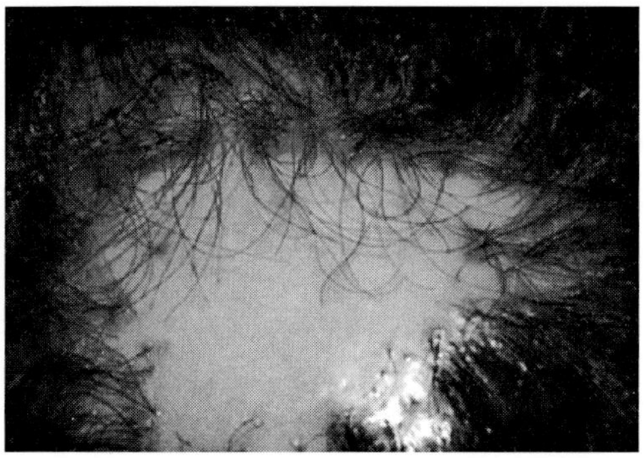

(10) 머릿이(Headlice)

머릿이가 두피, 모발에 침입하여 알을 까고 부화하여 생긴다. 증상으로는 가려움을 동반하고 모근하고 모근 쪽으로 하얀 알이 딱딱하게 부착되어서 비듬과 달리 손으로 비벼도 떨어지지 않는다.

① 원 인

- 페디클루스 카피티스(머릿이)

② 증 상

- 가려움증, 진물, 가피형성
- 2차 세균감염

③ 치 료

- 벤젠 헥사클로리이드(린덴)
- 퍼메트린
- 크로타미톤

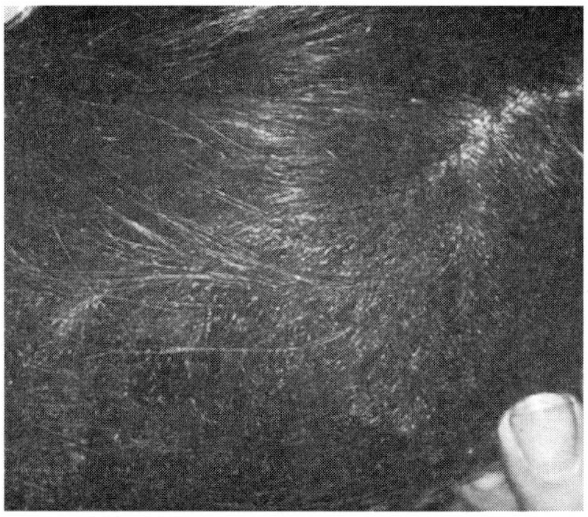

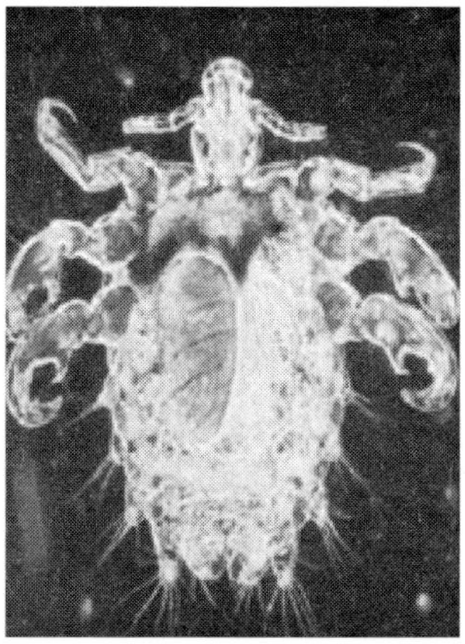

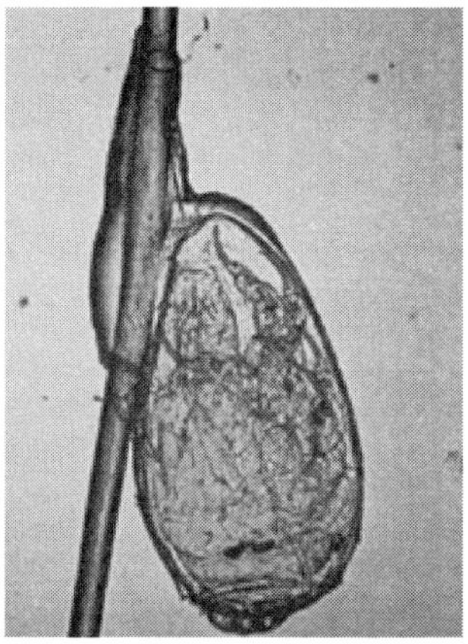

(11) 다모증(hypertrichosis)

- 전신적이던 국소신체 어느 부위든지 모발이 더 굵고, 길고, 무성한 상태
- 피부에 모발의 많고 적음은 연령, 성별, 종족에 따른 차이 있음
- 환자 자신이 모발이 너무 많다고 호소하면 이를 과도한 모발 성장이라고 인정하여 주는 것적이던 관계없이 남, 녀 모두에게서 털이 많은 경우

(12) 조모증(hirsuitism)

여성의 피부에서 안드로겐에 의존하여 콧수염, 구렛나루, 겨드랑이 같이 남성에 분포되는 양상으로 모발이 많아지는 경우

2. 두피 관리의 효과

1) 건강한 두피와 모발

두피의 생리기능을 원활히 하여 두피와 모발 건강을 유지시켜주고, 모근 부분에 흡착된 이물질은 모발에 굴곡을 형성하고 모발의 탄력을 저하시켜 모발의 볼륨을 감소시키거나 펌&염색 시 원하는 스타일을 만들지 못하는 원인이 된다.

장기적인 이물질의 흡착은 신생모의 건강상에도 문제를 일으켜 가늘고 탄력이 저하된 손상모가 발생하는 원인이 된다.

2) 탈모 지연 및 예방

건강하고 윤기 있는 모발이 성장할 수 있도록 하고 탈모를 방지한다. 두피가 불결하다고 하여 그 자체가 탈모로 이어지는 것은 아니지만 탈모로 유발시키는 원인이 되기 때문에 두피의 청결은 탈모를 예방할 수 있는 가장 기본적인 관리 프로그램이다.

3) 두피의 문제점 해결

문제성 두피가 가장 큰 비중을 차지하는 것이 불결한 환경에서의 세균 번식이다. 문제 부위가 세균의 활동으로 인하여 그 범위가 확산되어 두피 전체로 번지는 것이 문제이며, 이러한 문제점을 막기 위해서는 두피의 청결, 두피 살균, 소독으로 세균의 번식을 억제하는 것이 최고의 해결방법이다.

3. 두피 관리 시술 과정

상 담 : 고객의 두피 및 모발 상태를 파악하고 문제점 발견

⬇

진 단 : 상담자료를 바탕으로 모발진단기와 확대경 등의 정밀검사를 통해 고객 상태에 맞는 프로그램 결정

⬇

스켈링 : 두피 및 모발에 적합한 스케일링 방법을 선택하여 청결하게 하는 단계

⬇

두피마사지 : 순서와 프로그램에 맞게 마사지 시술

⬇

세정(샴푸) : 두피 타입별에 맞는 세정 제품 선택

⬇

영양공급 : 두피와 모발에 앰플과 영양제를 통하여 생리기능을 원활히 하는 단계

⬇

특수관리 : 각각에 맞는 제품과 기기관리를 통해 특별 관리하는 단계

⬇

홈케어&사후관리 : 두피 관리가 집에서도 이루어질 수 있도록 제품을 선정하여 지속적으로 관리해주는 단계

4. 두피관리 준비물

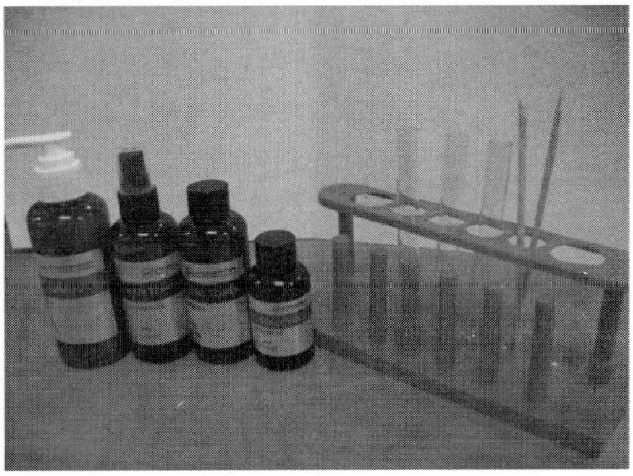

1) 준비물

응시표, 신분증, 필기도구, 관리제품일체(스켈링제, 앰플, 샴푸, 트리트먼트), U자형 브러시, 드라이어, 흰색타월(3장), 스파츌라, 탈지면, 소독불, 유리관(3개), 분무기, 거치대, 핀셋, 스틱, 쿠tus, 볼, 브러쉬 등

2) 우드 스틱 만들기 시술순서

①

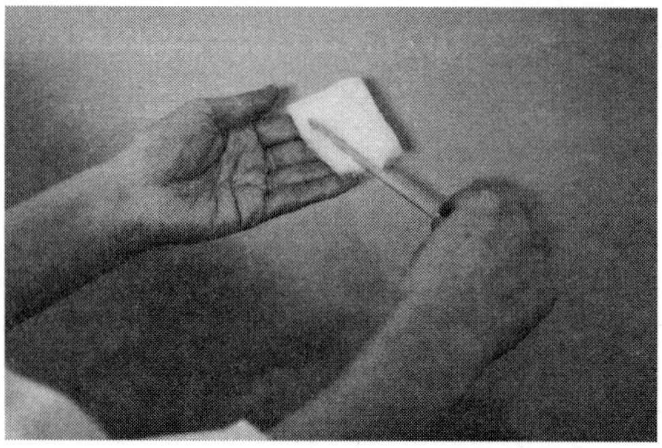

②

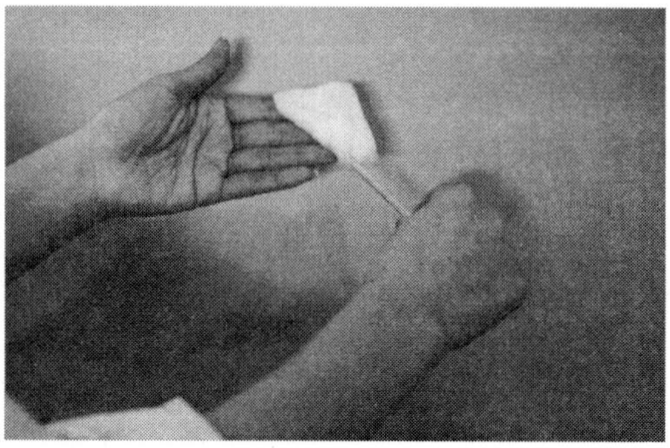

우드스틱에 물을 약간 묻히고 탈지면을 감으면 잘 감긴다.

③

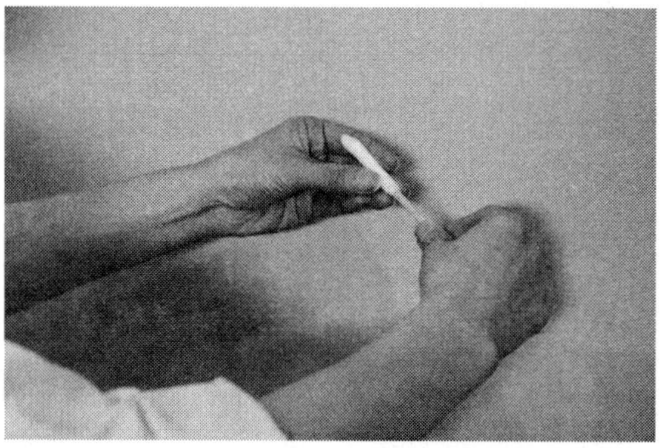

④

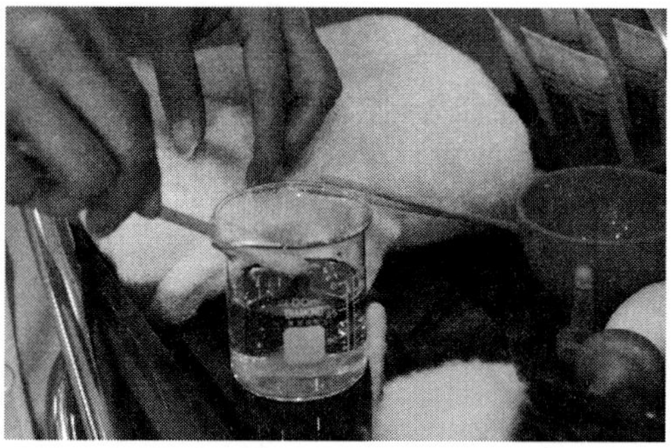

탈지면이 삐져나오지 않도록 잘 말아준다.

⑤

다시 한번 물을 살짝 묻혀 돌돌

5. 두피관리사의 자세

- 손톱을 짧게 청결하게 유지한다.
- 관리 시에 머리를 묶고 단정하게 한다.
- 복장을 간단하고 신축성이 있고 단정해야 한다.
- 가벼운 메이크업을 한다.
- 신발은 소리 나지 않는 것을 선택하고 가운을 착용하는 것이 좋다.
- 식사 후에는 구강청결에 힘쓴다.

6. 두피관리 프로그램

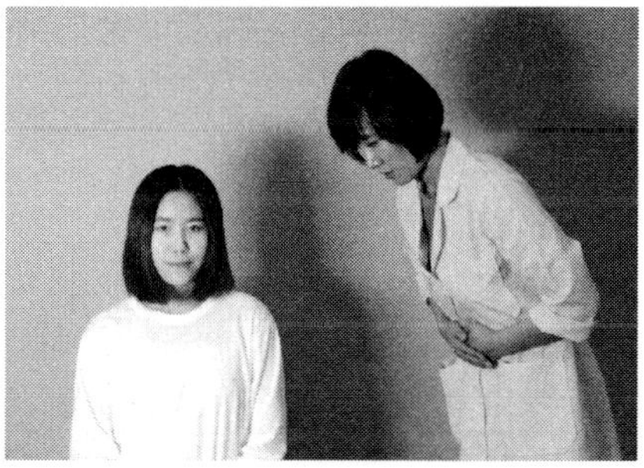

두피관리사 소개와 인사를 간략히 한다.

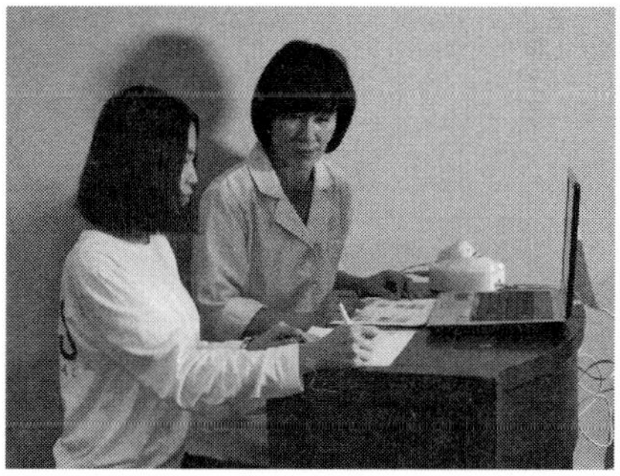

① 상 담

고객으로부터 상담카드를 작성하게하고 상담카드내용을 중심으로 문진을 통해 상담하여 생활패턴, 라이프스타일, 건강상태를 우선 파악한다.

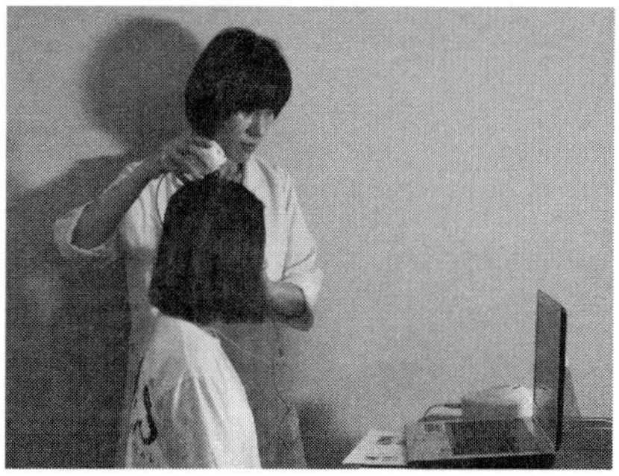

② 진 단

고배율의 두피진단기로 모공과 모발을 측정하여 모공과 두피상태를 시진, 촉진 상세히 살펴보고 종합적으로 진단해 보고 어떤 프로그램으로 선택 할 것인가 고객과 상담한다.

③ 프로그램 선택

충분히 휴식할 수 있도록 명상음악과 차를 준비하여 고객의 휴식과 이완을 도와준다.
고객의 두피와 모발상태에 따라 선택한 프로그램을 단계별로 설명한 후 시술에 들어간다.

④ 헤어브러싱

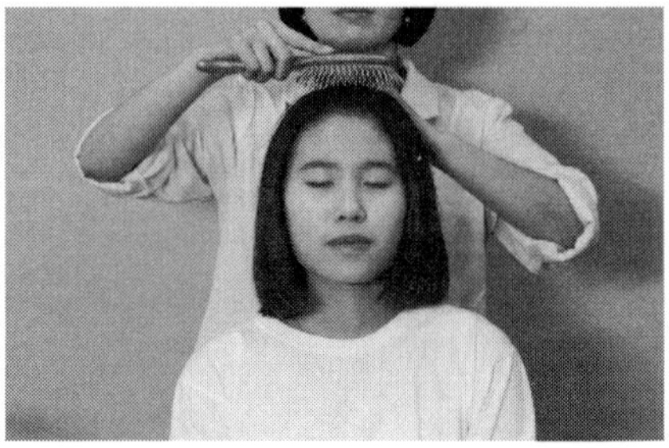

- 어깨에 타올을 도포한다.
- 정수리(백회)방향 나무 브러쉬를 이용하여 부드럽게 빗질 한다.
- 브러싱 기본 순서
  - 이마부터 백회까지
  - 오른쪽 관자놀이부터 백회까지
  - 오른쪽 귀 위로부터 백회까지
  - 오른쪽 귀 뒤쪽 머리카락이 난 부분부터 백회까지
  - 목덜미의 오목한 곳부터 백회까지
  - 왼쪽 귀 뒤쪽 머리카락이 난 곳부터 백회까지
  - 왼쪽 귀 위부터 백회까지
  - 왼쪽 관자놀이부터 백회까지이다.

⑤ 스켈링

두피타입에 맞추어서 스켈링 제품을 우드스틱을 이용하여 1cm 간격으로 꼼꼼히 도포한다(왕복2회).

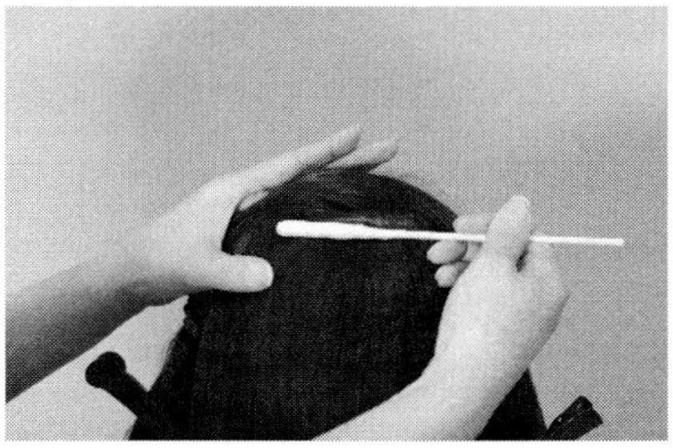

⑥ 두피마사지

충분한 휴식과 이완, 혈액순환을 돕는 경락마사지를 순서에 맞추어 차분히 시술 한다.

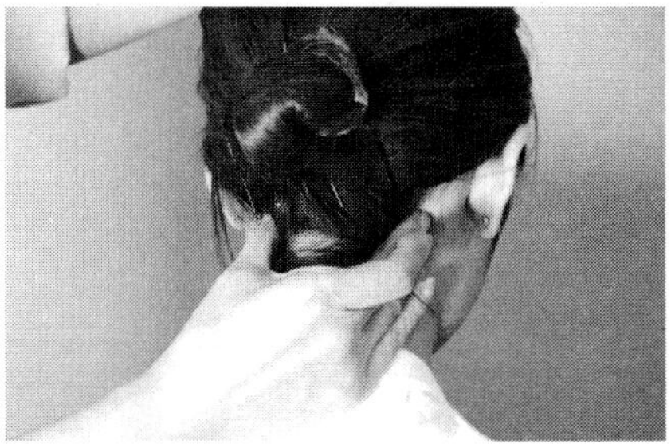

⑦ 세정(샴푸테크닉)

두피타입에 맞추어서 샴푸제를 브러쉬로 골고루 두피에 도포한다.

온수를 분무기로 얼굴을 피해서 분무한다.

충분히 거품을 낸 후 브러쉬볼을 이용하여 마사지해주면 효과가 극대화된다.

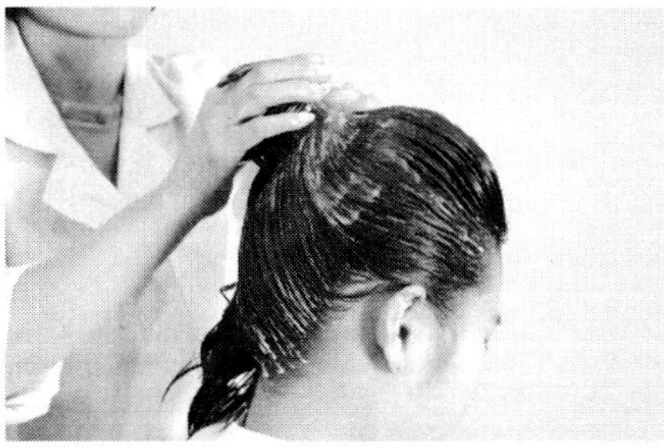

⑧ 드라이(건조)

타올과 블로드라이를 해준다.

⑨ 영양공급(육모제, 앰플, 트리트먼트)

두피와 모공타입에 맞추어서 영양제를 도포한다.

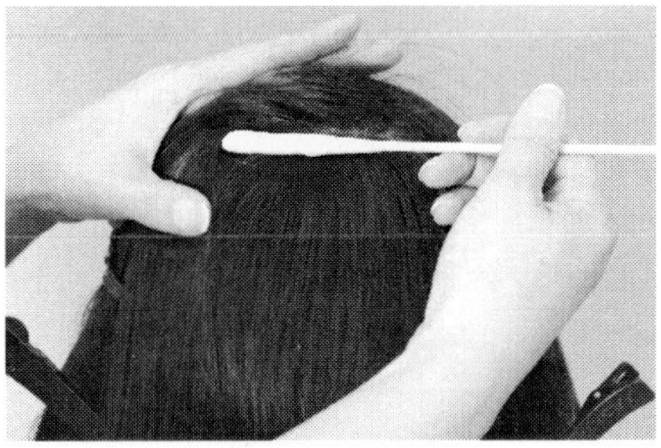

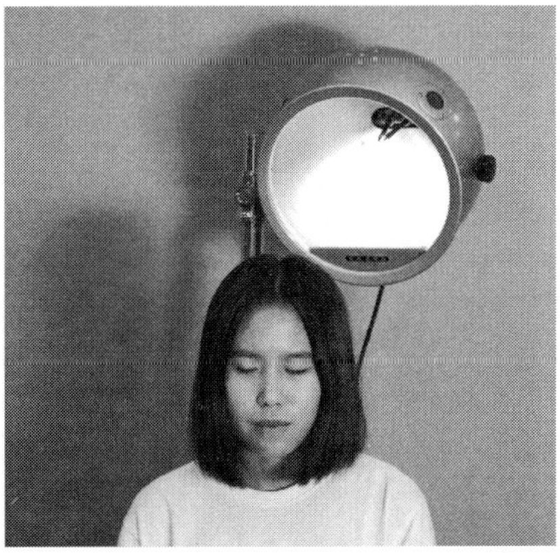

⑩ 특수관리

기기관리를 이용해서 양양제 침투를 촉진시킨다.

⑪ 마무리

헤어스타일링 해드린다.

⑫ 홈케어 및 사후 관리

홈케어용 샴푸와 영양제 선정하여 관리실에서 받은 두피관리가 집에서도 지속적으로 이우러지도록 지도한다.

7. 두피 · 모발관리 상담법

두피 · 모발관리 상담과정은 피상담자와 문제 원인을 파악하고 해결하는데 있어 매우 중요한 절차이다.

상담과정에서 오류는 피상담자와 신뢰를 잃을 수 있으며, 관리효과 및 관리 방향 그리고 두피 타로관리에 있어 갖은 중요한 근본적인 문제를 해결하는데 걸림돌이 된다. 올바른 상담은 신뢰에서 시작되는 것으로 피상담자의 신뢰는 상담자의 action, speech, 외모 등에서 출발한다. 상담 시 상담자의 전문지식과 분석 능력을 피상담자의 신뢰를 얻는 지름길이며, 전문 관리와 홈케어 지도 및 근본적인 문제 해결을 하는 핵심이라 하겠다. 올바른 상담 기법은 이론적 지식을 바탕으로 두피 · 모발관리의 연계성을 이끌어 낼 수 있어야만 한다.

다음은 상담 시 상담자가 기본적으로 체크하여야 하는 부분이며 그 목적과 활용도를 파악한 부분으로 기초 지식을 두피 · 모발관리 상담에 활용한 방법이며, 상담 시 체크한 부분과 두피 상태의 연관성 및 두피상태 체크부분에 대한 내용이다

두피상담 3요소

1. 신뢰(Contidence)
2. 전문지식(Experise)
3. 서비스마인드(Service Mine)

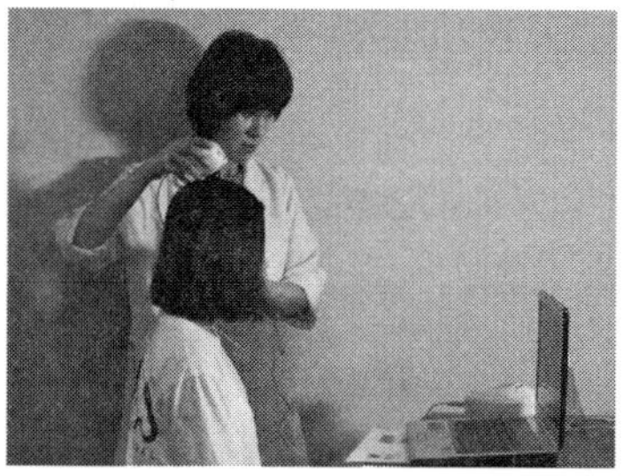

1) 고객 유형별 상담법

(1) 관리 결정 후 방문

고객 스스로가 본인의 두피 · 모발의 문제에 대하여 심각성을 인식하고 관리 여부를 마음의 결정하고 방문한 경우에는 최종적으로 결정만이 남겨둔 상태이기 때문에 손쉽게 관리 결정이 이루어진다.

이 경우 상담자는 고객의 궁금증에 대해 명확하게 답변해주며, 동시에 고객의 경제적인 측면을 우선으로 파악하여 관리방법과 긴간을 조정하여야한다.

장기간의 관리가 필요한 경우는 그 이유를 설명하고 한 번에 장기적인 관리를 요구하기 보다는 단기간의 관리라도 꾸준히 관리가 될 수 있도록 유도한다.

상담 시 지나치게 많은 시간을 소비하게 되는 것도 피상담자의 심리적인 변화를 유발할 수 있으므로 상담과 진단분석은 40~45분 이내로 하는 것이 효과적이다.

(2) 부정적 견해로 방문

고객이 두피 · 모발관리에 대해 80% 정도, 부정적인 입장을 잠재한 상태에서 방문한 경우는 대부분이 다양한 형태로 관리를 해 본 결과 실패했거나 잘못된 탈모 지식을 고집하는 경우로 공통된 특징으로, 작은 희망이라도 얻고자 다시 내방 한 경우이다.

중요한 것은 여러 번의 실패를 한 경우에는 두피 · 모발관리의 필요성, 모발 생성과 같은 원론적인 이론보다는 기존의 전문점 및 병원과의 차이점, 잘못된 관리법, 실패의 원인, 분석 등을 통하여 고객에게 차별화된 모습을 보여주는 것이 효과적이다. 기존의 다른 상담자와 동일 된 내용으로 상담할 시에는 결코 상담을 성공적으로 이어질 수 없게 된다.

경험이 많은 고객일수록 관리 시에 수시로 다른 삽과 비교하면서 특별한 차이점을 못 느낄 때에는 습관적으로 다른 곳으로 이동할 확률이 매우 높다.

(3) 관심으로 방문

두피 · 모발관리에 관심을 가지고는 있으나 현재의 주변사항으로 인하여 고객이 갈등하는 사항에서 방문한 경우이다.

두피 · 모발관리 상담은 손쉽게 이루어질 수 있는 반면에 문제시 되는 주변사항의 해결 능력 여하에 따라 상담의 성공여부가 결정되므로 무엇보다도 고객의 현재 주변사항 해결책이 중요한 상담의 핵심으로 작용한다.

이 경우 단순한 호기심을 넘어 피상담자 스스로가 적극성을 보이고 있기 때문에 주변사항의 해결책이 크게 작용하는 것이며, 대부분의 경우에는 시간적인 부준이나 경제적인 부분으로 인하여 고민이 주를 이룬다. 가끔 효과부분을 고민 하는 경우가 있으나 이는 고객이 관심을 지니고 방문한 경우라면 어느 정도 사전지식이 있는 상태이므로 크게 문제시 되지는 않는다.

시간 및 경제적 여건에 의한 고민의 경우에는 장기간의 관리에 대한 비용적인 측면과 시간이기 때문에 가능하면 일시에 장기적인 프로그램보다는 경제적인 측면과 관리효과를 고려한 두피관리 프로그램을 제시하는 것이 효과적이다.

(4) 단순호기심에서 방문

현재는 두피관리에 대해 그리 관심이 없거나 아님 정반대로 자포자기한 상태일 수 있다.

두 가지 경우, 모두 관리에 대한 관심이 크지 않으므로 두피관리에 전반적인 상담자의 설명이 필요하다.

고객이 적극성이 떨어지는 경우가 많아 유사한 유형의 관리효과 사례 등을 비교 설명하면서 상담 한 것이 효과적이다이는 고객에게 희망을 주어 동기 부여의 효과를 얻는 것이며, 좀 더 두피관리에 대한 자세한 설명을 통해 긍정적인 사고와 함께 미 관리 시 나타날 수 있는 다양한 문제점 등으로 인한 고객의 자극을 유발 시키는 효과가 있다.

(5) 발모 기대로 방문

두피 · 모발관리상담자 유형중 가장 위험성이 높은 고객 유형인 동시에 적극성 또한 높은 유형으로 관리에 대한 기대 심리가 매우 높은 만큼 임상효과에 만족하지 못하면, 불만이 큰 타입이다. 이런 경우 관리 기간 중 관리 효과적인 부분에 대하여 상담자와의 마찰이 높을 수 있으므로 사전에 충분한 설명이 필요하다.

고객은 지나치게 발모의 효과 부분에 대하여 기대하므로 상담 시 고객에게 충분한 사전 설명과 함께 모근의 상태 및 탈모의 원인에 따라 모발의 성장을 기대 할 수 있으나. 예전의 건강한 상태로 100%로 돌아가기는 어렵다는 것을 명확히 하여야 한다.

이는 곧 고객에게 두피 · 모발관리가 발모를 위한 치료 차원의 관리가 아닌 두피 및 모발의 문제점을 사전에 예방하는 예방차원의 관리라는 점을 명시시키는 것과 고객과 결과에 대한 분쟁을 사전에 막기 위한 부분이다.

고객은 일단 발모에 대한 충분한 설명으로 이해가 이루어진 이후에는 상담 및 관리가 매우 손쉬운 특징을 보이기 때문에 오히려 생각외의 효과를 얻을 수도 있는 유형이다.

(6) 무료 관리를 위한 방문

단순히 무료행사나 광고지 등의 광고 내용을 보고 찾아 온 고객의 경우에는 단순 호기심이나 혹은 1회성 관리를 목적으로 오는 경우가 많기 때문에 장기 관리를 위한 상담의 성공률은 높지 않다.

고객은 두피 · 모발의 상태가 심각하지 않은 경우가 많고, 또한 두피 및 모발에 대한 지식도 부족한 경우가 많아 상담 시 문제부위의 정확한 파악과 방치할 경우 문제화된 상태의 시례를 들어 그 위험성에 초점을 맞춰 상담한다.

이는 고객으로 하여금 현재 본인의 두피 상태와 그에 맞는 적합한 관리법을 소개함으로써 1회의 고객에게 단순한 관리와 비즈니스 차원이 아닌 올바른 지식 전달이라는 이미지를 심어주고 전문점 및 병원의 신뢰를 높이는 이미지가 되도록 하는 부분이다.

(7) 관리기간 도중의 상담

관리 기간 중 고객의 두피상태 변화 및 관리 중 불편함 등을 체크하기 위한 중간 점검 차원의 상담은 정기적인 상담으로 이루어지는 것이 효과적이며, 매회 상담 시 모발 및 두피의 변화도를 체크해야 한다.

이전에 두피상태와 비교 분석을 하면서 자연스럽게 면화되는 상태를 고객에게 알리는 것이 중요하며, 지나치게 짧은 간격의 상담은 변화 상태를 체크하는데 어려움을 줄 수 있으므로 약 10회 방문 단위나 1개월 단위로 체크하는 것이 효과적이다.

관리 중 상담은 단순 전문점 및 병원에서의 효과와 불편함을 체크하기 보다는 홈 케어 부분까지 제크하여 관리기간 숭 잘봇된 라이프스타일 등을 올바른 생활방식으로 바꾸어주어야 하며, 상담 시 현재까지의 진행 과정을 긍정적인 측면과 앞으로의 발전 가능성으로 구별한 관리가 이루어지도록 한다.

(8) 두피관리사의 상담

고객의 관리 과정 중 두피관리사와 고객 간의 상담을 마라는 분분이며, 일반적으로 평상시 고객의 관리를 받으면서 호소하는 불편함이나, 혹은 가정에서의 홈 케어 법 등에 대하여 상담하는 것을 말한다.

두피관리사의 상담은 상담실의 상담과는 차이를 두고 있는 부분이며, 상담실에서의 상담이 비즈니스 및 효과 차원의 상담이라면, 관리 중 상담은 관리효과를 위한 상담 이라 할 수 있다. 실질적인 상담자의 상담보다 두피관리사의 상담이 더욱 중요한 부분이며, 이는 관리의 효과부분에 직접적으로 영향을 미치는 부분이다.

두피관리사의 상담영역은 고객의 잘못된 두피 및 무발 관리법, 홈 케어 법, 스트레스 해소법, 식이요법 등 실질적인 관리와 연관이 있는 부분으로 상담 시 고객의 일상생활을 중심으로 하여 상담이 이루어진다.

이와 같은 상담은 관리의 효과를 상승시키기 위한 것으로 전문점 및 병원에서의 약물과 기기 관리 만으로는 탈모 및 두피의 근본적인 문제점을 관리하는데 한계가 있기 때문이다.

고객의 경우에도 관리 중 나타나는 궁금 사항 및 일상생활과 관련된 부분에 대해서 상담자보다는 실무를 담당하는 관리사에 의존하는 타입이 많아, 상담 시 고객에게 전문 지식의 전달보다는 일상생활고 연관된 탈모 및 두피부분에 대하여 설명하는 것이 더욱 효과적이다.

2) 상담 시 주의 사항

(1) 피상담자의 심정 이해
(2) 상담자의 표현 방법과 경청
(3) 언어 선택
(4) 다른 전문삽 및 병원과의 차별성
(5) 상담은 공동 작업
(6) 미용영역과 의료영역의 구분

3) 상담자의 의무

(1) 현재의 상태 및 관리 후 개선정도와 기간 등에 대하여 설명한다.
(2) 관리의 효과를 위해 상담자, 두피관리사, 고객의 역할에 대하여 충분히 설명하여야 한다.
(3) 관리기간 동안에 발생할 수 있는 문제점에 애하여 사전에 설명한다.
(4) 고객의 라이프스타일, 홈 케어의 상태를 매회 체크한다.
(5) 관리 중 발생할 수 있는 이상현상에 대하여 상담자와 상의하도록 한다.
(6) 관리의 기간과 시간을 준수 한다.
(7) 상담 시 고객의 고리에 귀 기울인다.
(8) 상담 시 고객의 눈높이를 맞춘다.
(9) 상담 및 관리 시 고객의 심정을 이해하기 위해 노력한다.
(10) 상담 치 관리 시 고객으로부터 들은 이야기에 대하여 절대 비밀을 보장한다.
(11) 관리 및 치료주기는 고객의 관리 중 두피 반응도를 체크하여 결정한다.

8. 고객상담카드 작성 요령

<table>
<tr><td>Name
성명</td><td></td><td>dat of
Exam상담일</td><td colspan="2">년 월 일</td><td>Chart by
상담사명</td><td></td></tr>
<tr><td>sexy
성별</td><td></td><td>Age
나이</td><td colspan="2"></td><td>Marrage
결혼</td><td>Y / N</td></tr>
<tr><td>Occuppation
직업</td><td></td><td>phon
연락처</td><td colspan="2"></td><td>측정시간</td><td>샴푸 세정 후
(　　)시간</td></tr>
<tr><td rowspan="3">Alopecia
탈모증
(상담사기록)</td><td colspan="6">Symptoms 증상</td></tr>
<tr><td>Dendruff 비듬</td><td>Itching 가려움</td><td colspan="2">Horminess 각질</td><td>Aversion 염증</td><td>Red spot 홍반</td></tr>
<tr><td></td><td></td><td colspan="2"></td><td></td><td></td></tr>
<tr><td rowspan="2">Shampoo
삼푸습관</td><td colspan="2">Kind of 삼푸종류</td><td colspan="2">Frequency 샴푸횟수</td><td colspan="2">Dry 모발건조습관</td></tr>
<tr><td colspan="2"></td><td colspan="2">1일/　　히 ,　1주/　　회</td><td colspan="2"></td></tr>
<tr><td rowspan="3">Scalp
두피상태
(상담사기록)</td><td>Color 두피칼라</td><td colspan="2">Sensitivity 민감성</td><td colspan="2">Follicle 모공상태</td><td>Hair loss 탈모여부</td></tr>
<tr><td>W / R / Y</td><td colspan="2">과다예민/ 예민/ 보통</td><td colspan="2">막힘/ 보통/ 열림</td><td></td></tr>
<tr><td colspan="6">피비분비상태 : □ 과다 □ 정상 □ 소량 □ 원할 □ 장애 □ 기타
각질상태 : □ 과다 □ 정상 □ 소량 □ 부분각질 □ 기타
두피질환 : □ 건선 □ 백선 □ 아토피 □ 지루성 □ 기타</td></tr>
<tr><td colspan="7">Health& Life Style 건강 건강상태 및 생활패턴 문진표</td></tr>
<tr><td colspan="3">□ 집안에 탈모된 사람(가족력)이 있다.
□ 알러지가 있다.
□ 피지 분비량이 많다.
□ 식은땀이 자주 난다.
□ 갑상선증상이 있다.
□ 피부가 거칠다.
□ 여드름이나 뾰루지가 있다.
□ 다이어트를 한다.
□ 흡연 한다.
□ 과음 한다.
□ 수면이 불안정하고 항상 수면부족을 느낀다.
□ 피로가 자주 온다.
□ 성격이 급하다.
□ 건강식품(영양제포함)을 먹는다.
□ 지병이 있다.</td><td colspan="4">□ 식생활이 불규칙하다.
□ 식후 소화가 잘 안 된다.
□ 인스턴트식품을 자주 먹는다.
□ 신경이 예민하다.
□ 두통이 자주 온다.
□ 매사에 긴장을 자주한다.
□ 의욕이 없고 집중력이 떨어진다.
□ 최근에 큰 수술을 받은 적이 있다.
□ 항정신과 치료를 받은 적이 있다.
□ 현재 복용중인 약이 있다.
□ 혈압이 높다.
□ 손발이 차고 아랫배가 냉하다.
□ 두상에 열이 오르는 증세가 있다.
□ 목 어깨 등이 결리고 뒤통수가 무겁다.
□ 혈압이 낮다.</td></tr>
<tr><td>탈모의 문제점체크</td><td colspan="6">탈모유형 : □ M자형 □ O자형 □ MO자형 □ C자형 □ U자형
□ 원형탈모증(단발, 다발, 전두, 악성) □ 기타
□ 여성형1단계 □ 여성형2단계 □ 여성형 3단계</td></tr>
<tr><td colspan="3">Hair sample 모발샘플</td><td colspan="4">두피온도체크 사항</td></tr>
<tr><td colspan="3">■ 뽑아서 1가닥 붙이기</td><td colspan="4">■ 두정부　　■ 측두부(귓속)</td></tr>
</table>

◈ 고객상담 카드 A형 ◈

Consultnats 상담사의 소견

<table>
<tr><td>두피 및 탈모의 원인</td><td>모공 상태:
두피 상태:
모발 진단:
모발 굵기:
모발 손상도:
기타사항:
모발 미네랄 검사 희망자 체크:</td></tr>
<tr><td>탈모 진행률</td><td>(　　) % / 100%</td></tr>
<tr><td>Care Program</td><td>□ 1단계(　 회) □2단계 (　 회) □3단계 (　 회) □특수관리(　 회)</td></tr>
<tr><td>관리기간</td><td>□1개월 □3개월 □6개월 □9개월 □기타(　 개월)</td></tr>
<tr><td>사용할 제품과 처방</td><td></td></tr>
<tr><td>영양과 라이프관리</td><td>식사 :
수면 :
휴식 :
운동 :</td></tr>
<tr><td>관리시 주의사항</td><td></td></tr>
<tr><td>다음 방문 예약 날</td><td></td></tr>
<tr><td>두피 진단 사진</td><td></td></tr>
</table>

◈ 고객상담 카드 B형 ◈

1) Name 성명		2) date of Exam 상담일	년 월 일	3) Chart by 상담자	
4) Sex 성별		5) Age 나이		6) Marriage 결혼	Y / N
7) Occuppation 직업		8-1) Heredity 유전 가족력	M / F	8-2) 측정시간	샴푸 세정 후 ( )시간

9) Alopecia 탈모증	10) Symptoms 증상				
	11) Dendruff 비듬	12) Itching 가려움	13) Horminess 각질	14) Aversion 염증	15) Red spot 홍반

16) Shampoo 샴푸 습관	17) Kind of 삼푸종류	18) Frequency 샴푸횟수	19) Dry 모발건조습관

20) Scalp 두피상태	21) Color 두피칼라	22) Sensitivity 민감성	23) Follicle 모공상태	24) Hair loss 탈모여부
	W / R / Y			

25) Habit 생활습관	26) Diet 다이어트	27) Smoke 흡연	28) Drink 음료	29) Exercise 운동	30) Health 건강

31) Cause of loss 탈모의 원인

32) Consultnats 상담원의 조언

33) Reference 참고사항

34) Hair sample 모발샘플	35) 두피온도체크 사항
■ 뽑아서 1가닥 붙이기	■ 측두부(귓속) ■ 두정부

9. 실기테크닉 순서

<table>
<tr>
<td>1. 브러쉬 테크닉</td>
<td>
- 두피의 혈액순환을 도와주는 효과가 있다.
- 백회방향으로 부드럽게 브러싱 한다.
- 전두부에서 백회방향으로 브러싱 한다.
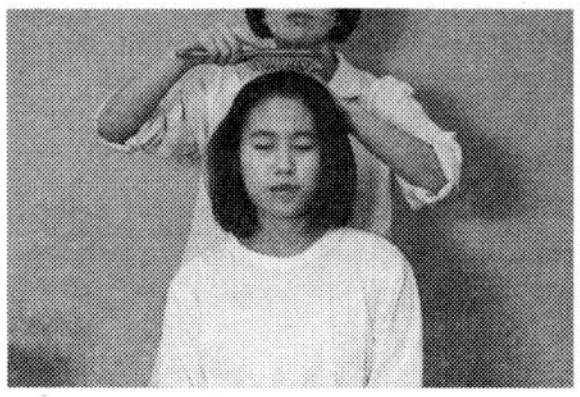
- 좌측 측두부에서 백회방향으로 브러싱 한다.
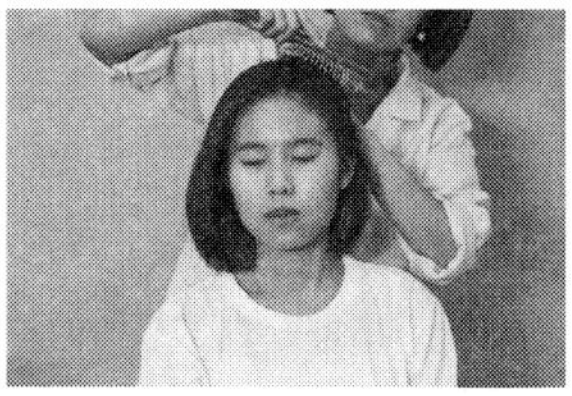 ⇨ 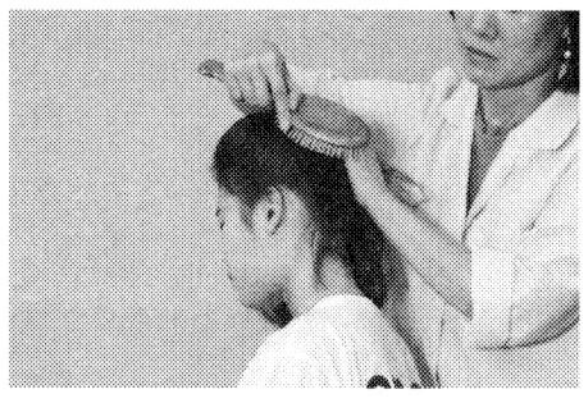 ⇨ 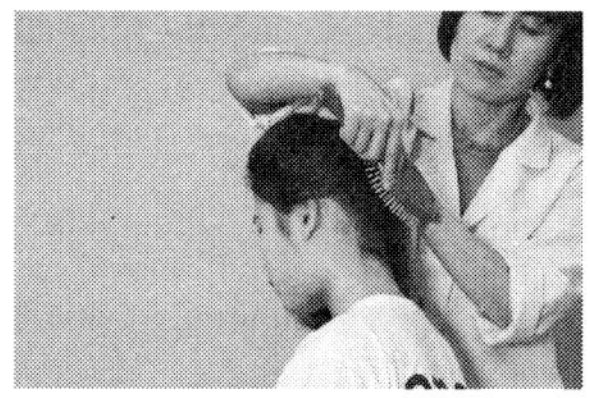
- 우측 측두부에서 백회방향으로 브러싱 한다.
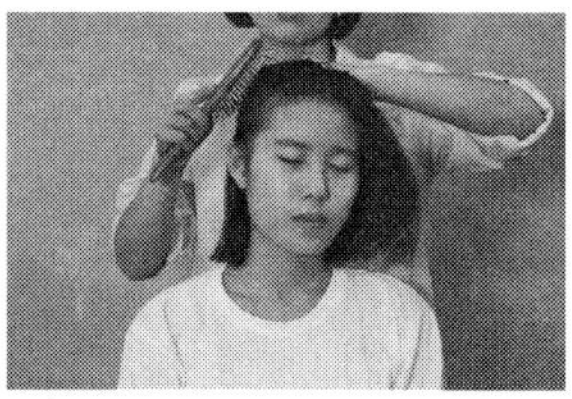 ⇨ 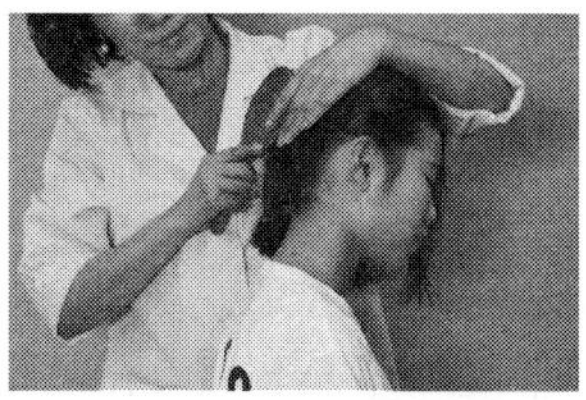 ⇨
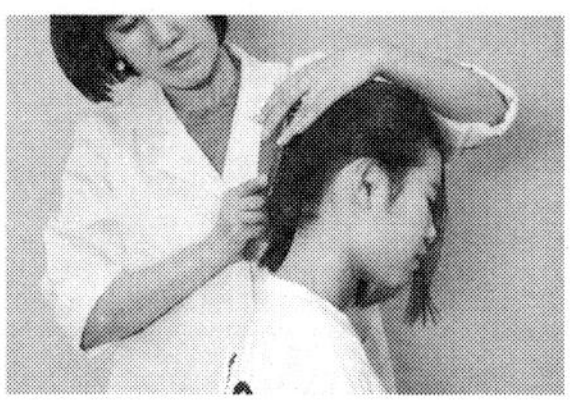 ⇨ 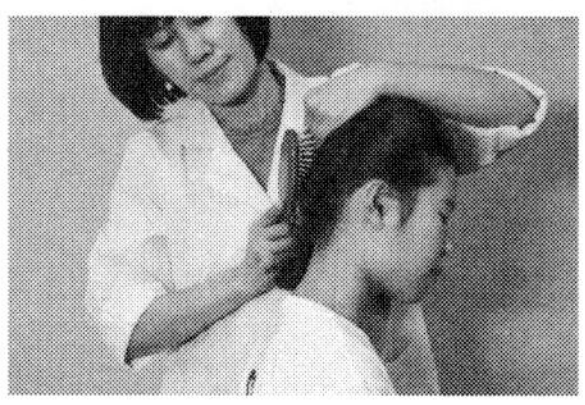
</td>
</tr>
</table>

2. 스 켈 링 테 크 닉	- 정확한 섹션 나누기(전두부 2등분, 후두부 3등분 모두 5등분 한다) - 스틱으로 스켈링 제품을 두피 타입에 맞추어서 골고루 2회 왕복 도포를 한다. 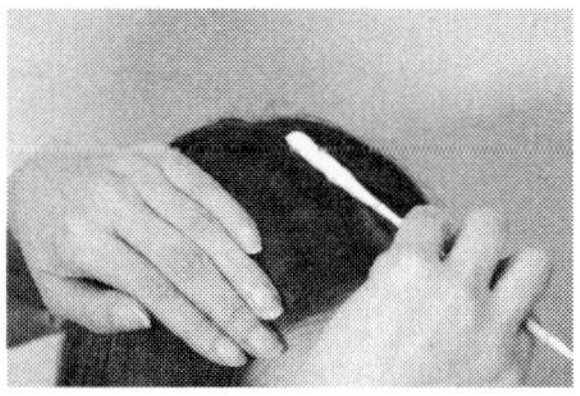 ⇨  ⇨ 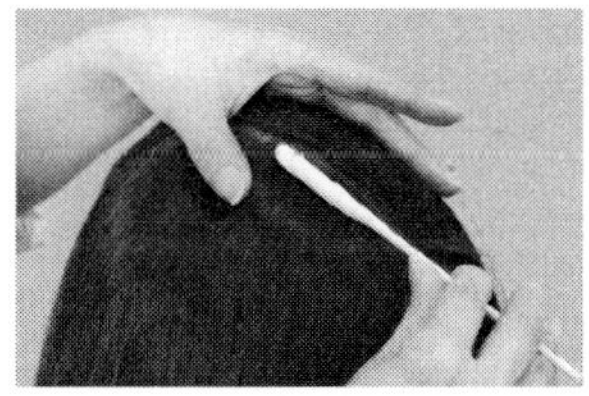 ⇨ 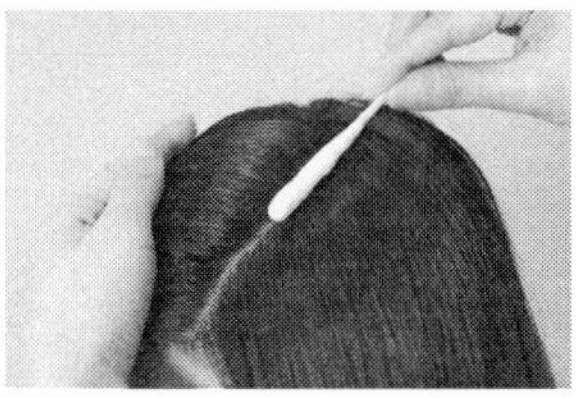 ⇨ 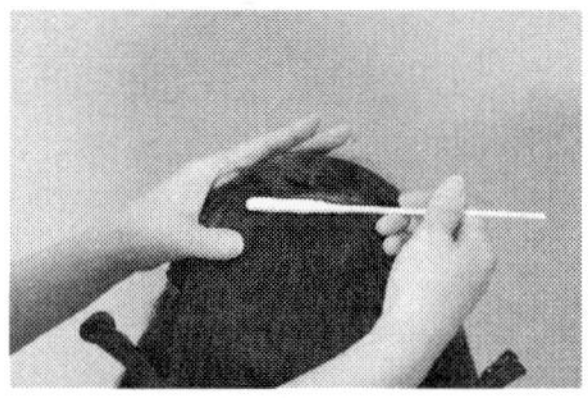
3. 마 사 지 테 크 닉	**준비자세** - 기 (氣) 모으기(손을 비벼서 눈에서 3초 - 올라와 백회에서 3초 - 어깨에서 3초 팔꿈치를 향해) 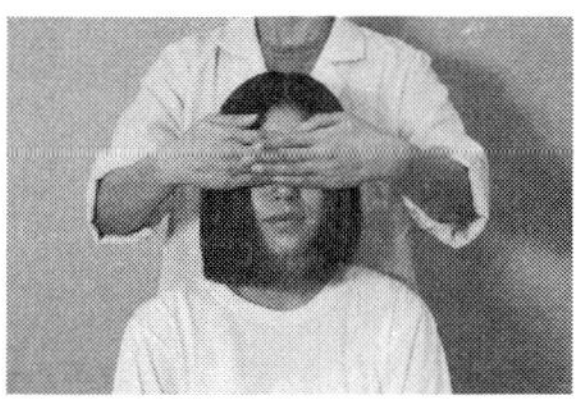 ⇨ 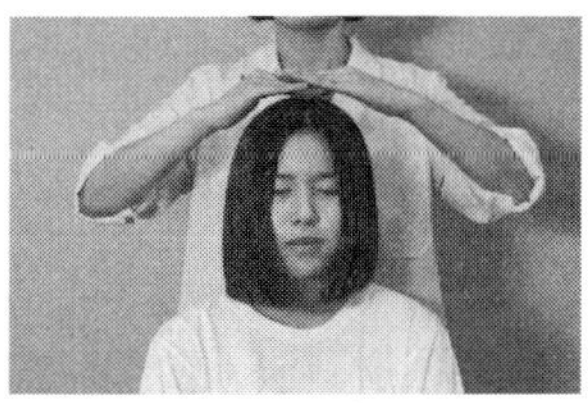 ⇨ 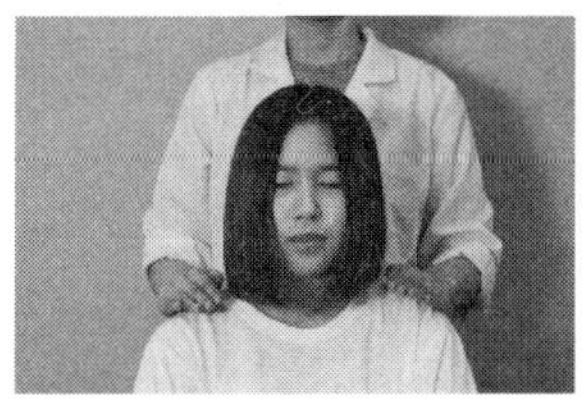 **스트레칭(이완)** - 목 풀기, 좌·우·전·후 스트레칭(고객 목을 편한 상태로 놓고 어깨를 누르고 지그시 밀어준다) 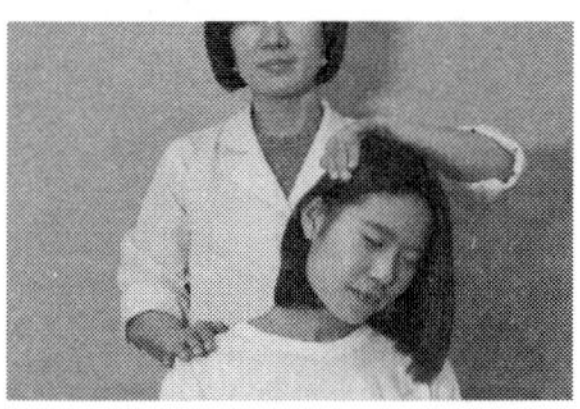 ⇨ 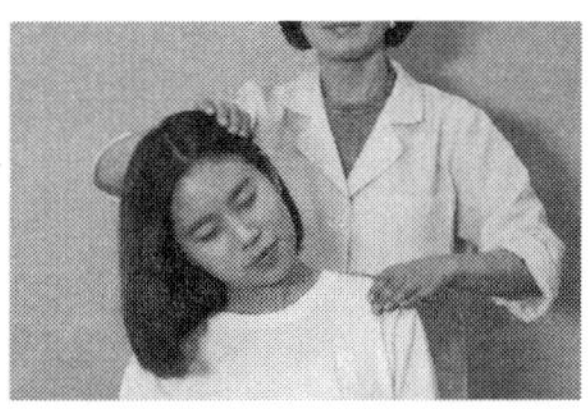 ⇨ 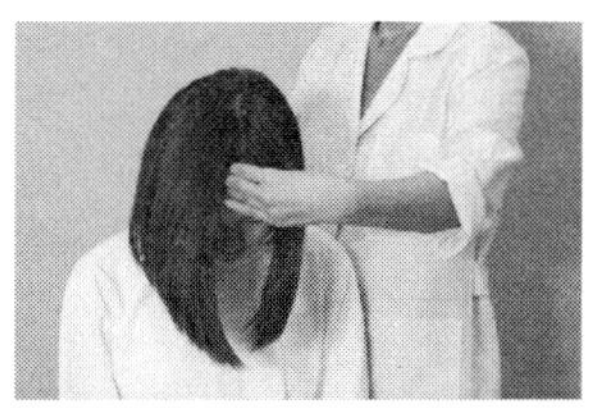 ⇨ 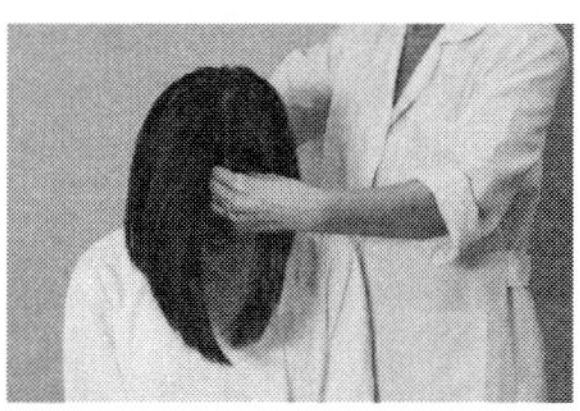 ⇨ 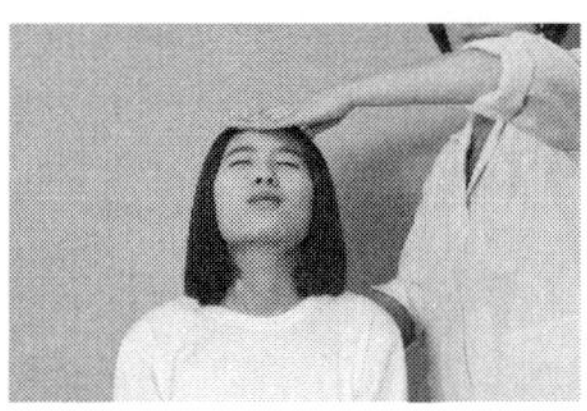

3. 마사지테크닉

- 경추부위 오지를 이용 3등분 집어주기(롤링으로 풀어주기)

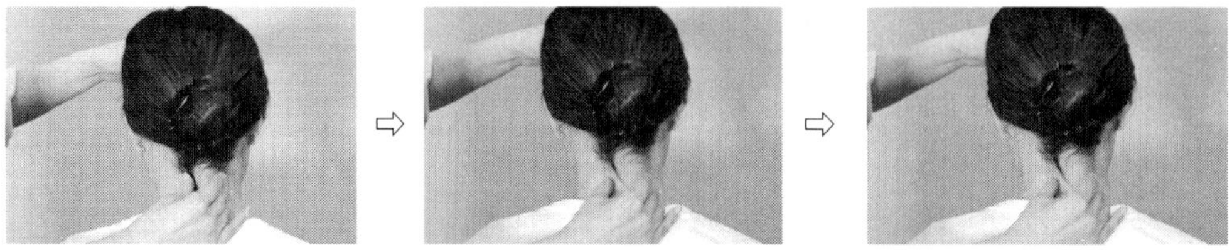

- 아문을 중심으로 좌우 3등분 집어주기(롤링으로 풀어주기)

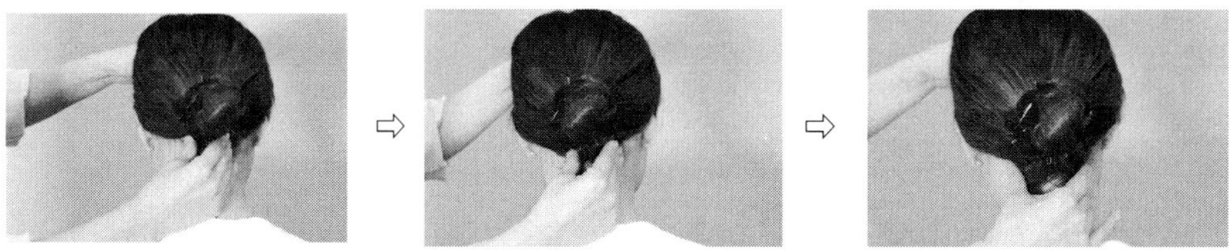

- 아문~각손까지 압(좌 · 우 삼지사지 이용해서 압)

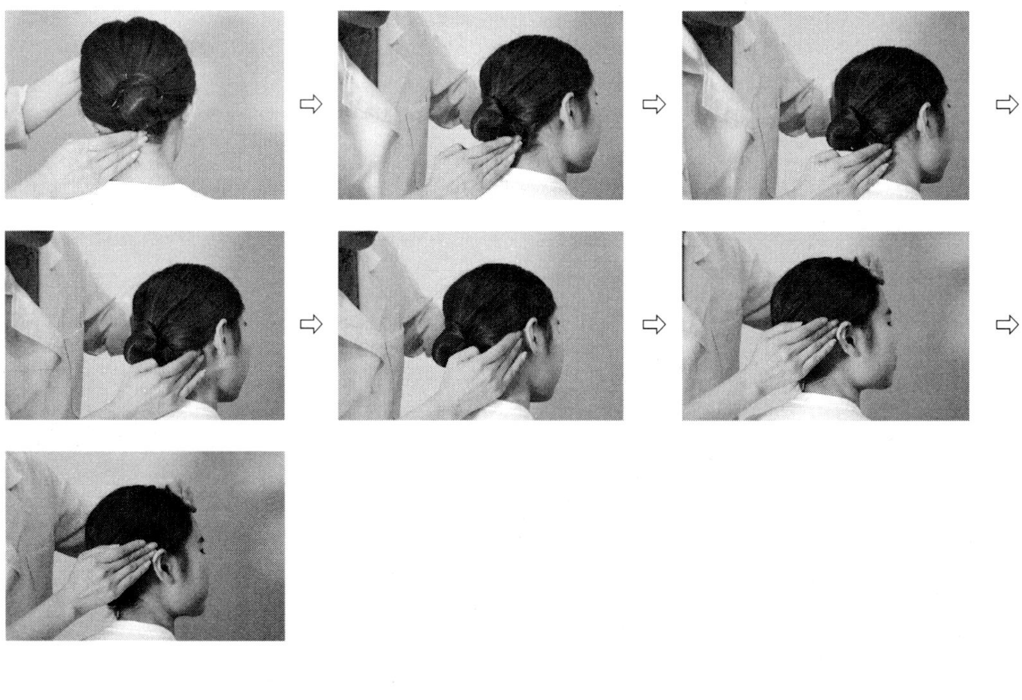

3. 마사지 테크닉

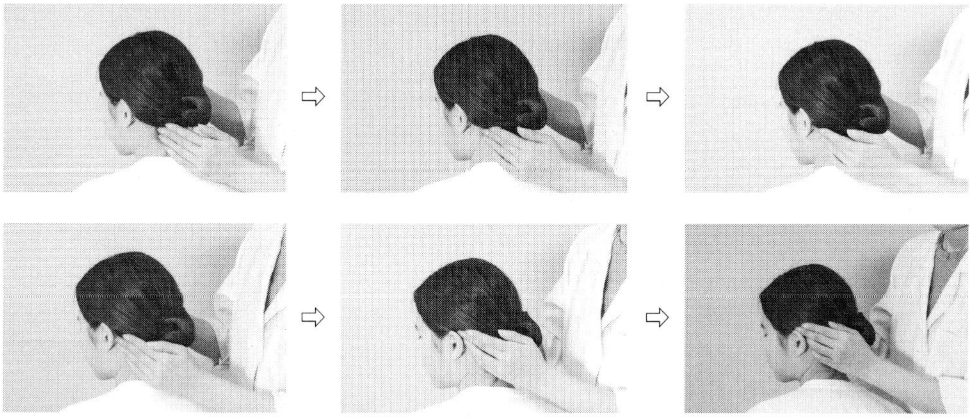

어깨마사지

- 승모근 주무르기(대추 견봉까지 3등분 나누어 왕복 2회)

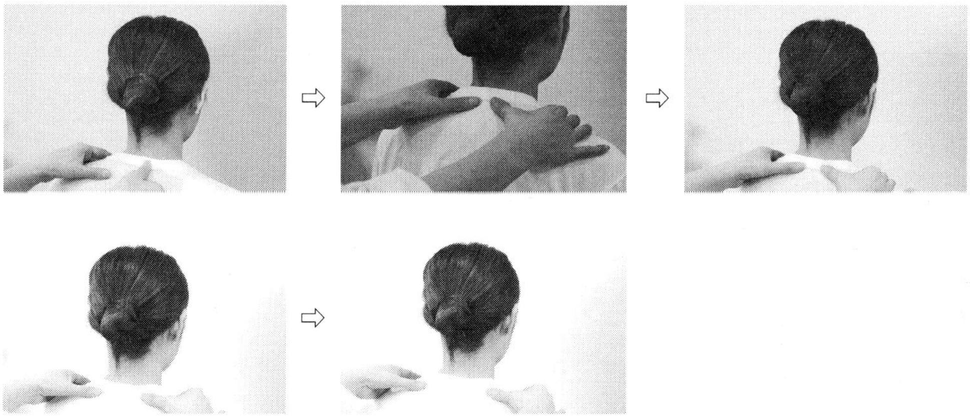

- 승모근 당기기(뒤쪽 엄지 고정하고 3등분으로 당기면서 롤링으로 풀어준다)

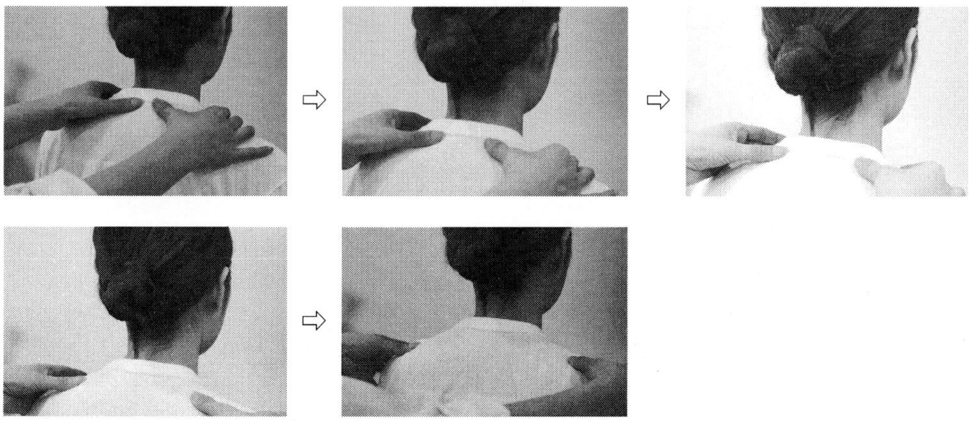

3. 마사지테크닉

등 마사지

- 승모근(견정, 견료, 견우, 천종, 병풍, 견외유, 견중유까지) 2회씩 압주기

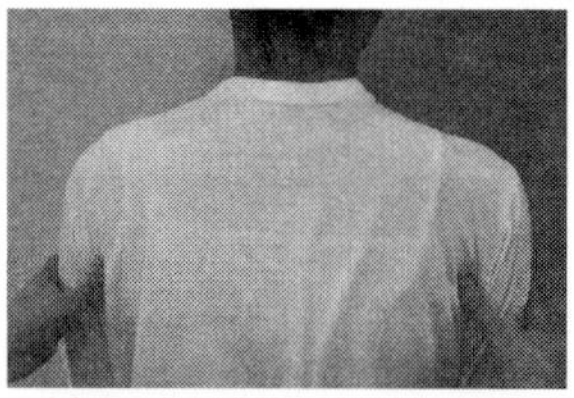 ⇨ 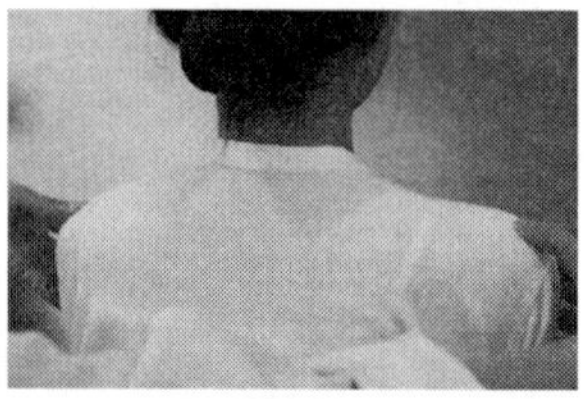 ⇨ 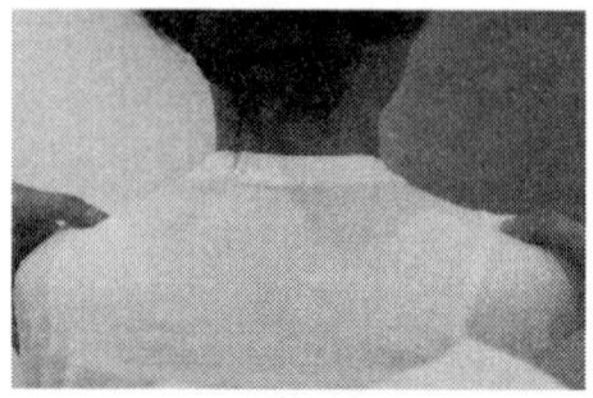 ⇨

견정 견료 견우

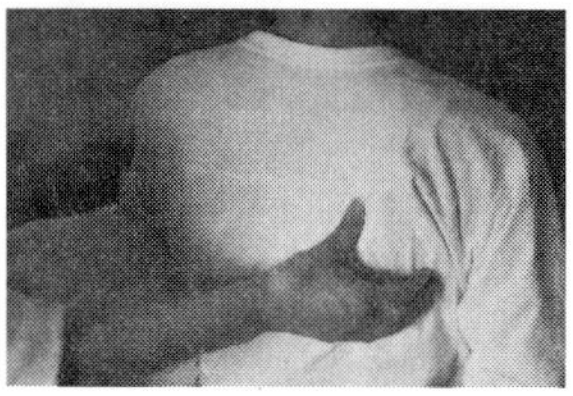 ⇨ 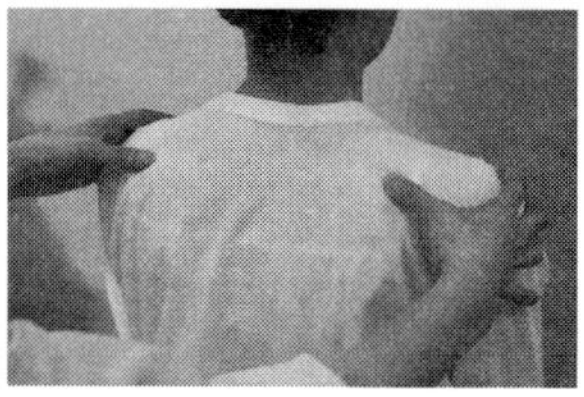 ⇨ 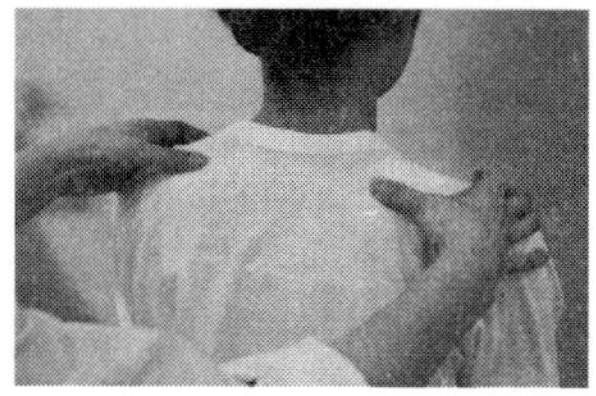 ⇨

천종 견외유 병풍

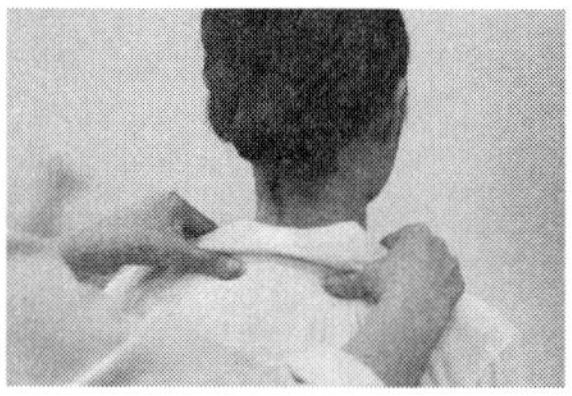 ⇨ 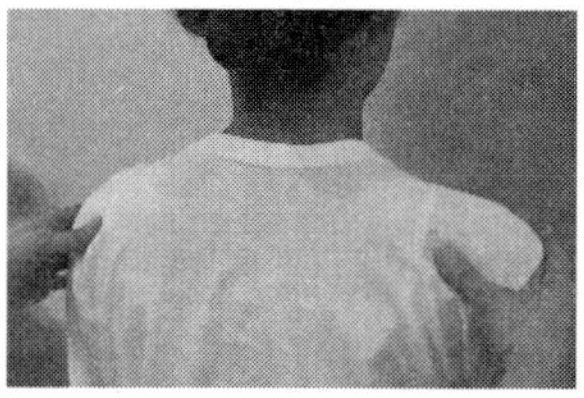

견중유 노유

- 흉추(극돌기 양모지압), 흉추(횡돌기) 견봉보조 횡돌기 앞 위·아래 양모지로 롤링해서 지압

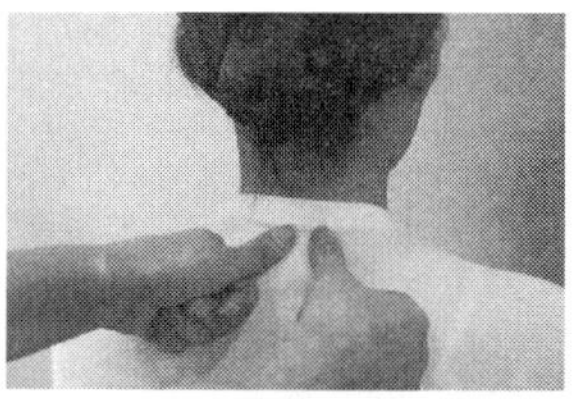 ⇨ 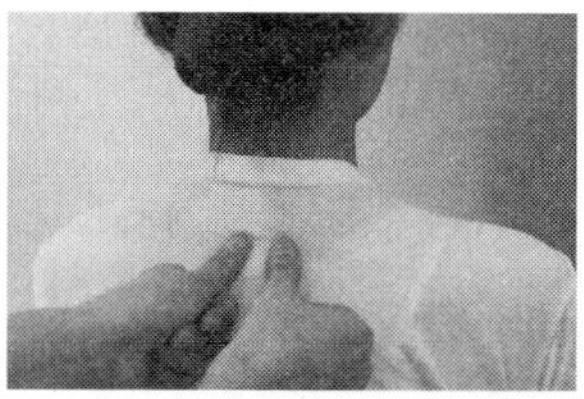 ⇨ 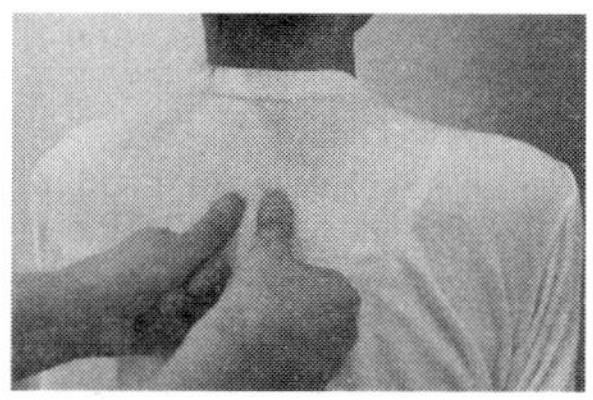 ⇨

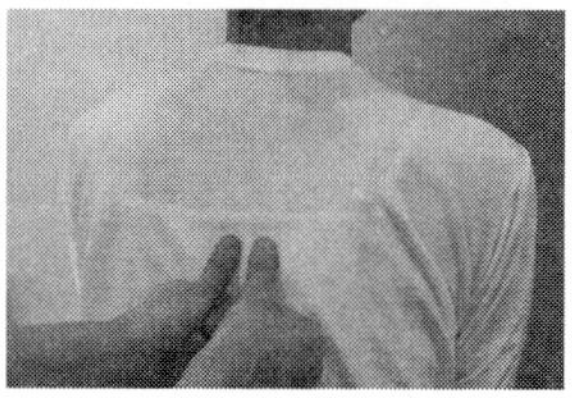 ⇨ 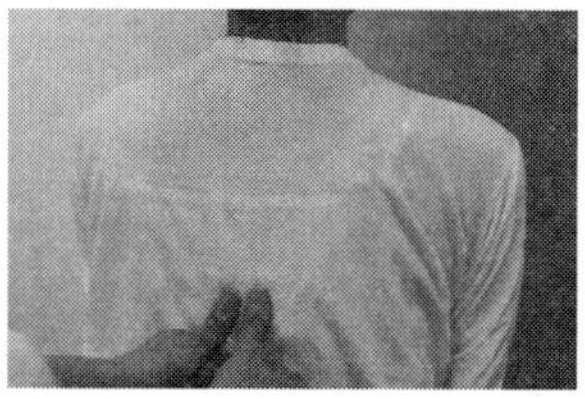

- 견갑골 라인 누르기(수근부 이용 견갑골 라인 따라 아래-위로 2회)

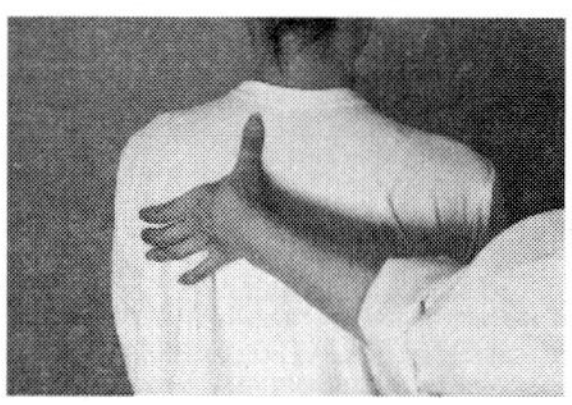 ⇨ 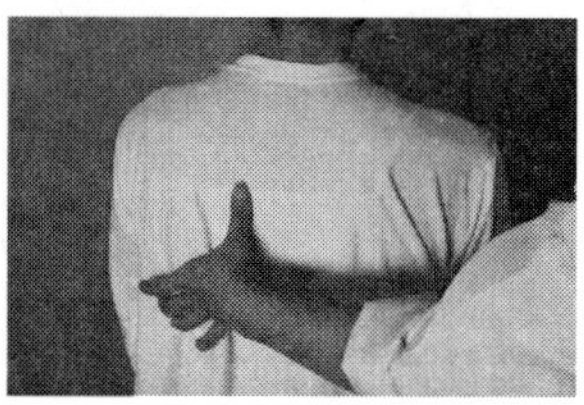 ⇨ 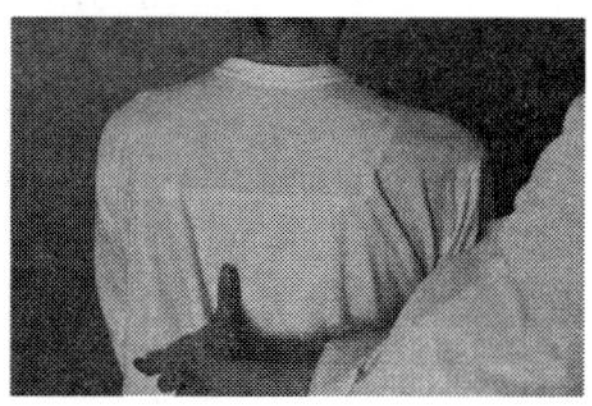

3. 마사지테크닉

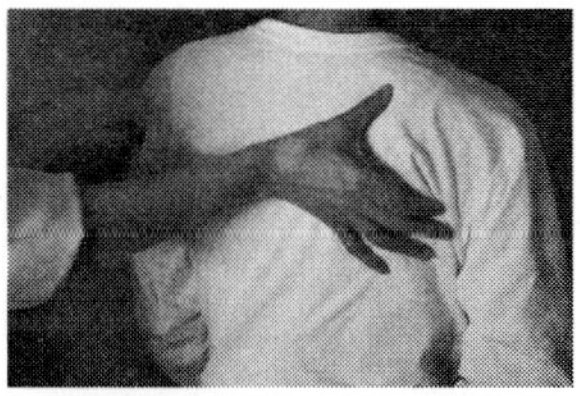 ⇨ 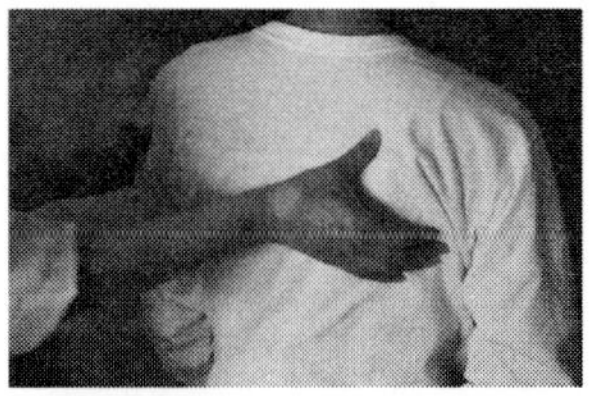 ⇨ 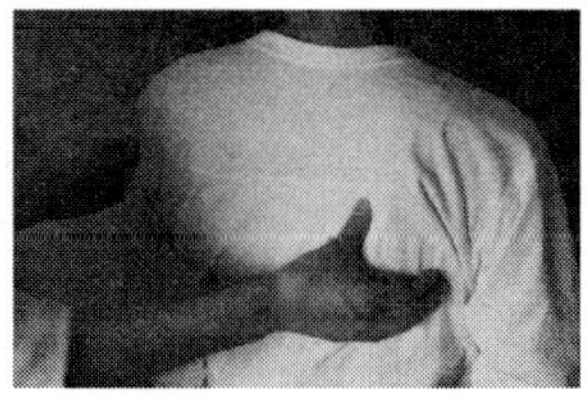 ⇨

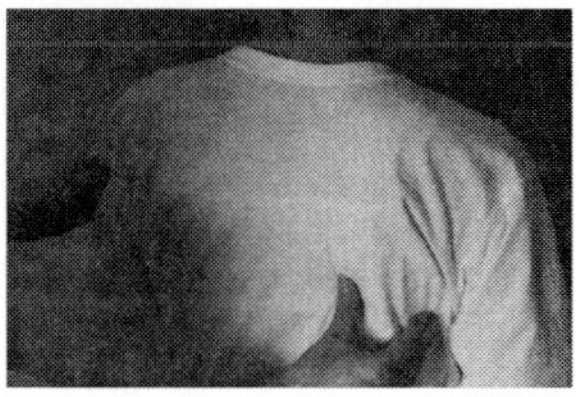 ⇨ 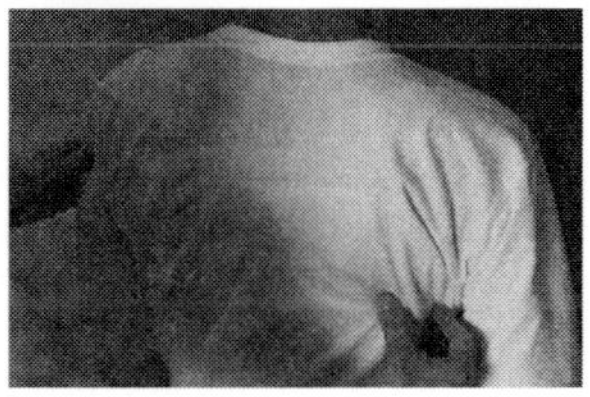

- 수장부 근육 이용 T형으로 롤링 근육을 풀어준다(견갑골 우측부분)
- 쓰다듬기(승모근, 견성 마주 섭친재)

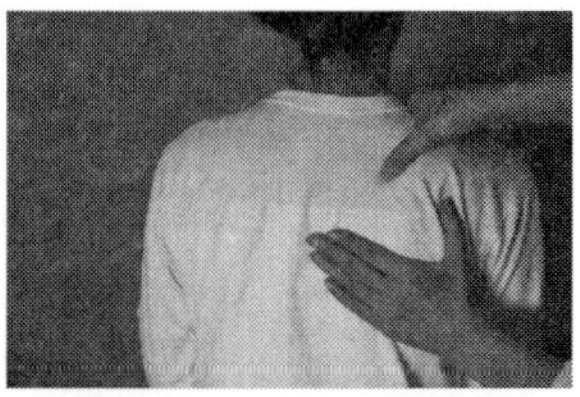 ⇨ 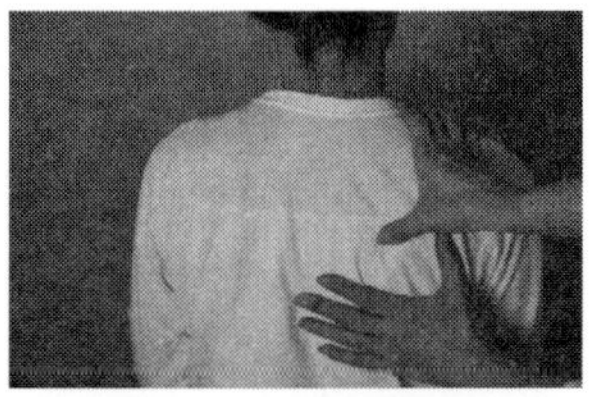 ⇨ 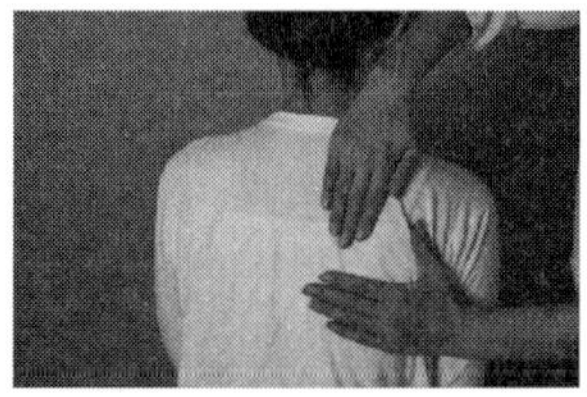 ⇨

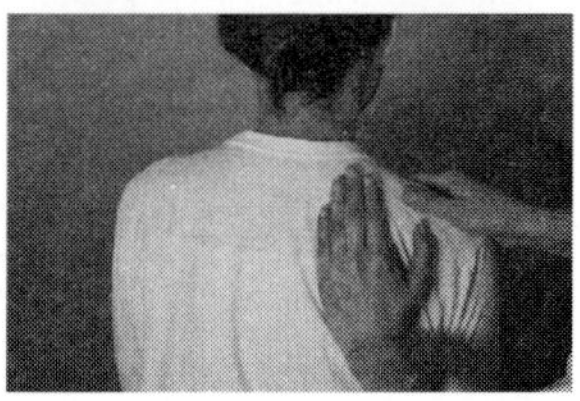 ⇨ 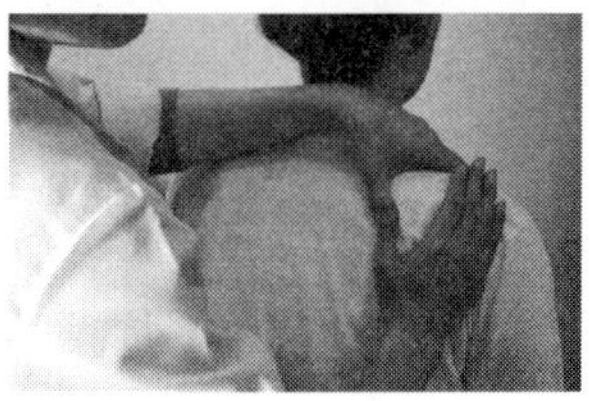

안면마사지

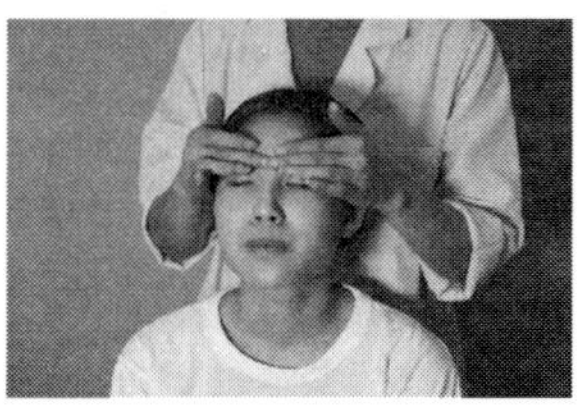
인 당
⇨
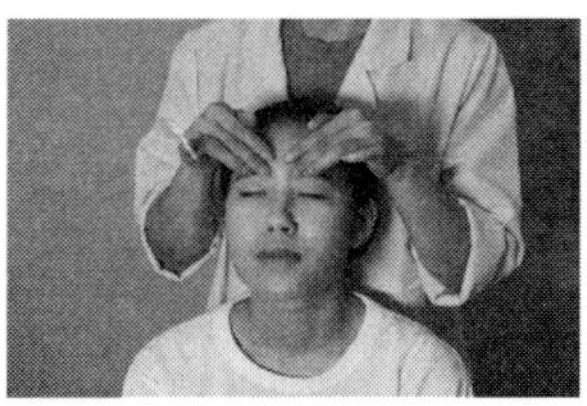
찬 죽
⇨
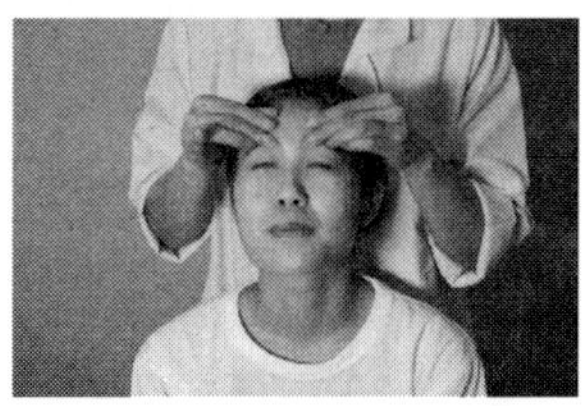
찬죽에서
⇨

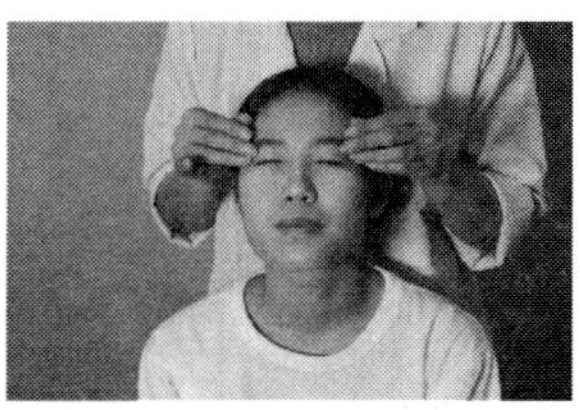
태양까지
⇨
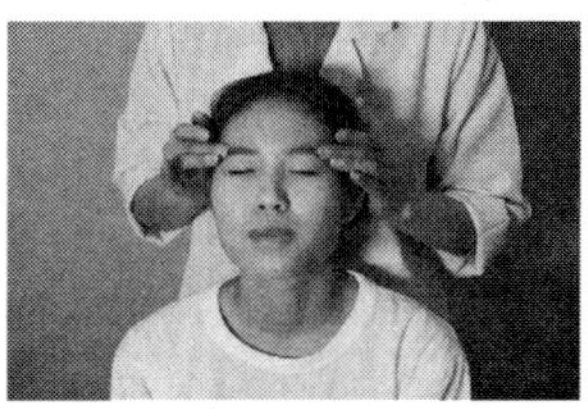
태양압
⇨
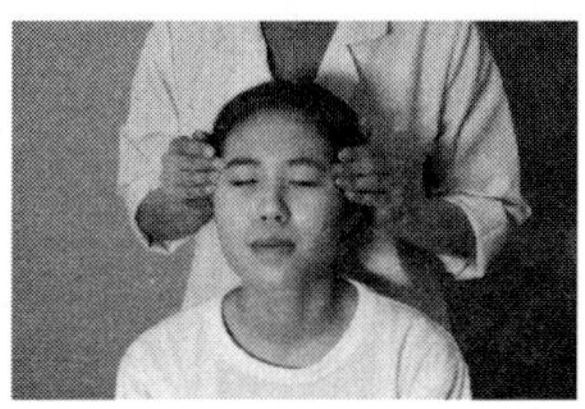
사죽공
⇨

3. 마사지테크닉

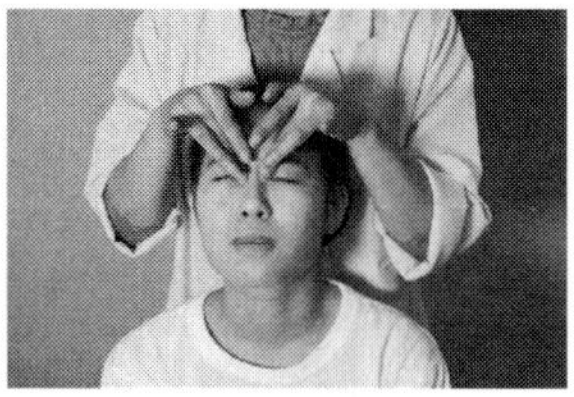
정 명 ⇨

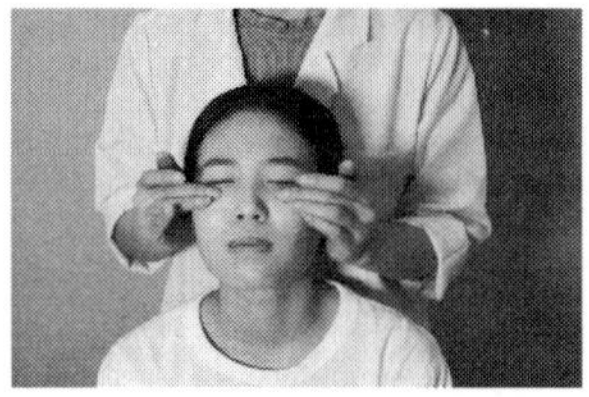
승 읍 ⇨

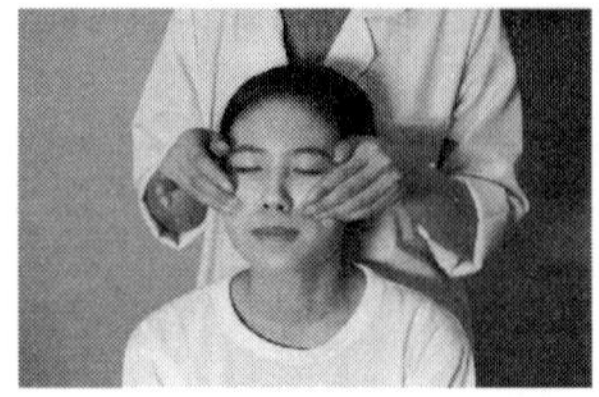
거 료 ⇨

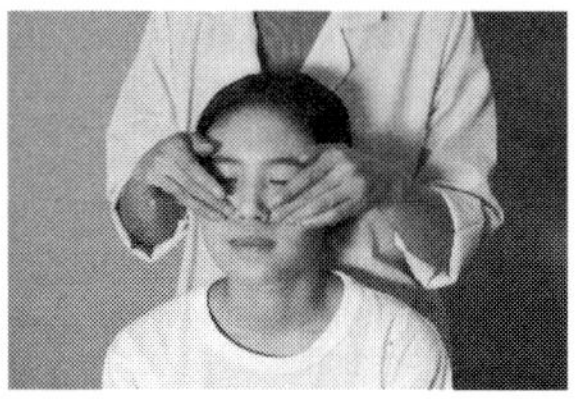
영 향 ⇨

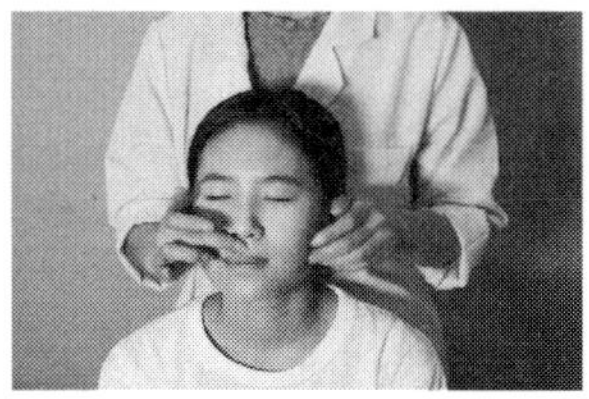
인 중 ⇨

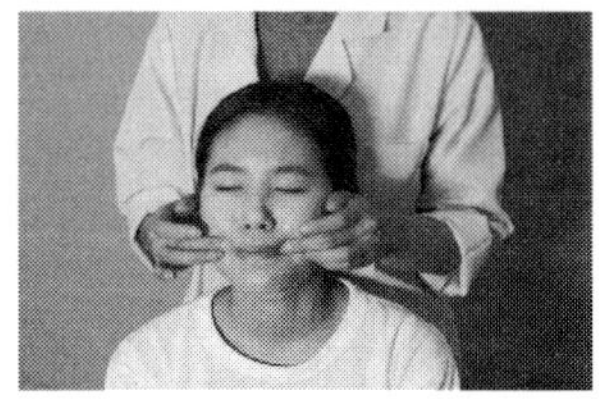
지 창 ⇨

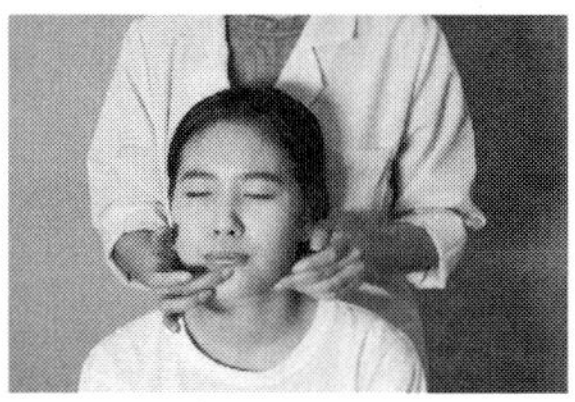
승 장 ⇨

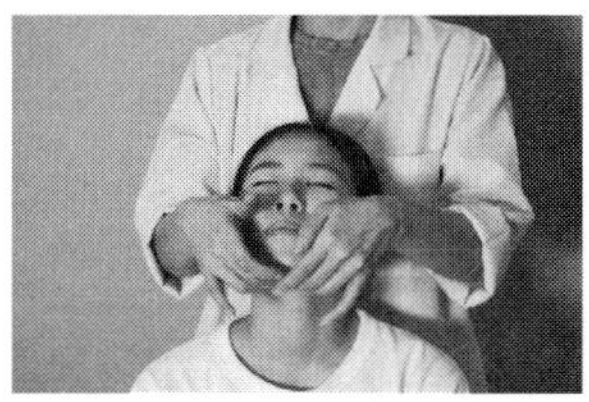
상염천 ⇨

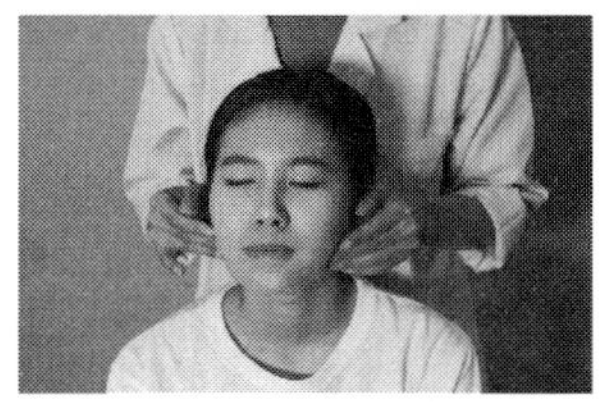
협 거 ⇨

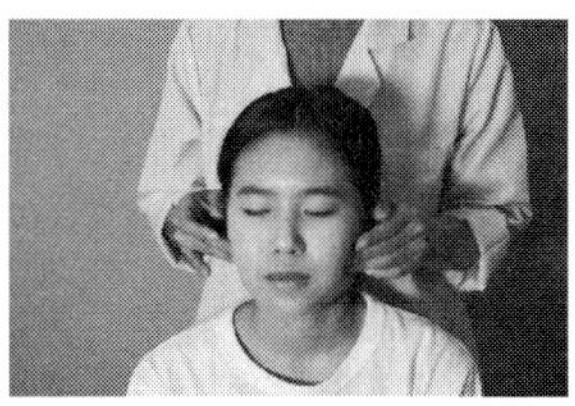
하관 ⇨

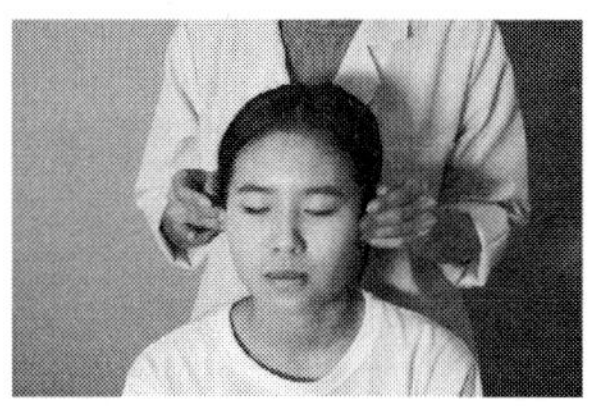
상 관 ⇨

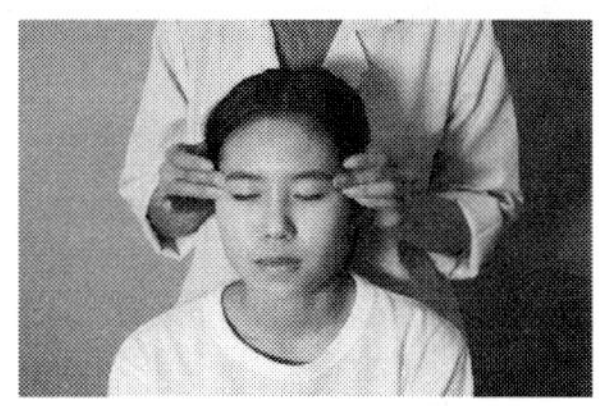
태 양 ⇨

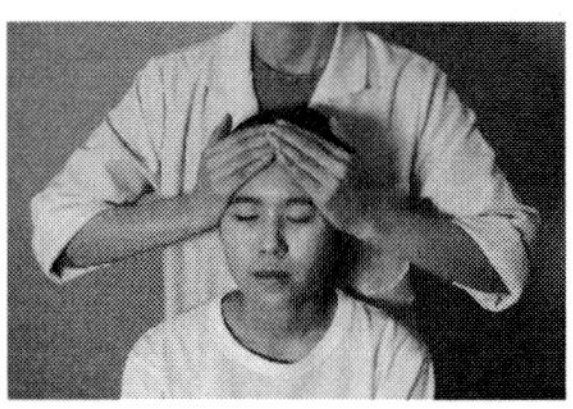
수근부이용 사죽공 압

귀 마사지

- 이문, 청궁, 청회, 예풍 압주기

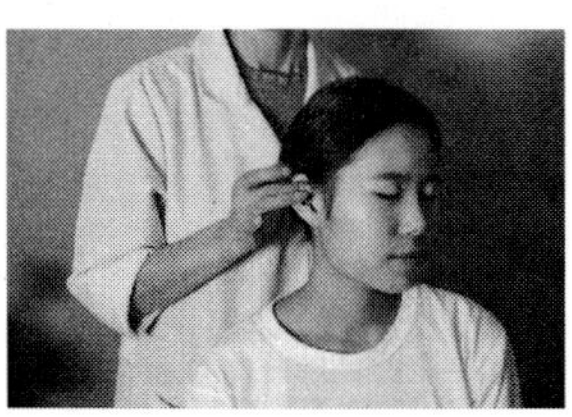
이 문 ⇨

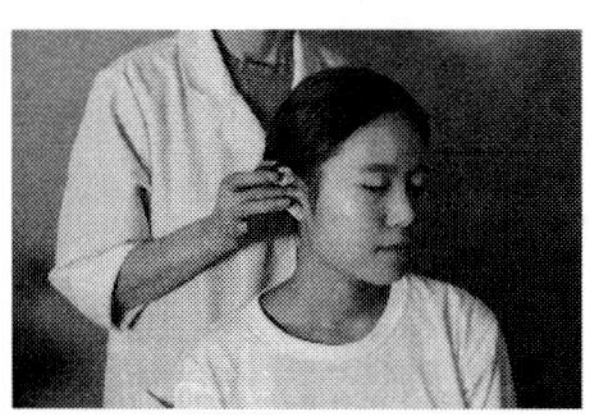
청 궁 ⇨

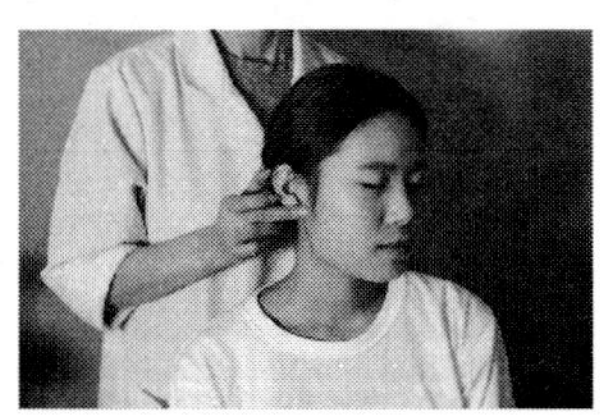
청 회 ⇨

3. 마사지테크닉

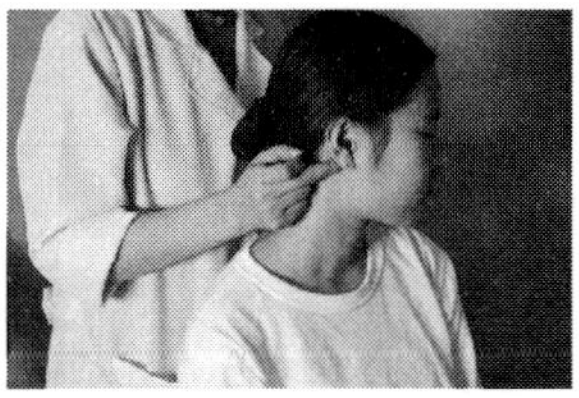 ⇨ 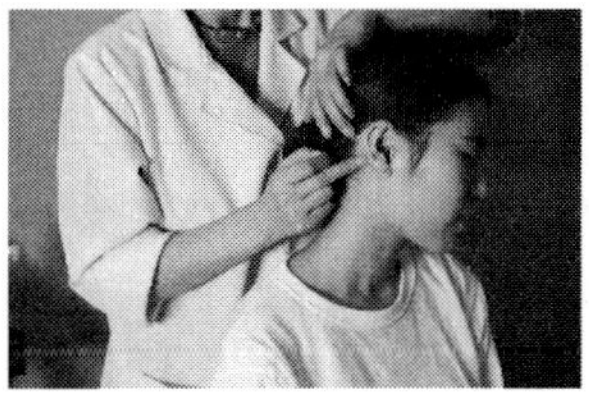 ⇨ 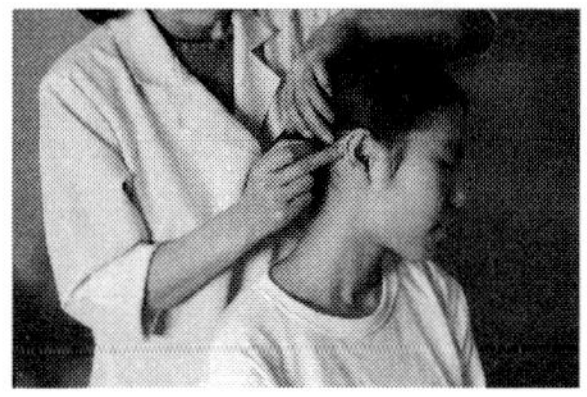

예 풍　　관 골　　각 손

- 귀 쓰다듬기

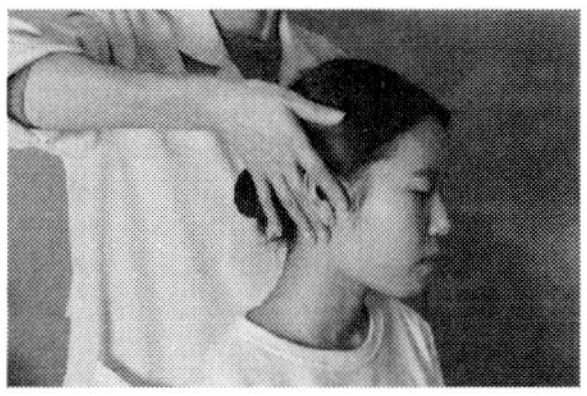

- 귀 주무르고 당기기

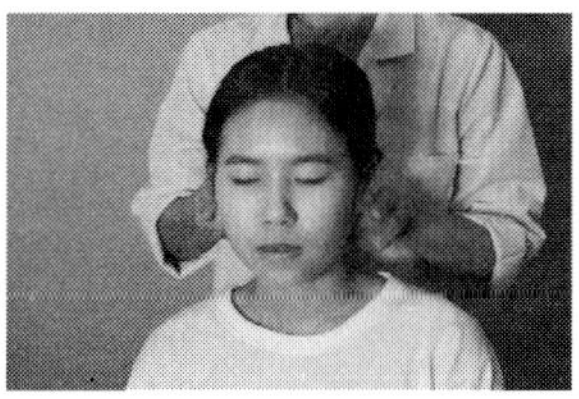 ⇨ 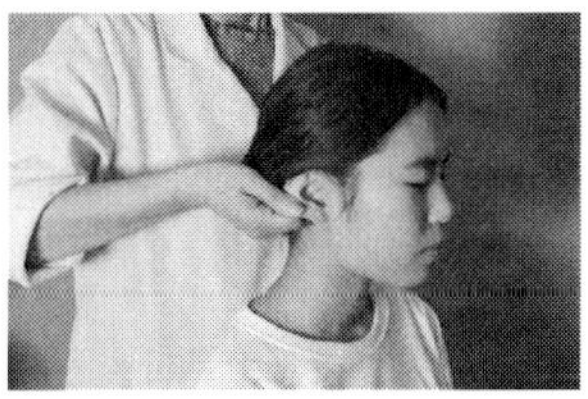 ⇨ 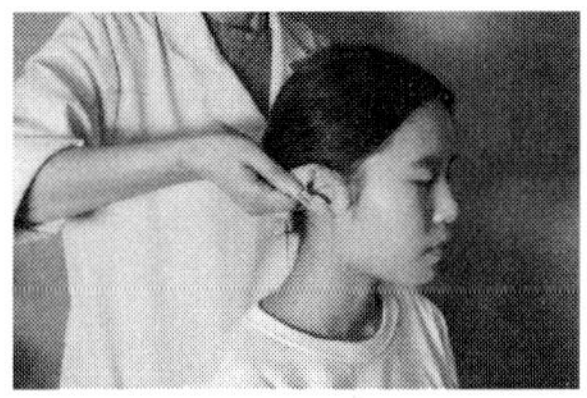

- 귀 접어서 두드리기

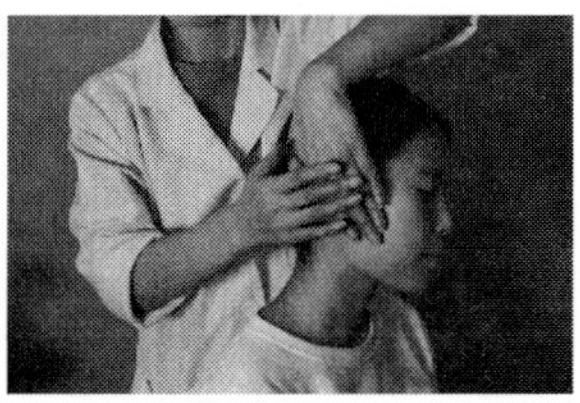 ⇨ 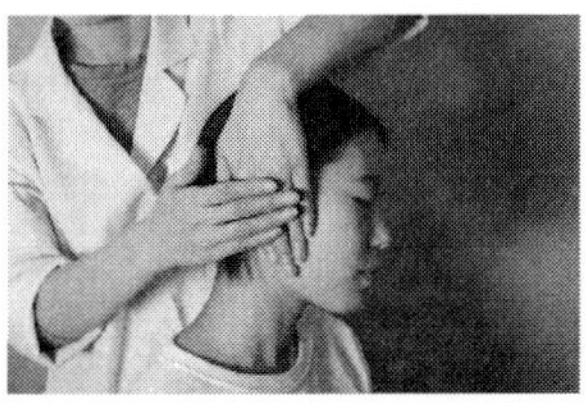

두피마사지

- 페이스 라인 따라서 신정~관자 마사지(삼지사지 이용 태양 3초)

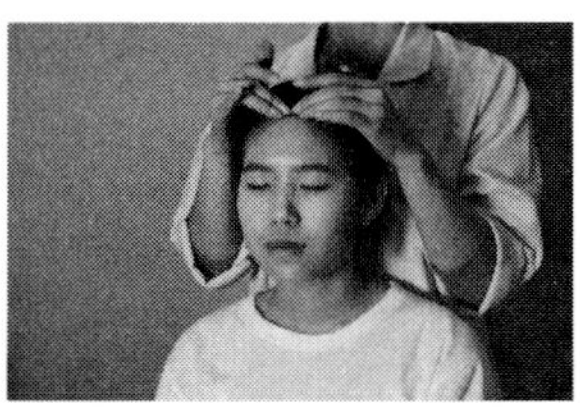 ⇨ 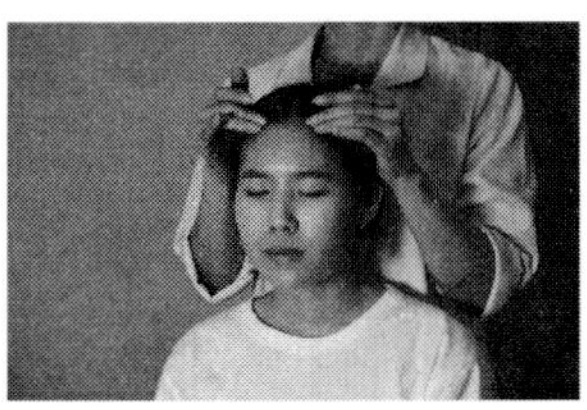 ⇨ 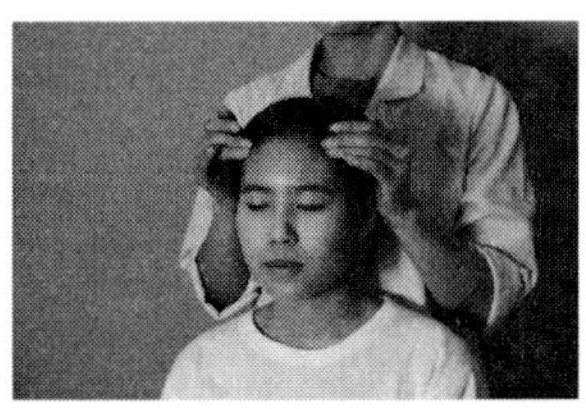 ⇨

3. 마사지 테크닉

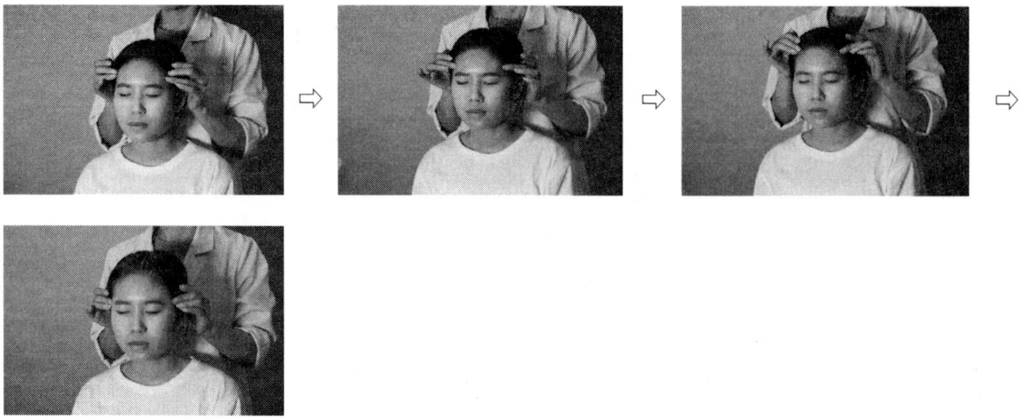

- 두피의 정중앙 부분을 마사지 하기.

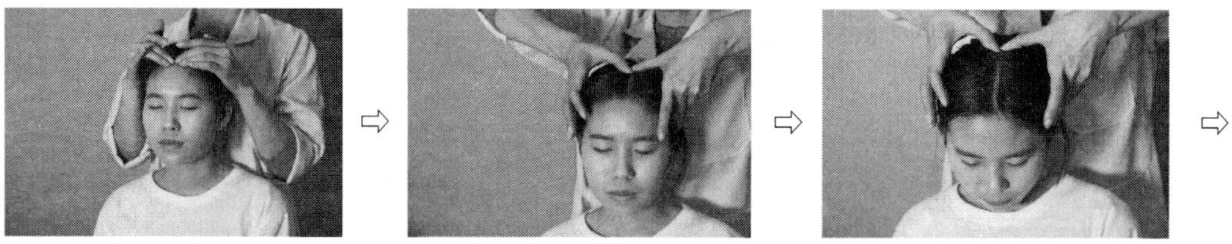

독맥(신정~아문) 방광경(곡차~천주) 담경(두유~풍지)

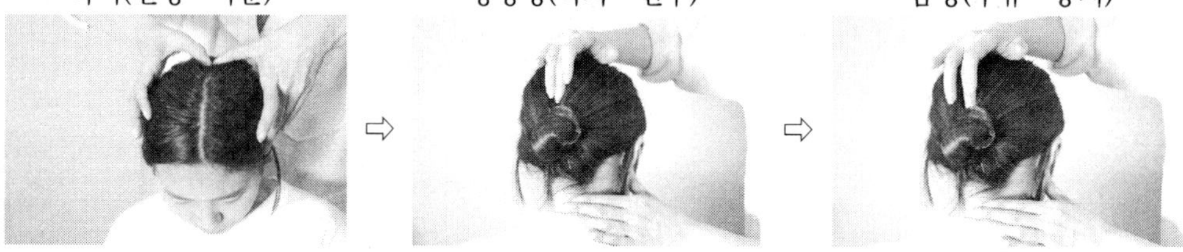

- 두피 문지르기(유연법) 측면에서 한 손 보조 후 아래-위로 밀착해서 압빅

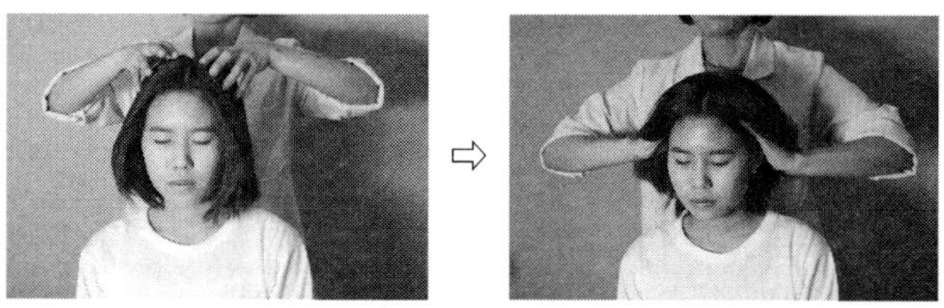

- 모근 자극하기(4등분 분할 위-아래로)

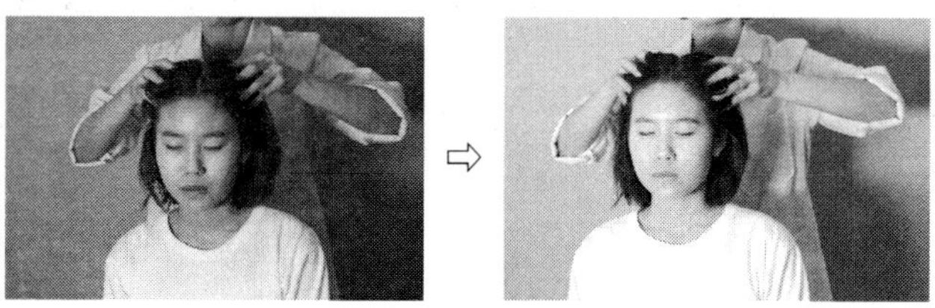

3. 마사지테크닉

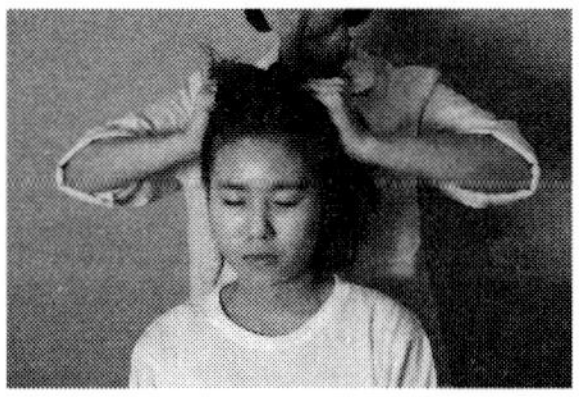 ⇨ 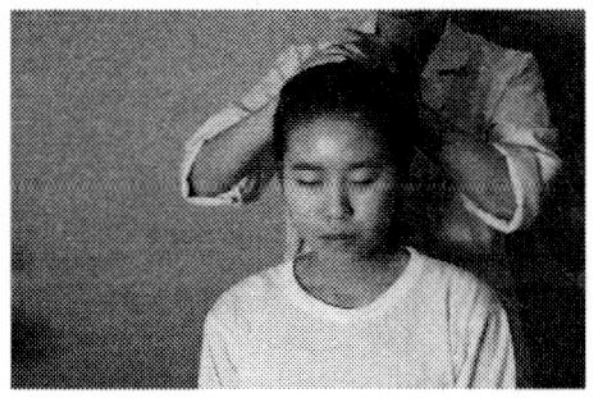

- 두피 좌 · 우, 전 · 후 3등분하여 자극하기(모상건막 끌어 올리기)

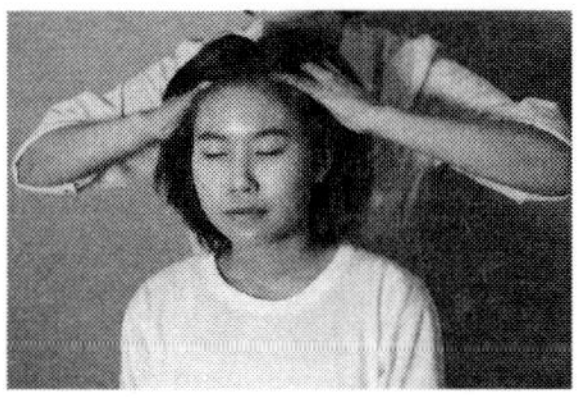 ⇨ 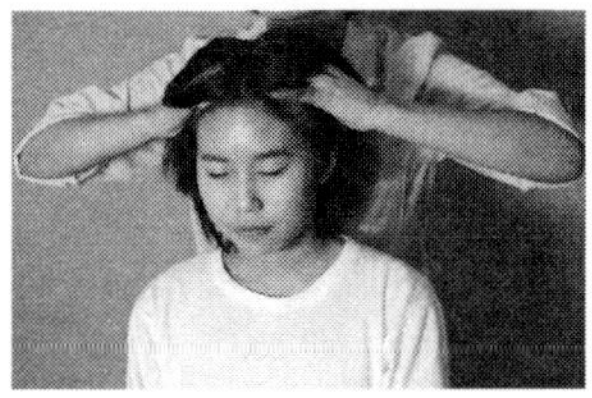 ⇨

- 모발정리

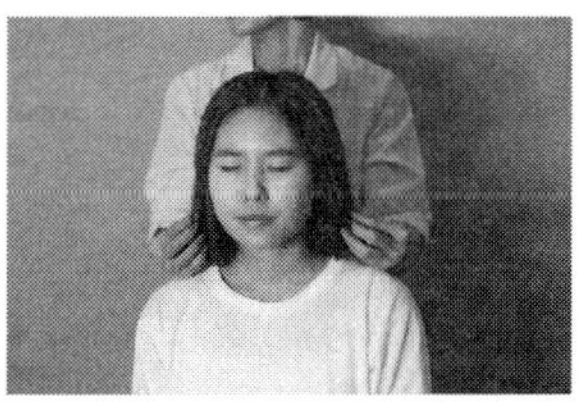 ⇨ 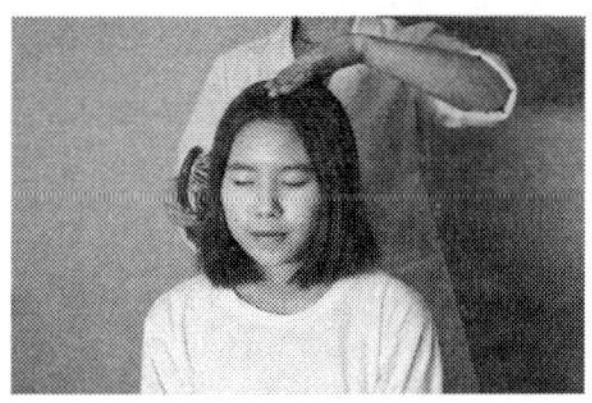 ⇨  ⇨

상박 마사지

- 상박 주무르기(우측1-좌측2 양엄지고정 양사지 끌어오기)

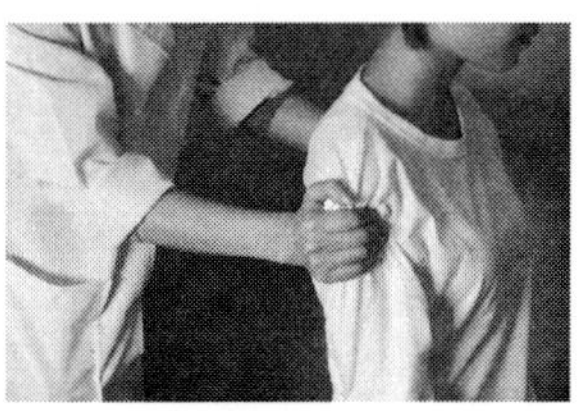 ⇨ 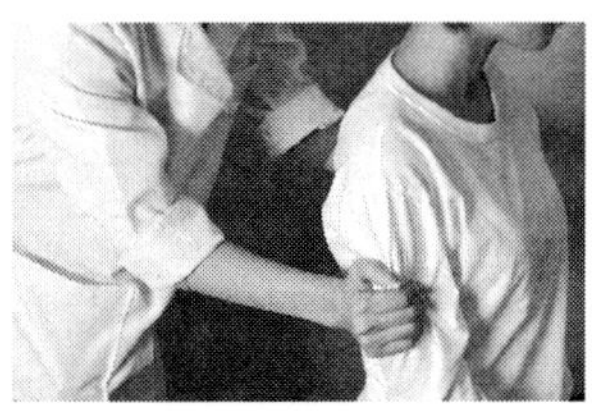 ⇨ 

- 양오지 비틀기(우측1-좌측2 3등분)

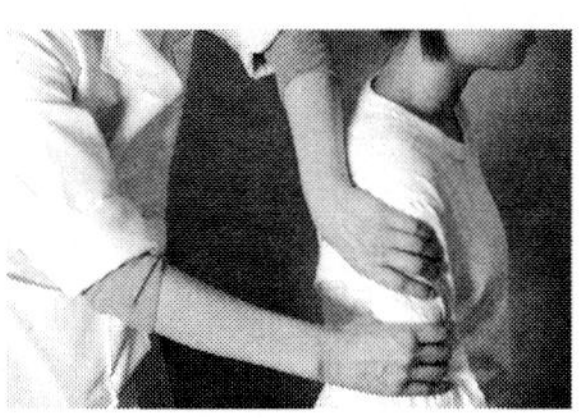

3. 마사지테크닉

- 컵핑 때려주기(좌 · 우 동시 3등분)

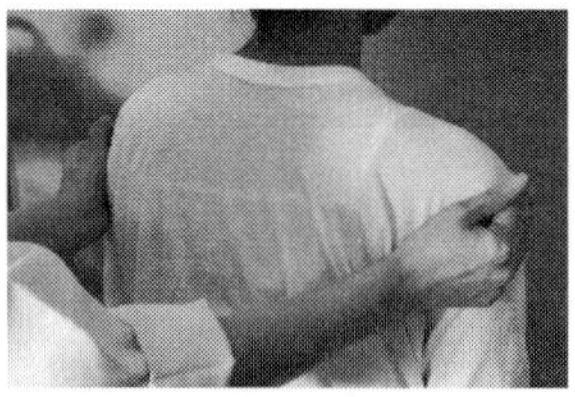 ⇨ 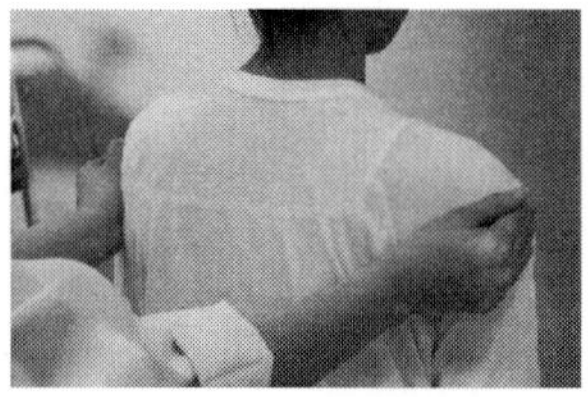 ⇨ 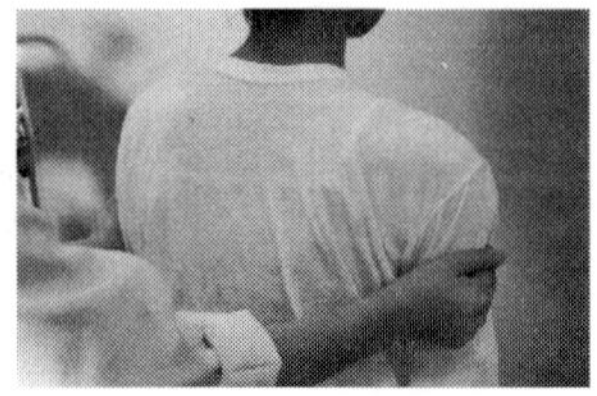

- 가볍게 밀착해서 수장수근부를 이용해서 내려준다(측면1-후면2-전면3)

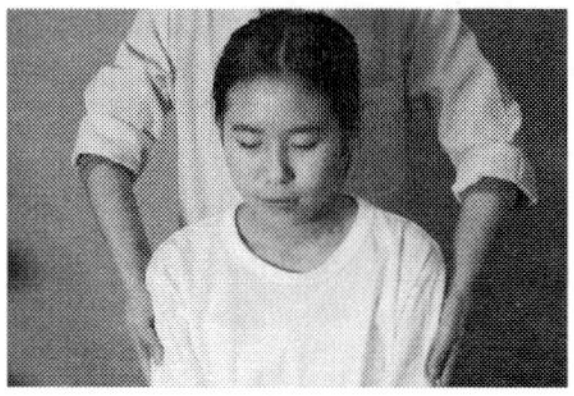 ⇨ 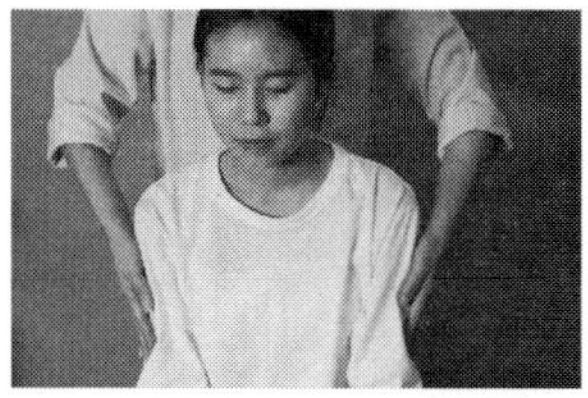 ⇨

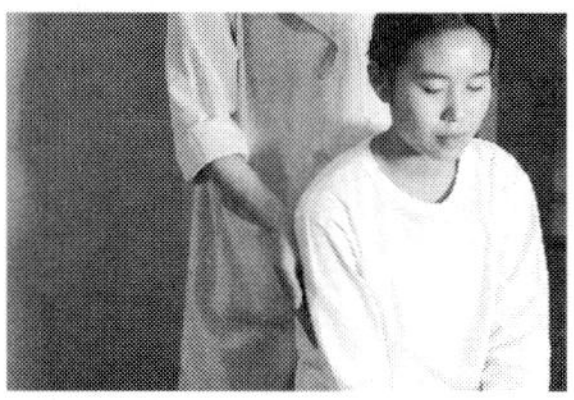 ⇨ 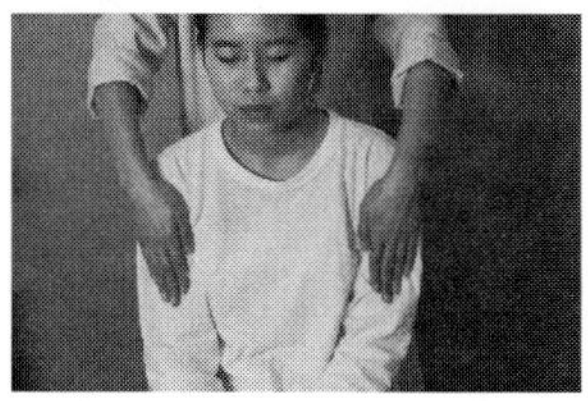

- 모델 두손을 올려주고 반대쪽 수근부를 이용해 스트레칭 해준다.

기(氣) 정리

- 손을 비벼서 눈에서 3초 - 올라와 백회에서 3초 - 어깨를 향해 가볍게 내려준다.

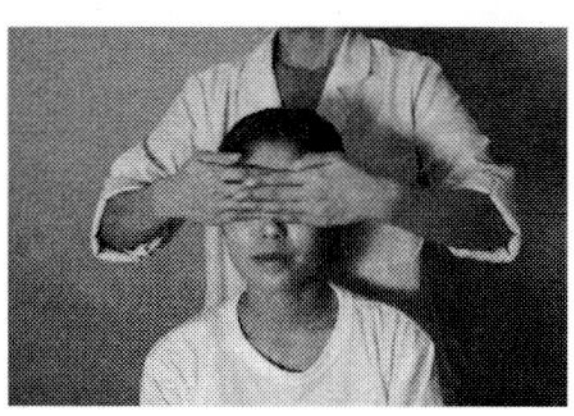 ⇨ 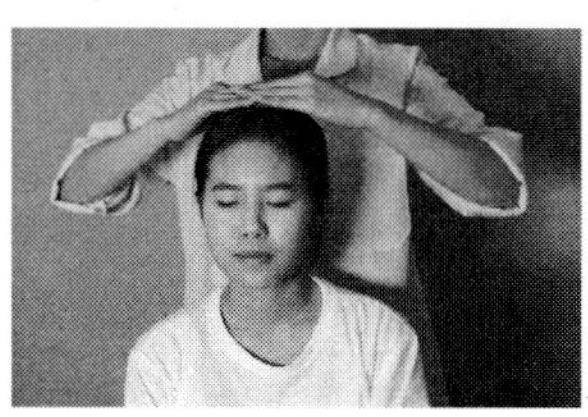 ⇨ 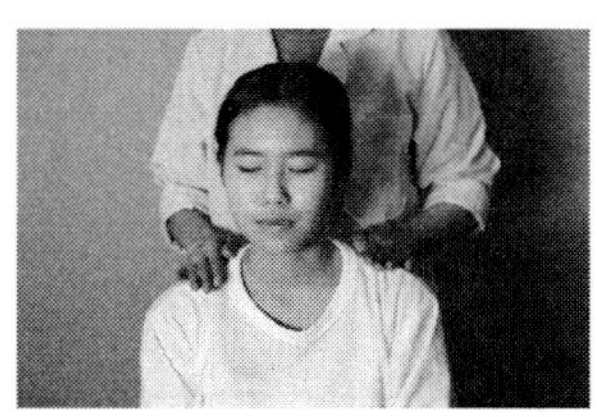

3. 마 사 지 테 크 닉	- 고객님 끝났습니다. 수고하셨습니다. 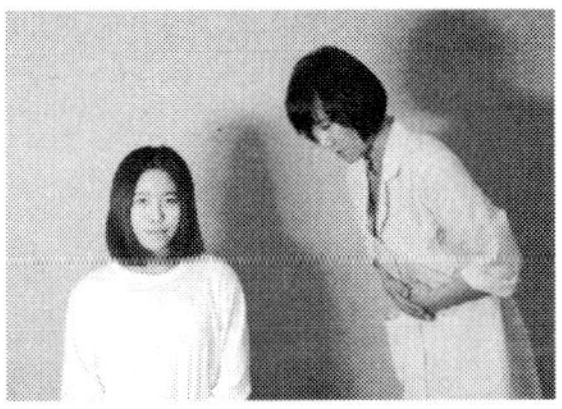 ⇨ 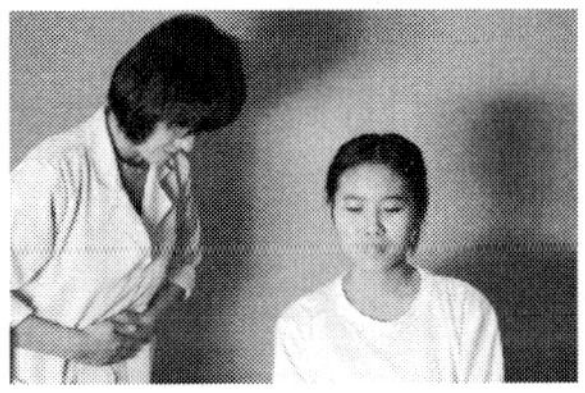 실기테크닉이 끝나면 주변 정리를 다시 확인하고 모델 오른쪽에 서서 심사위원의 지시에 따라 마무리를 짓습니다.
4. 샴 푸 테 크 닉	- 두피타입에 맞는 샴푸를 선정하여 샴푸볼에서 거품을 내어 브러쉬를 이용해 꼼꼼히 바른다.  ⇨ 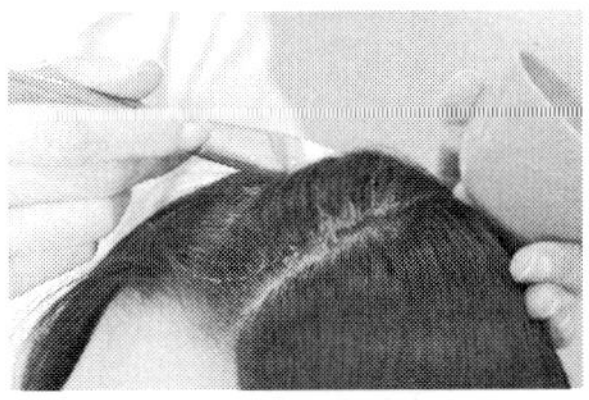 - 얼굴을 피해서 온수분무기를 이용해 물을 도포해준다. 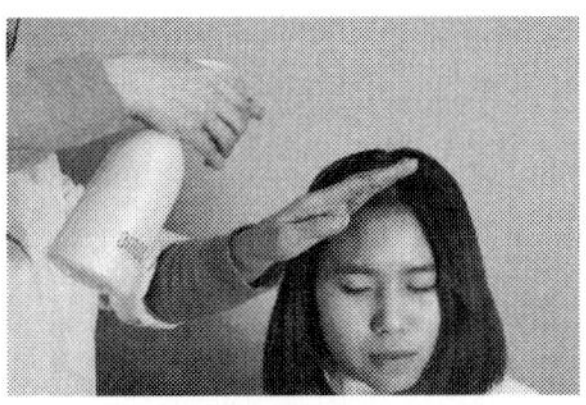 ⇨ 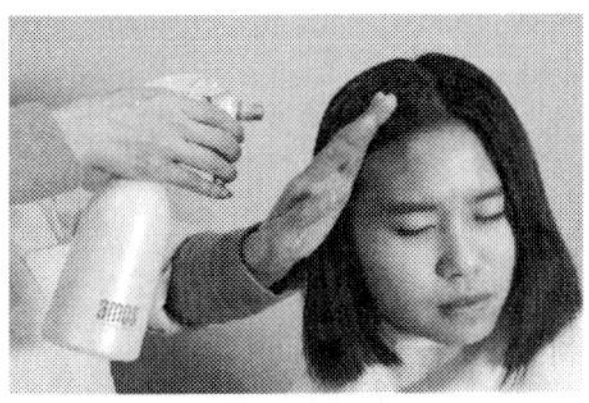 ⇨ 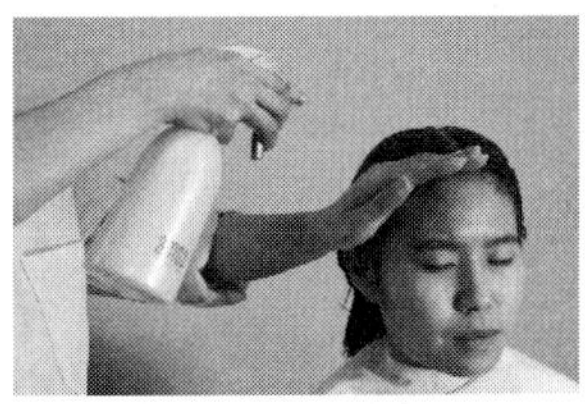 ⇨ 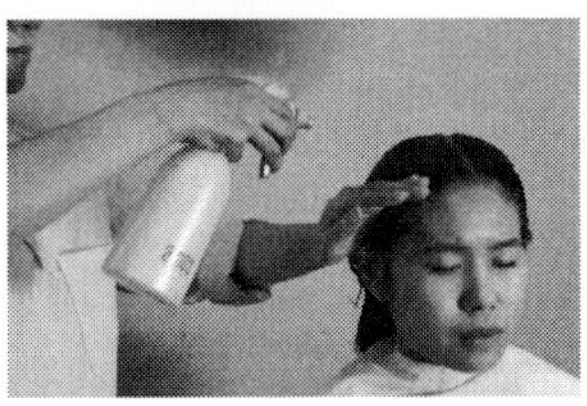 ⇨ 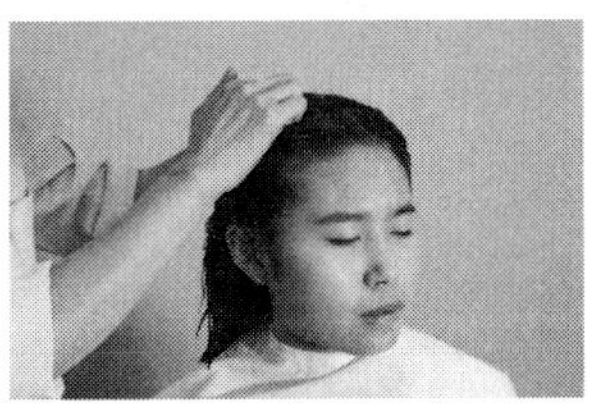 ⇨ 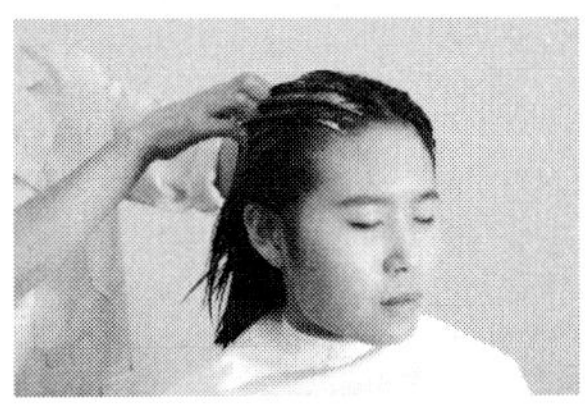 - 충분히 거품을 내어 브러쉬 볼로 백회방향으로 두피마사지를 하면 효과가 극대화된다. 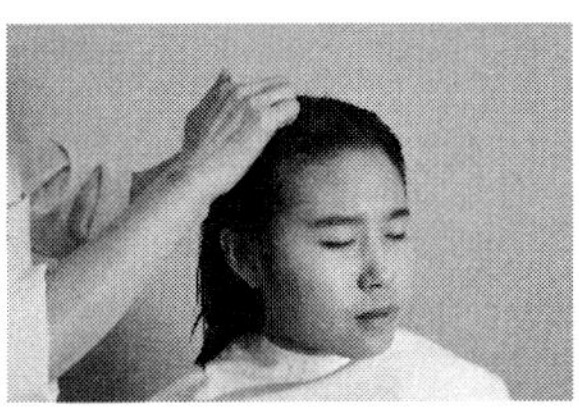 ⇨ 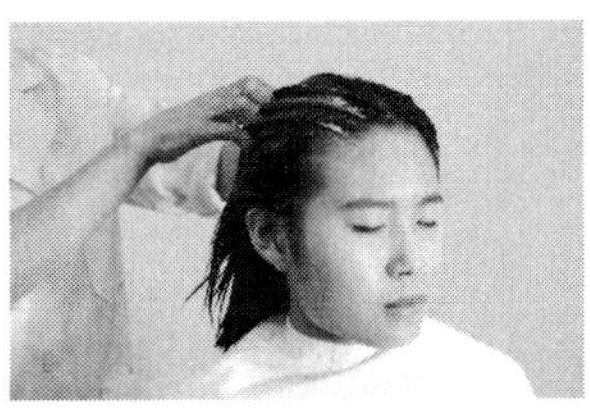 ⇨ 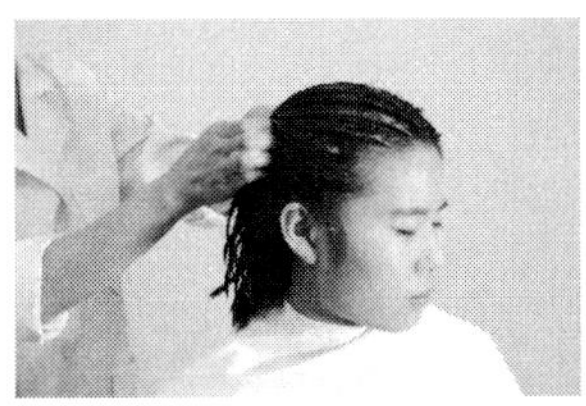 ⇨

4. 샴 푸 테 크 닉	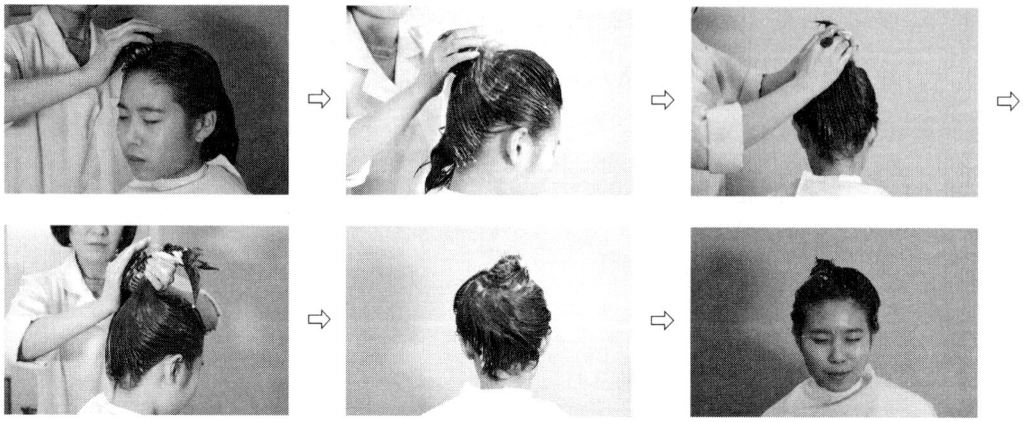 - 수건 감싸기 마무리 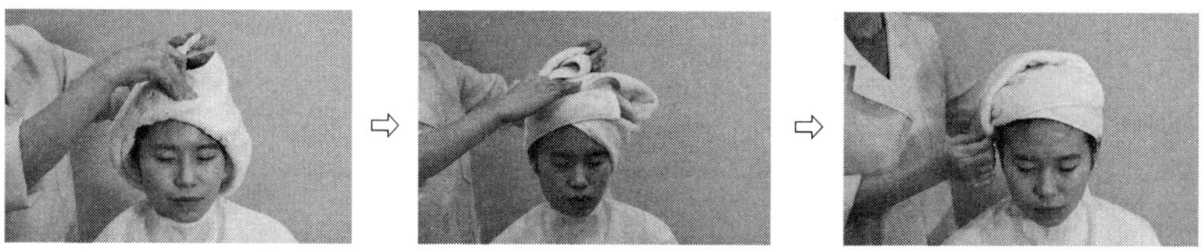

제6장 한방 두피·모발관리

1. 기(氣)

과거에는 세계를 형성하는 가장 기본적인 물질을 **기(氣)**라고 보았으며, 기의 운동과 변화에 의해서 모든 사물이 생겨나는 것으로 인식하였다. 이와 마찬가지로 한의학에서도 인체를 구성하는 기본물질을 **'기(氣)'**라고 보고 있으며, 기의 운동과 변화에 의해서 생명활동이 발현하는 것으로 보고 있다.

2. 오행론

오행은 동양의 고대 철학 이론이며 고대인의 물질, 속성 및 상호관계에 대한 인식의 범주에 속한다. 한방에 있어 오행학설은 고대의 소박한 유물관, 자연발생적 변증법으로 사상방법과 의학의 실천이 결합하여 생긴 산물이다.

1) 오장과 오행관계

오장(五臟)	심(心)	폐(肺)	비(脾)	간(肝)	신(腎)
오부(五附)	소장	대장	위	담, 삼초	방광
오행(五行)	불(火)	쇠(金)	흙(土)	나무(木)	물(水)
오미(五味)	쓴맛(苦)	매운맛(辛)	단맛(甘)	신맛(酸)	짠맛(塩)
오색(五色)	빨강	희색	노랑	파랑	검정
오정(五情)	기쁨	슬픔	생각	화남	두려움
오주(五主)	피	살갗	살	힘살	뼈
오왕(五旺)	여름	가을	늦여름	봄	겨울
오기(五氣)	열	건조	습기	바람	추위
오방(五方)	남	서	중앙	동	북
오근(五根)	혀	코	입	눈	귀
오성(五聲)	말	곡	노래	외침	신음
오취(五臭)	단내	비린내	화아한 내	지린내 누린내	썩는내
오액(五液)	땀	콧물	침	눈물	가래

3. 체형별 특성과 상담방법

사람에 따라 대표체질을 쉽게 정의 할 수 있는 사람이 있는가 하면 오행이 골고루 퍼져있어 대표체질을 정하기 어려운 사람도 있다, 성격은 사회적인 교육이나, 환경에 따라 바뀔 수 있으므로 체형을 위주로 체질을 나누는 것이 합당하다고 생각한다.

각 체질에 따른 특징과 건강상, 미용상의 특징을 요약은 다음과 같다.

목형인

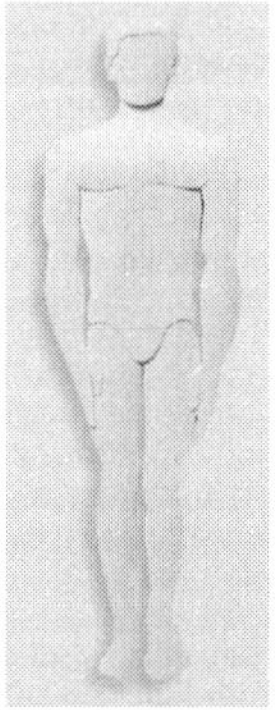

화형인

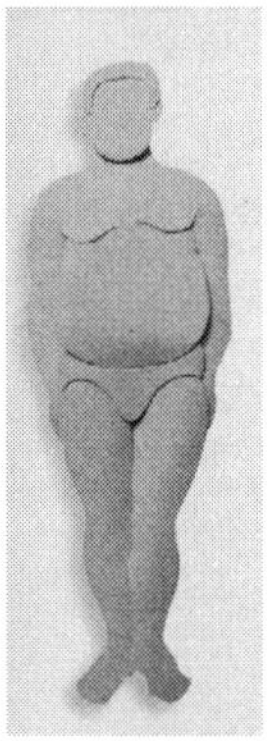

토형인

금형인

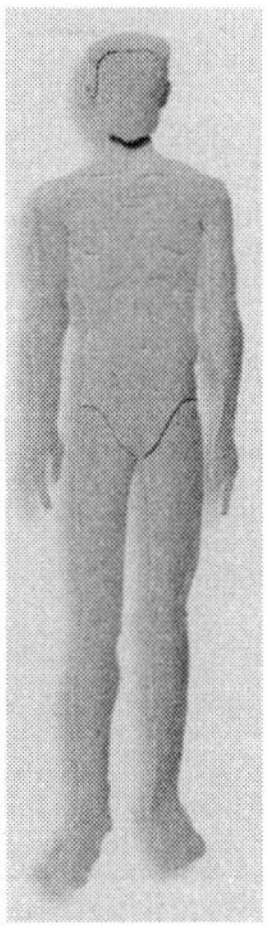

수형인

1) 목형인의 성격과 신체적 특성

목은 따스함으로 봄에 새싹이 푸른빛을 띠며 뻗어 나가는 기운을 가진다. 또한 만물을 소생시키는 기운을 머금고 있어 목의 본질은 시작에 있으며 희망의 의미를 가지고 있다. 강한 상승력, 시작, 녹색, 양의 기운을 나타낸다.

(1) 장 점

- (仁) 어질고 인자하고 남을 배려하는 마음이 있다.
- 교육적이고 매사에 계획적이다.
- 두뇌 회전이 빠르고 꾀가 많다.
- 칭찬을 잘하고 희망적이며 순수하다.
- 재주가 많다.

(2) 난 섬

- 바람을 싫어하고 한숨을 잘 쉰다.
- 거만하고 화를 잘 낸다.
- 결단력이 부족하여 일의 마무리가 약하다.
- 근심이 많고 일에 대한 부담감을 늘 지닌다.
- 가을과 겨울에 질병이 잘 걸린다.
- 목기의 품성은 노기이다.

(3) 미용상의 문제점

눈밑 기미, 닭살, 넓은 모공, 지루성피부, 튼살, 정맥류, 피부탄력저하 및 부종, 피부가 거칠어지고 눈의 피로, 모발이 윤기가 없음.

(4) 신체상의 특징

- 얼굴의 형태는 긴 사각형, 목이 굵은 편이다.
- 발목이 두텁고, 복부 측부가 비대한 편이다.
- 안색이 푸르고 머리가 작고 얼굴이 길다.
- 어깨와 등이 곧으며 손발이 작다.

(5) 정상적인 상태

- 인자하고 유순하고 색 분별력이 우수하고 꾀가 많다.
- 시적, 문학적, 교육적이고 따뜻하고 온화하다.
- 행정적, 계획적, 방어적이며 문필가가 많다.

(6) 병이 났을 때

- 결벽증 예민해지고, 노하기를 잘하고 폭력적으로 변한다.
- 한숨을 잘 쉬고 쉽게 결단하고 바람을 싫어한다.
- 욕을 잘하고 약을 잘 올리며, 심술도 부린다.
- 사람을 무시하며 신내, 노린내가 난다.

(7) 관장부위(지배하는 곳)

간장, 담낭, 간경, 눈, 목 고관절, 편도선, 근육, 갑상선 등

(8) 직 업

교육자, 행정가, 문인, 미술가

(9) 장부의 대소

간담은 大, 비/위/폐/대장은 小

(10) 음 식

귤, 딸기, 포도, 부추, 깻잎, 메밀, 밀, 보리, 동부, 팥, 계란, 닭고기, 견과류, 땅콩

(11) 관리방법

- 등의 흉추 옆선 방광경을 따라 쓸어내리면서 마사지 한다.
- 앞면의 늑골 사이사이를 손가락을 세워 쓸어 준다.
- 늑골 밑을 명치 부위에서 대맥까지 쓸어내린다.
- 대퇴부 외측을 주먹을 쥐고 굴리면서 위에서 아래로 쓸어 내려준다.
- 간경맥과 담경맥을 따라 쓸어준다.

(12) 상담방법

목(木)형은 고객을 상담할 시에는 쉽게 결단을 하는 성격, 교육적인 면과 문학적인 면을 이용하여 상담하면 분위기나 대접하고 있는 차, 친절함 등의 목형의 마음을 일단 긍정적인 면으로 이끌 수 있다.

상담내용은 여러 가지 자료나 설명으로 학구적인 분위기의 상담이 이루어지게 유도한다. 자존심이 강해 관리비용이 가장 저렴한 쪽보다는 중간 단계의 관리로 비용을 결정하는 경우가 많다.

2) 화형인의 성격과 신체적 특성

화형인의 본성은 밝음에 있으며 양의 기운이 극치를 이룬 모습이며 목의 기운이 화로 변화하

게 되면 화의 특성은 소멸되어 가면서 분열과 성장하게 된다. 여름은 봄의 화려한 발산을 통해 그 진가를 발휘하게 되므로 오행 중에서 가장 강한 것으로 취급한다.

(1) 장 점

- (禮) 예의바르고 성격이 민첩하여 언변이 좋다.
- 질서를 중시 여기며 명랑하고 밝고 환하다.
- 아름답고 화려하며 탐구하고 용감하며 감각이 예민하다.
- 예술적이고 체육을 좋아하며 정열적이다.
- 남을 위한 희생정신이 강하고 의리가 있다.

(2) 단 점

- 화의 기운이 허약할 때는 지나치게 잘 웃는 경향이 있다.
- 너무 지나친 기쁨은 심장에 무리를 가져올 수 있다.
- 잘 놀라고 버릇이 없고 신경질적이며 딸꾹질을 자주 한다.
- 공격적이고 꿈이 많고 사치하며 교만해지기가 쉽다.
- 얼굴이 잘 붓거나 땀이 많고 갈증을 자주 호소한다.
- 심장의 통증 주관절통, 견갑골의 통증을 느낀다.
- 얼굴이 붉고 새끼손가락이 부자유하고 손바닥에 열이 나며 형에 이상이 있다
- 마음이 조급하며 공허하다.
- 의심이 많고 걱정이 많다.

(3) 미용상의 문제점

지성피부, 열성 여드름, 부종, 건조성, 예민, 상체비만, 가슴비대

(4) 신체상의 특징

- 이마는 넓고 턱은 좁다.
- 안색이 붉으며, 잇몸이 넓고, 하관이 좁으며 머리가 작다.
- 어깨와 등 대퇴부와 복부의 발육이 좋다.
- 곱슬머리
- 두상이 작고 뾰족한 역삼각형으로 표현된다.
- 손발이 작고 빨리 걷는다.

(5) 정상적인 상태

- 행동력과 추진력이 빠르며 예절이 바르다.
- 질서를 중시하며 밝고 명랑하고 화려하다.

- 환상적이며 탐구하고 용감하며, 체육을 좋아한다.
- 뜨겁고 정열적이며 희생적이다.

(6) 병이 났을 때

- 지나치게 잘 웃고, 화를 잘 내며, 깜짝깜짝 놀란다.
- 버릇이 없고 신경질적이며 딸꾹질을 자주한다(오전과 여름발명).
- 폭발적이며 사생결단 형이다.
- 사치스럽고 꿈이 많으며 가슴 두근거림이 있다.
- 열을 싫어하고 쓴내와 단내가 난다.

(7) 관장부위(지배하는 곳)

소장 심경 소장경, 독맥, 주관절, 얼굴, 상완, 혀, 피, 혈관

(8) 직 업

예술가, 체육인, 언론인

(9) 장부의 대소

심/소장과 폐 大, 신/방광 小

(10) 음 식

동물의 염통, 술, 선지, 풋고추, 은행 ,자몽, 쑥갓, 익모초, 도라지, 홍차, 커피

(11) 관리방법

- 심의 모혈인 거궐에서 기문까지 쓸어준다. 거궐~중완~관원으로 부드럽게 쓸어 내려 전체의 기운을 하복부 쪽으로 모아준다.
- 양의 기운을 하복부로 쓸어 내려 줌으로써 피부 트러블을 완화시키고 하복부의 문제를 해결한다.
- 거궐, 중완, 관원, 천추는 복부 관리에 중요한 혈이므로 세밀하게 풀어서 막힘이 없도록 한다. 복부 근육을 강화하기 위해서는 경추, 흉추, 요추, 부위도 섬세하게 관리한다.
- 폐유, 간유, 비유, 삼초유, 신유, 명문 등은 여드름에 깊이 관여하며 손목의 양로혈도 여드름에 주효하다.

(12) 상담방법

화(化)형은 고객에게는 창찬을 아끼지 말고 좋은 부분의 극찬 뒤에 약간의 여운을 남겨 완벽미를 위해 작은 결점의 커버를 위한 관리의 필요성을 강조하는 상담법이 적합하다.

3) 토형인의 성격과 특성

(1) 장점 성격

(信) 신의가 있으며 충성심과 효심이 있다. 중후하고 조용하다.

(2) 단 점

고집불통이고 현명치 못하며, 불급하면 인색하고 괴팍하다.

(3) 미용상의 문제점

볼의 늘어짐, 눈 주위의 처짐, 복합성피부, 습열성 피부염, 허벅지 비대, 무릎 안쪽의 경직.

(4) 신체상의 특징

- 형태상으로 얼굴이 둥근형이다.
- 안색이 노랗고 얼굴이 둥글다.
- 손발이 작고 근육질이며 상하의 균형을 이룬다.
- 어깨와 등이 좁고 배가 나오며 다리가 잘 생겼다.
- 손발이 작고 육질이 많으며, 상하의 균형을 이룬다.

(5) 직 업

농업, 요식업, 생산직, 자영업자

(6) 장부의 대소

비위 大, 신장/방광/비경/위경/담 小

(7) 관장부위(지배하는 곳)

비장, 췌장, 위장, 비경, 위경, 충맥, 비계, 배, 무릎, 대퇴부, 입술

(8) 관리방법

- 구미 거궐에서 중완, 관원, 곡골까지 쓸어내린다.
- 거궐에서 경문까지, 경문에서 곡골까지 엄지로 선을 따라 자극한다.
- 복부를 s자로 형태로 쓸어준다.
- 족삼리~해계까지, 해계~여태까지 훑어 준다.
- 얼굴은 청명, 찬죽, 사죽공을 눌러주고 사백에서 함염, 화료에서 청궁, 지창에서 예풍까지 방사형으로 마사지 한다.
- 눈썹위의 양백혈과 곡빈, 두유, 등의 혈에 앞, 좌우를 엄지를 이용해 지압한다.
- 화료에서 지창, 승장에서 지창, 승장에서 예풍까지 쓸어내린다.

- 방광 경락상 간, 담, 비, 위의 유혈이 존재하는 9, 10, 11, 12 흉추를 위에서 아래로 향해 강하게 마사지를 통해 풀어준다.

(9) 상담방법

토형의 고객을 상담할 시에는 이치에 맞게 관리법에 대한 설명이 선행되어야 한다. 정확하고 약간의 종교적 성향이 강한 본성이 있어 상담자의 대안이나 제시가 논리적이고 의심의 여지가 없다.라고 판단하게 되면 상담이 어려워도 일단 성공하면 절대적으로 따르고 신봉하는 성격이 고객이 바로 토형의 고객이다. 단 지금 관리하기로 결정을 해도 생각이 많아 그 다음날 취소하거나 관리내용을 바꾸는 경향도 있으므로 티켓팅을 하기 직전에 다시 한번 생각해 보도록 권하면서 다짐을 받아 두어야 하는 형이다.

4) 금형체질

(1) 성 격

- (義) 명예를 중히 여기고, 위엄이 있으며 결단성이 있다. 태과하면 욕심이 많고, 무모하며, 불급하면 생각이 많으나 결단성이 없고 시비를 좋아한다.
- 공격적이고 명령적이다.

(2) 미용상의 문제점

볼의 예민, 실핏줄, 턱의 여드름, 상완의 비대, 엉덩이 상부의 처짐

(3) 신체상의 특징

- 형태상으로 얼굴이 네모지다.
- 승모근 주변의 비대 어깨가 구부정하며 옆모습이 S자 형태 띄기 쉽다.

(4) 정상적일 때

지도력이 있고 다스리기를 좋아하고 의리가 있고 준법정신이 강하고 규칙적인 것을 좋아하고 획일성이 있고 승부욕이 있으며 상전의 기상이 있고 결실하고 정의하고 자존심이 강하다.

(5) 병이 났을 때

비관적이고 슬퍼하며 눈물이 많고 염세주의자여서 자살의 경향이 강하고 동정심이 지나치고 재채기를 잘하고 저녁과 가을에 더한다. 매운 것, 비린 것을 좋아하고 몸에 비린내가 나며 건조한 것을 싫어하고 독재한다.

(6) 관장부위(지배하는 곳)

폐장, 대장, 폐경, 대장경, 임맥, 피부, 코, 체모, 손목, 가슴, 항문, 맹장, 직장

(7) 직 업

군인 경찰, 법관, 정치가, 지도자

(8) 장부의 대소

폐/대장 大, 신/방광 小

(9) 음 식

현미 율무, 배, 복숭아, 파, 마늘, 달래 ,말고기, 생선, 조개류, 박하, 고추, 겨자, 생강 ,목차, 미나리, 무 등

(10) 관리방법

- 우선 등쪽의 방광 경락을 풀어준다.
- 방광 경락에는 우리 인체의 모든 장기들이 배속되어 있어 선체의 흐름을 원활히 한다(폐수, 간수, 신수, 삼초수).
- 팔 안쪽으로 흐르는 폐경락을 자극한다. 특히 태연은 곡지, 양지와 함께 팔다리를 길고 아름답게 연출시킬 수 있다. 또한 하복부가 쳐지는 경우 복부의 지방 축척 이외에 복부 근육이 무력한 원인에 있다.
- 방광경의 위수, 대장수와 독맥의 중완, 음교, 관원, 또 대장의 모혈인 천추를 지압한다.
- 대장경락 중 비노와 견우는 대장 이상으로 오는 상완의 비만에 좋다.

(11) 상담방법

금(金)형의 고객은 대단한 승부욕의 소유자이므로 스스로 다스리고, 규칙적인 준법정신 등을 응용해 길게 상담을 하는 것 보다, 간단명료하면서 정확히 내가 무엇을 줄 수 있는지 주고 예약제 또는 홈 케어 지도 교육 등으로 스스로 관리 할 수 있는 범위의 가능성 제시 등으로 상담을 유도한다.

5) 수형체질

(1) 성 격

(智오(五)) 슬기롭고 총명하고 계교가 많다. 태과하면 고집이 세고 처사가 사리에 어긋나며 불급하면 오(五) 용기가 없고 총명하지 못하다.

(2) 미용상의 문제점

피부 노화, 피지막 형성의 불량, 눈 주위의 주름, 색소침착, 부종에 의한 비만, 신체 탄력저하.

(3) 신체상의 특징

발목이 굵어지기 쉽고, 턱 밑에 주름과 눈 밑이 검어지기 쉽다. 부종에 의한 비만이 많다. 형태상으로 얼굴의 턱이 넓고 이마가 좁다.

(4) 정상적일 때

- 교양이 있음, 매너가 좋다, 저장성, 지구력, 참고 견디며 지혜가 있다.
- 예의바르고 수학적, 과학적이며, 생식능력이 좋음.
- 내성적, 발전적이며 연구하고 개발한다.

(5) 병이 났을 때

- 부정적이며 반대하고 저항한다.
- 안 될 것은 된다고 하고, 될 것은 안 된다고 생각한다.
- 엄살을 잘 부리고 궁상을 떤다.
- 핑계를 잘되고, 책임전가를 잘하고 고소공포증으로 겁이 많다
- 밤과 겨울에 심하고 짠 것을 좋아 하게 된다.

(6) 관장부위(지배하는 곳)

신장, 방광. 신경. 방광경, 뼈, 공수, 힘줄, 귀, 치아, 모발, 음부, 겨드랑이 털, 수염 허리(오리엉덩이)

(7) 장부의 대소

신장/방광 大, 심/소/비위/소장 小

(8) 직 업

과학자, 수학자, 음악가, 연구가

(9) 음 식

수박, 밤, 미역, 다시마, 김, 파래, 각종 해초류, 해삼, 멸치, 각종젓갈, 콩, 서리태, 동부, 마, 녹용 등이 있다.

(10) 관리방법

- 얼굴의 미용상의 문제는경락과 함께 방광 경락도 많은 영향을 준다.
- 삼초경락의 사죽공과 담경락의 동자료와 함께 정명, 찬죽은 얼굴의 주름과 관계가 깊다.
- 수(水)기능에 문제가 있으면 부종의 의한 살이 찌기 쉽다.
- 아침에 자고 일어나면 얼굴이 푸석푸석하고 손발이 부으면 다리가 무겁다.

- 발목이 굵어지고 새끼발가락에 티눈이 생긴다.
- 오행상 수(水)는 냉한 성질이 있으며 항상 뼈마디가 쑤시고 뼛속에 냉기를 느낀다.

(11) 상담방법

수(水) 형의 고객은 약간의 과장된 공포심을 심어주면 설득력이 있다. 예를 들어, 고객이 갖고 있는 문제점 관리하지 않았을 경우에 생기는 부정적인 것을 어필하는 것이 효과적이다.

4. 경락의 정의

한의학의 기본이론중 하나로 인체의 경락 계통의 순행분포, 생리기능, 병리변화 및 경락과 장부의 상호관계 및 임상응용을 연구하는 학설이다.

경락은 경맥과 낙맥을 총칭하며 인체 내 기혈운동의 통로를 의미 경락은 전신에 즉 근육과 내장, 뼈 심지어 손톱 및 머리카락에 까지 뻗어 있지 않은 곳이 없고 이 경락을 통해 기혈이 흐르기 때문에 인체가 살아 움직이는 것이다.

경락은 12정경과 기경 8맥으로 이루어져 있고 지락들이 설로 연결되어 유기적으로 기능을 조절하여 장부와 조직사이에 밀접한 연관성이 있다.

1) 정경맥

정경맥에는 손으로 소통하는 수삼음경(수태음경, 수고음경 수궐음경)과 수삼양경(수양명경, 태양경, 수소양경)이 있으며, 발쪽으로 소통하는 족삼음경(족태음경, 족소음경, 족궐음경)과 족삼양경(족양명경, 족태양경, 족소양경)이 있다.

2) 기경맥

기경맥에는 충맥, 임맥, 독맥, 대맥, 음유맥, 양유맥, 음교맥, 양교맥이 있다.

5. 경락마사지

우리 몸에 흐르고 있는 기의 길이라고 할 수 있는 경락을 자극하여 각각의 경락과 관계를 맺고 있는 장기들이 보다 나은 영향을 주기 위함이다. 특정부위에 근육이 딱딱하게 굳어져 뭉쳐, 혈행의 흐름이 원활하지 못하여 통증 느끼는 부위를 지압과 마사지를 통해 막힌 곳을 뚫어준다는 표현을 쓰게 된다. 한의학에서는 침을 이용하여 경맥과 낙맥의 혈을 뚫어주는 원리가 같다.

1) 경락지압(마사지)의 효과

(1) 기혈(혈액)의 순환을 촉진
(2) 전신 생체조절 기능 향상
(3) 급만성 피로회복 심리적 안정
(4) 무력한 내장 기능 회복 촉진
(5) 근육조직의 이완
(6) 요통 생리통 두통개선
(7) 피부미용효과와 세포기능 활성화로 노화지연
(8) 스트레스 예방 및 치료
(9) 두통 완화 및 불면증 개선
(10) 비만의 완화 및 불면증 개선
(11) 통증과 내분비 호르몬계 이상조절
(12) 골격구조(목, 어깨, 척추, 골반, 다리교정)의 정상화
(13) 경락의 자극으로 생체세포 활성화
(14) 활력증진
(15) 급만성 변비개선
(16) 신체이상 징후 발견
(17) 성장촉진, 구조적 골격 개선
(18) 심인성 질환에 정서적 안정 효과
(19) 자율신경 실조증 개선

2) 경락마사지의 유의사항

(1) 고객 심리를 파악하여 안정된 상태에서 실시한다.
(2) 마사지의 속도는 강약의 조절을 잘 해야 편안하고 시원하다.
(3) 따뜻한 열을 이용하면 더욱 효과적이다.
(4) 식후 1~2시간 후가 적당하다.
(5) 관리사의 손은 비벼서 열을 내어준다. 따뜻해야 오일 도포 시 불쾌하지 않다.
(6) 관리사와 고객이 호흡을 같이 함으로써 기가 소통될 수 있도록 한다.
(7) 아토피, 알러지 피부의 여부와 특히 오일 알러지가 있는지 꼭 확인한다.

6. 경 혈

경혈은 총수는 365개의 주경혈과 새로 발견된 신혈, 기혈을 합쳐서 1,000여개의 경혈이 있으며, 경혈은 단혈에는 임맥과 동맥이 있고, 쌍혈은 12경락이 있다.

1) 경혈의 효능

(1) 기혈(혈액) 순환 촉진
(2) 내분비선의 기능을 조절하고 면역력을 증가 시키다.
(3) 혈액순환을 원활하게 하고 모발의 성장을 촉진시키다.
(4) 자율신경의 밸런스를 조절한다.
(5) 호르몬의 조절을 원활하게 하고 모발의 손상을 개선시킨다.
(6) 신경을 안정시키고 흥분을 억제 시키다.
(7) 성인병을 예방하고 체질을 개선시킨다.
(8) 피부노화를 예방하고 피부에 윤기를 부여한다.
(9) 두피 속의 열을 제거하고 탈모를 예방한다.
(10) 림프 순환을 원활하게 하고 노폐물을 체외로 배출 시킨다.
(12) 인체의 생리 기능을 활성화시켜 자연 치유력의 기능을 증가 시킨다.
(13) 성장 촉진 및 구조적 왜곡 개선으로 신장 증가
(14) 오십견(견비통) 및 개선효과
(15) 척추 기능 향상, 신체 부위 교정 개선효과
(16) 통증과 내분비 이상 조절(요통, 두통, 생리통 등)
(17) 스트레스 예방 및 치유
(18) 급 만성 변비 개선
(19) 심인성 질환에 정서적 안정 효과
(20) 생체 세포 활성화

2) 혈점의 위치와 효능

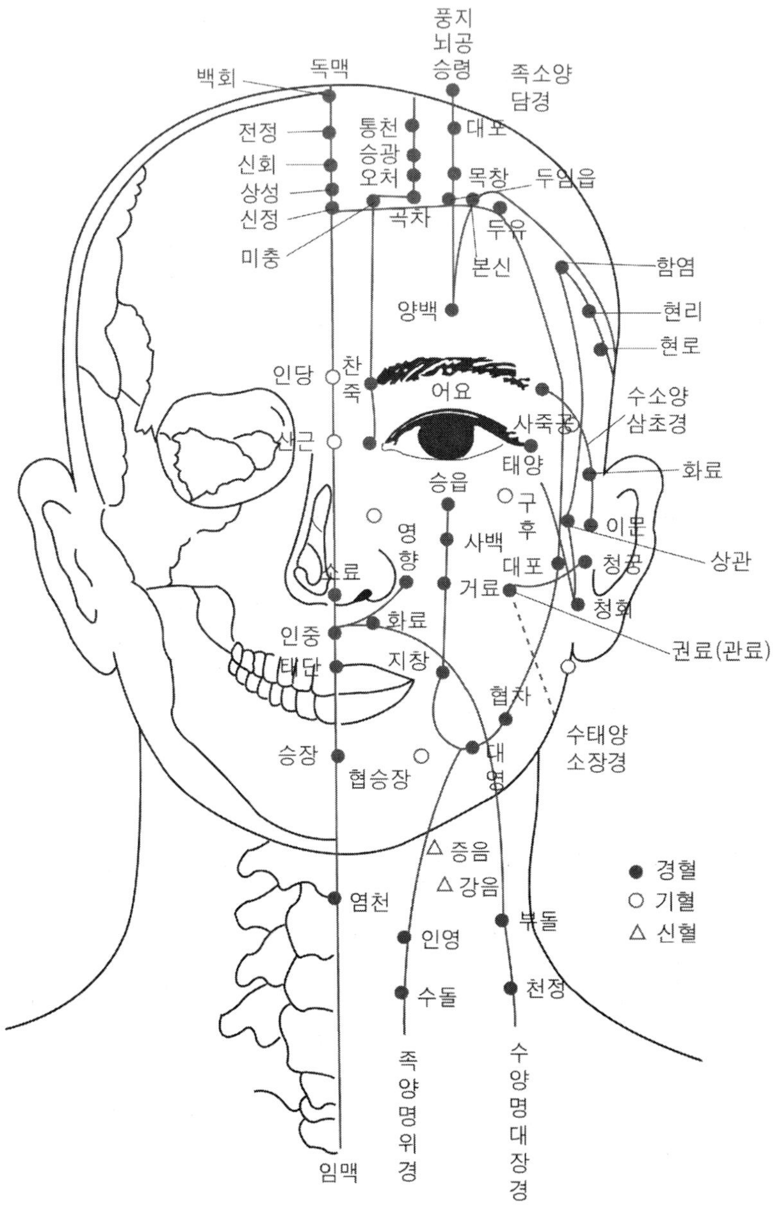

두경부혈위표(전면)

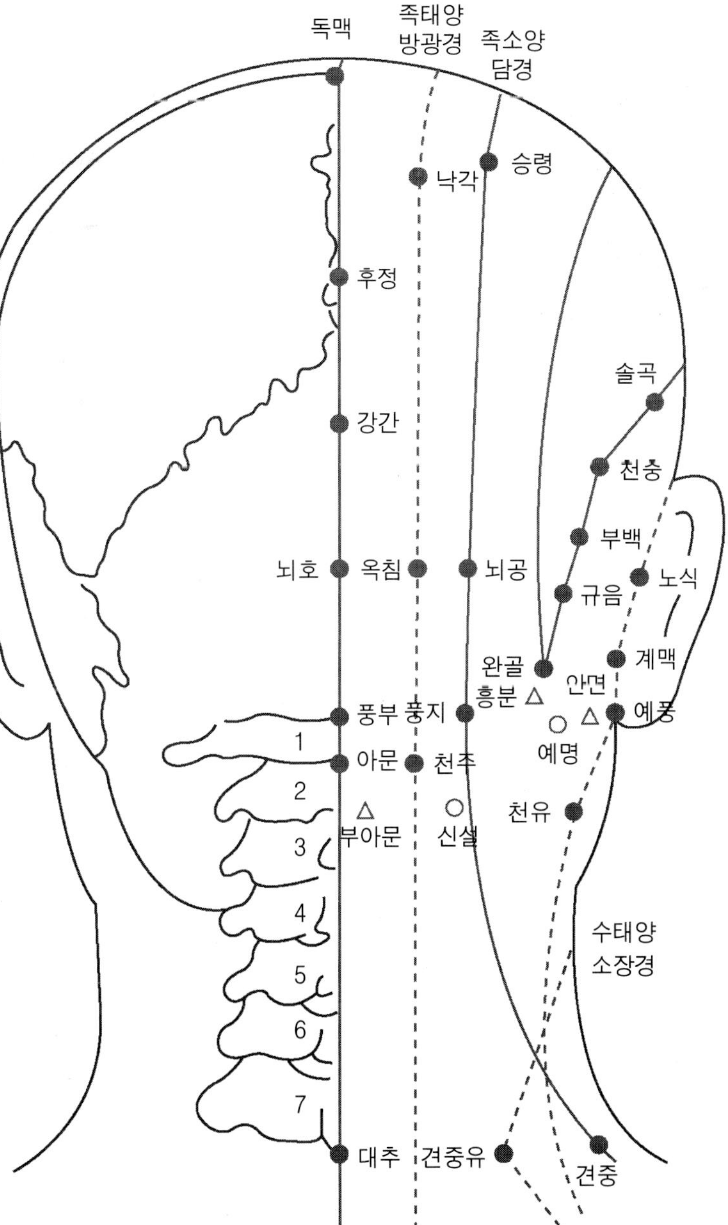
독맥
족태양
방광경
족소양
담경
낙각
승령
후정
강간
솔곡
천충
부백
뇌호
옥침
뇌공
노식
규음
완골
계맥
흉분
안면
풍부
풍지
예풍
예명
1
아문
천주
2
천유
부아문
신설
3
4
수태양
소장경
5
6
7
대추
견중유
견중

두경부혈위표(후면)

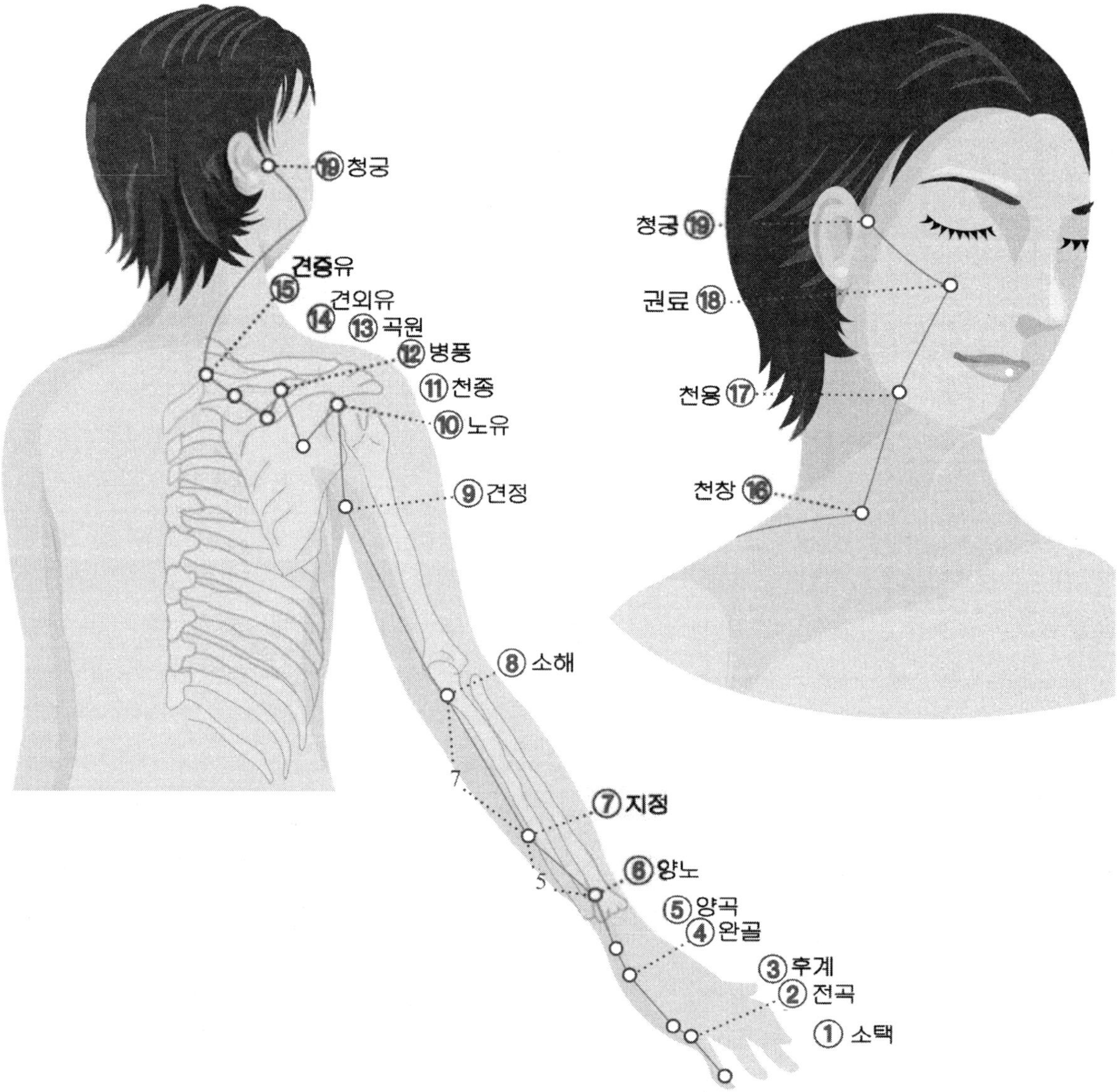
⑲ 청궁
견중유
⑮
⑭ 견외유
⑬ 곡원
⑫ 병풍
⑪ 천종
⑩ 노유
⑨ 견정
⑧ 소해
7
⑦ 지정
⑥ 양노
5
⑤ 양곡
④ 완골
③ 후계
② 전곡
① 소택
청궁 ⑲
권료 ⑱
천용 ⑰
천창 ⑯

후면(등부분) 혈점위치

(1) 백 회

- 위치 : 귀 양쪽을 잇는 선과 콧날이 넘어가는 선이 닫는 곳
- 효능 : 여드름, 불면증, 백모, 탈모, 중풍, 두통 어지럼증, 치질, 코피

(2) 신 정

- 위치 : 이마중앙 머리나기시작한 정중앙 점
- 효능 : 이마주름, 비염, 두통, 어지럼증 간질 불면증

(3) 두 유

- 위치 : 헤어라인이 들어간 곳
- 효능 : 전두부 두통, 뇌출혈, 눈병

(4) 사죽공

- 위치 : 눈썹의 끝으로 움푹 들어간 곳
- 효능 : 편두통, 결막염, 시력저하

(5) 태 양

- 위치 : 눈썹과 눈 꼬리가 삼각형교차점
- 효능 : 편두통, 어지럼증, 노이로제 환자

(6) 정 명

- 위치 : 안쪽 눈 꼬리에 누관이 만져지는 곳
- 효능 : 눈가 주름제거효과, 눈의 피로, 눈물이 흐르는 데, 난시, 근시, 원시, 눈병일체

(7) 찬 죽

- 위치 : 눈썹의 코 있는 쪽의 가시 부
- 효능 : 눈주름, 눈꺼플 쳐짐, 눈의 피로, 구완와사, 두통, 눈물 흐르는데, 눈이 흐릴 때, 재채기

(8) 승 읍

- 위치 : 눈동자 바로 밑
- 효능 : 시신경 마비, 안면마비, 눈병

(9) 영 양

- 위치 : 양옆 콧망울
- 효능 : 코 막힘, 안면신경마비, 눈병

(10) 승 장

- 위치 : 아래 중앙 함몰된 곳
- 효능 : 입가주름, 안면신경마비, 언어장애, 치통 턱이 돌아가지 안을 때, 중풍, 잇몸병

(11) 화 료

- 위치 : 양쪽 콧구멍 아래
- 효능 : 축농증, 코 막힘, 안면마비

(12) 상염천

- 위치 : 턱과 후두결절과의 정중앙
- 효능 : 언어장애, 목 군살제거, 이중턱, 삽상선, 인후염, 기관지 천식, 설염

(13) 거 료

- 효능 : 치통, 노폐물배출, 코피 날 때
- 위치 : 눈동자 아래 코 밑으로 좌우로 잇은 선 만나는 곳

(14) 현 로

- 위치 : 항 염과 현리의 중간지점
- 효능 : 노이로제, 치통, 편두통, 풍치

(15) 노 식

- 위치: 귀 바로 두 근육줄기 위쪽
- 효능 : 불로장수 혈, 호르몬 분비 촉진, 귀울림, 귓병

(16) 이 문

- 위치 : 귀바퀴 끝나는 곳(입을 벌려 움푹 들어간 곳)
- 효능 : 귀울림, 귓병, 삼차 신경통

(17) 천 궁

- 위치 : 귀젖 앞
- 효능 : 귀울림, 벙어리, 중이염

(18) 예 풍

- 위치 : 귀 뒤 함몰지점
- 효능 : 안면신경마비, 귓병, 말문이 막힐 때

(19) 풍 부

- 위치 : 후두골돌기 아래 함몰된 곳
- 효능 : 감기, 두통, 고혈압, 뇌졸중, 풍사

(20) 뇌 호

- 위치 : 풍부와 강간의 중간지점
- 효능 : 목이 뻣뻣할 때, 뇌출혈, 불면증, 간질, 어지럼증

(21) 미 충

- 위치 : 앞이마의 가리마 양옆 1촌
- 효능 : 두통, 코막힘

(22) 곡차

- 위치 : 미충과 두유 중간
- 효능 : 두통, 코막힘, 눈이 캄캄할 때, 전두통, 코피, 비염

(23) 대 추

- 위치 : 제 7경추의 극 돌기 아래
- 효능 : 여드름, 비듬, 감기, 두통, 천식 열병, 간질, 정신병

(24) 아 문

- 위치: 두개골 하연의 정중앙 점, 제1경추 밑
- 효능 : 뇌성마비, 두통, 뇌연화, 중풍, 목쉰데, 벙어리, 정신병, 언어장애

(25) 풍 지

- 위치 : 후두골아래 움푹
- 효능 : 두통, 고혈압, 중풍, 뇌졸증

(26) 천 주

- 위치 : 아문 양문 아래 1.5촌
- 효능 : 부종, 아랫배 군살, 아토피피부염, 후두통, 인후염, 목이 뻣뻣할 때, 히스테리, 코막힘, 축종증, 코피, 시력저하

(27) 풍 문

- 위치 : 제 2흉추 극 돌기 아래 양옆 1.5촌

- 효능 : 기침, 중풍, 발열두통, 감기, 편도선, 긴관지염
- 바람이 드나드는 문으로 풍을 다스리는 혈점(풍지, 풍부, 풍문)

(28) 뇌 공

- 위치 : 풍지의 위로 후두골 돌기선이 닫는 곳
- 효능 : 두충, 뇌신경마비, 목이 뻣뻣할 때

(29) 견 우

- 위치 : 어깨 끝 함몰지역(팔을 들어 오려서 약간 뒤로 움푹 들어간 곳)
- 효능 : 축농증, 견비통, 비염

(30) 견 정

- 위치 : 겨드랑이 줄기 끝나는 곳 위로 1촌
- 효능 : 팔이 안 올라갈때, 견갑통, 귀울림, 두통

(31) 견중수

- 위치 : 제 7경추 좌우 2촌
- 효능 : 견비통, 천식, 목이 뻣뻣할 때(어깨 중심혈)

(32) 합 곡

- 위치 ; 엄지와 검지, 손가락 사이
- 효능 : 탈모, 두통, 여드름, 뾰루지, 치통

(33) 혈 해

- 위치 : 무릎 내측위로 4촌
- 효능 : 혈액순환, 노폐물 배출, 자궁출혈

(34) 족삼리

- 위치 : 무릎 외측 아래 4촌
- 효능 : 생리통, 위궤양, 다리마비, 의욕상실, 소화불량

(35) 태 충

- 위치 : 엄지, 검지 발가락 사이
- 효능 : 흰머리 예방, 탈모, 생리불순, 숙취

(36) 용 천

- 위치 : 족 심부 정 중앙
- 효능 : 두통, 정신불안, 활력증진

3) 두피와 모발에 좋은 혈점

(1) 비듬이 없어주는 혈점

- **백회, 천주, 현로**
- **원인** : 비듬의 주원인은 혈액부족, 수분부족, 스트레스이다. 과도한 스트레스는 두피에 혈액순환을 방해하고 두피를 경직시켜, 늘 피로하게 만들고, 모공을 막아 노폐물을 축적시켜 기의 흐름을 방해하여 건조하게 만든다. 이로 인해 비듬이 생기는 것이다.

  백회, 천주, 현로 혈을 자극하여 혈액순환을 촉진시키고, 스트레스로 인한 두피의 나쁜 열을 제거하는 백회, 천주, 현로 혈을 자극시켜 비듬을 예방한다.

(2) 탈모를 없애는 혈점

- **태충, 합곡, 백회**
- **원인** : 탈모의 주원인은 스트레스와 호르몬의 불균형으로 인한 두피에 영양 부족으로 나타난다. 마음을 안정시키고 전신에 긴장을 출오 호르몬의 밸런스를 원활하게 함으로써 탈모을 예방 할 수 있다.

(3) 흰머리 예방하는 혈점

- **혈해, 신유, 백회**
- **원인** : 흰머리는 신장기능과 깊은 관련이 있다. 신장기능이 부실하면 나이에 상관없이 흰머리가 나게 되는데, 신장 활동을 좋게 하는 신유 혈을 자극시켜, 두피의 혈액 흐름을 향상 시켜 줌으로써 흰머리를 예방 할 수 있다.

  흰머리는 혈액순환이 제대로 이뤄지지 않아 모근에 잇는 색소세포에 영양분을 전달하지 못하게 되며, 노화현상으로 흰머리가 생기기도 하지만 스트레스가 주원인이 된다.

  흰머리는 신장이 좋지 않는 사람한테 나타나며 신유혈과 혈액순환을 좋게 하고 몸속 노폐물을 배출 시켜주는 혈해, 백회혈을 자극시켜 흰머리를 예방할 수 있다.

(4) 머릿결을 윤기 나게 하는 혈점

- **백회, 용천, 신혈**
- **원인** : 한방에서는 모발은 부신하고 관련 있다고 생각한다. 그래서 부신기능을 원활하게 해주는 신혈을 자극시켜 두피의 노폐물을 배출시키고 모발에 영양을 줌으로써 건강하고 윤기 있는 모발을 만들 수 있는 것이다.

모발 손상은 우리 몸의 혈액순환부족과 호르몬의 불균형 등이 원인이며 영양이 잘 전달되지 못하면 모발 성장을 방해한다. 모발을 윤기 나게 하는 백회혈과 혈액순환을 돕는 용천혈 부신기능을 좋게 하는 신혈을 자극해 줌으로써 모발의 손상도 막고 건강하게 해준다.

(5) 두통을 없애는 혈점

- **백회, 태양, 견정**
- **원인** : 두통의 원인은 심리적인 불안정에서 오는 경우와 체질적으로 허약함으로써 만성적으로 두통을 앓는 경우가 잇다.

  두통은 사람의 마음을 힘들게 할 뿐 아니라 기분을 가라앉게 한다.

  두통의 증상은 머리가 쪼개지듯 심한 두통과 한쪽만 욱신거리는 편두통, 목과 어깨 근육이 뭉쳐 생기는 두통, 스트레스로 인한 두통, 감기로 인한 두통, 혈액부족으로 오는 두통 등 다양하다. 주로 머리 주변의 혈관 수축으로 백회혈과 어깨근육을 풀어주는 견정혈, 눈의 피로를 풀어주는 태양혈 자극하면 두통이 완화된다.

(6) 편두통을 없애는 혈점

- **합곡, 태양, 두유**
- **원인** : 편두통은 한쪽이 욱신거리며, 과도한 스트레스로 인하거나 여성에게 잘 나타나는 증상이다. 특별한 이유 없이 두통이 오는 증상으로, 아픈 쪽 반대편 태양혈을 자극시키고 두유, 합곡 혈을 누르면 통증이 사라지는 효과를 볼 수 있다.

(7) 집중력을 높이는 혈점

- **아문, 뇌간, 기해, 태양**
- 뇌의 움직임을 활발하게 하며 집중력을 높여 뇌를 맑게 하고 스트레스와 피로를 풀어 마음을 안정시키는 뇌간, 아문, 기해 혈을 자극 시켜 흐트러진 기의 흐름을 조절하고 자율신경을 안정시키는 혈점이다.

7. 한방재료

한방은 탕액, 침구, 양생, 체조나 마사지 등의 4가지로 분리할 수 있다.

우리에게 필요한 한방 두피관리는 침이나 뜸이 아니라 영양제나 마사지로써 두피의 이상과 문제점을 해결하는 것이다. 오랜 시일이 지나 완성된 장점과 특성을 살린 두피관리 방법으로 현실에 맞게 개조한 것이다.

한방미용재료는 식용할 수 있는 거의 모든 식물성재료와 그 외의 천연재료를 대상으로 하며 한방재료는 각각의 다양한 성분과 뛰어난 효능을 가지고 있다.

한방재료 사용 시 각 재료마나 정확한 효능과 특성을 알고 적재적소에 사용하여야만 최대한의 효과를 볼 수 있다. 과장되거나 잘못 정해진 상식과 정보로 한방재료를 사용한다면 오히려 부작용이 일어난다. 아무리 좋은 재료라 하더라도 임의대로 혼합하여 사용하면 서로 상충상극 작용에 의하여 부작용이 일어날 수 있으며 효과 또한 떨어질 수 있다.

한방재료를 가공하여 사용할 경우 재료가 가지는 부작용을 사전에 제거하고 너무 강한 재료는 무리 없이 가공한다.

1) 한방 미용재료의 종류

(1) 고 삼

다년생 초본으로 두과의 저목, 도둑놈지팡이의 뿌리로 콜크피가 잘 벗겨지고 황갈색이다. 개화기는 6~8월이다. 가을에 뿌리를 채취하여 말린 것을 고삼이라 하고 한방에서는 고미 견위제로 많이 쓰며 이뇨, 해열, 진통, 구충 등에 쓴다.

살균, 살충작용이 강해서 잎을 삶은 물을 무좀이나 땀띠 등 피부병에 바르거나 농약의 살충제로 쓴다.

한방두피관리제품으로 원료로 하수오등 널리 사용되는 한방재료이다.

- **효능** : 피지성 부패 분비물 제거, 해독작용, 살균작용, 여드름
- **성분** : 플라보노이드

(2) 인 삼

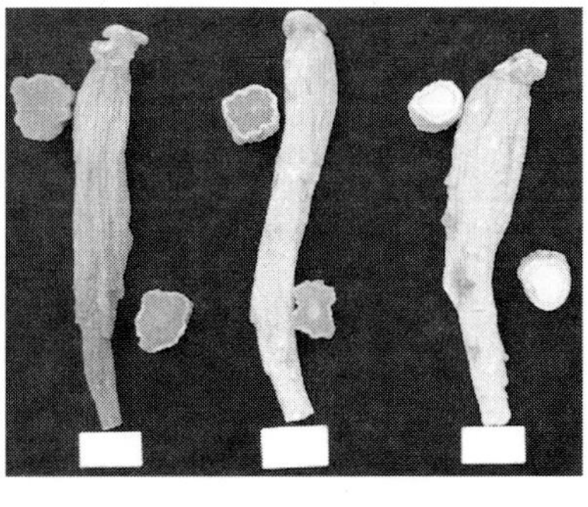

우리나라 고려 인삼의 약효는 예로부터 유명한데 중국 최고의서 '농본초경'에는 인삼은 해가 전혀 없으며 장수할 수 있는 상량으로 수록되어있다. 인삼은 피부에도 탁월한 효과가 있다. 그 중에서도 수분대사와 호르몬분비 조정, 혈액순환 촉진 작용, 피부기능의 활성화에 좋다. 인삼의 사포틴에는 피부 세포부활 작용이 있는데, 피부 제일 바깥

쪽의 각질층을 깨끗하게 해주므로 표면의 조직이 거칠게 된 피부도 좋아진다. 또한 피부세포에 직접 작용하여 고운 피부을 만들어주며 피부흡수촉진 작용이 있다. 최근의 연구에 따르면 사포닌 속에 파나기산이란 성분이 보습제의 작용을 해 피부에 윤기를 준다고 한다. 또 한 가지의 중요한 기능은 혈액순환 촉진 작용에 있는데 혈중에 여분의 콜레스테롤, 그리고 중성지방을 제거시켜 혈액의 속도를 도와주므로 혈액순환 불량의 개선의 효과가 뛰어나다. 따라서 피부 세포에 충분한 영양과 산소를 공급하여 피부가 싱싱하게 회복한다. 활동이 둔해진 피부를 활성화시켜 신진 대사를 활발하게 해주며 보습 효과가 있으므로 피부에 윤기를 유지할 수 있어 까칠하고 지친피부가 산뜻하게 된다.

이외에 자양강장, 피로회복, 항암, 당뇨예방 동맥경화 예방, 간장보호, 노화방지 등 여러 가지가 알려져 있다.

- **효능** : 피부영양공급, 혈액순환촉진, 미백, 노화방지, 보습, 호르몬분비 조정, 피부세포부활
- **성분** : 사포닌, 파나기산, 전분, 자당

(3) 도인(복숭아씨)

낙엽 소교목으로 높이는 6m에 달한다. 개화기는 4월이고, 과숙기는 6~7월인 장미과의 목숭아 종자이다.

한방에서 복숭아는 폐 질환자나 폐 기능이 약한 사람에게는 효과가 좋은 과실이며, 혈액순환을 돕는 명약으로 여성의 피부미용재료도 널리 쓰이고 있다. 진해거담제, 월경불순, 월경통의 첨약제로 쓰이며 행인(살구씨)과 섞어 생강탕과 함께 먹으면 오래된 천식이나 기침에 효과가 있다고 되어 있다. 도인에는 리놀렌산이 다량 함유되어 있어 건성 두피와 건성모에 아주 좋으며 고혈압 예방에도 좋아 혈액순환을 도움을 줘서 탈모예방에도 아주 좋은 한약재이다.

- **효능** : 미백, 소염, 피부재생, 건성두피, 건성모발, 가려움증, 기미, 주근깨
- **성분** : 아미글라딘, 올레인산, 글리세린, 리놀레인산, 당분, 비타민 A, 비타민 C, 펙틴

(4) 해초류

바다에서 나는 해초를 건조 후 선별하여 분말화한 것으로 요오드 화합물의 함량이 많다.

요오드화합물은 갑상선 호르몬인 티록신을 만드는데 필요한 성분이고 티록신은 피부의 혈관이 원활히 활동하도록 도와주고 체온과 수분의 조절 등의 작용을 증진시키는데 중요한 요소이다. 또한 해초는 칼슘, 칼륨, 인, 구리, 망간, 철 증의 무기질이 풍부한 알카리성으로 이루어져 있어 모든 피부에 적용 할 수 있다.

- **효능** : 모발영양공급, 모세혈관 순환촉진, 습윤, 보습작용과 유연효과, 약간의 필링 작용
- **성분** : 알긴산, 만니톨, 카로틴, 비타민 B_2 ,아미노산, 비타민 A, 당분, 섬유질, 요오드, 미네랄

(5) 하수오

가을에는 낙엽이 된 후 봄에는 꽃이 피기 전 체취한다.

맛은 쓰고, 삽(澁), 미온(微溫)무독하다.

- **효능** : 제숙 능보간신, 익정혈 생용 능통편, 해창독

(6) 알로에

알로에란 노희, 또는 나무 노희라고도 하고 아라비아어로 '맛이쓰다'는 뜻으로 붙여진 이름이다. 노회란 Aloe의 '로에' 를 한자로 바꾼 이름이다.

아프리카가 원산지이고, 전 세계에 약 300종이 있으며 알로에 속(Aloe)에 속하는 식물 전체를 가리키거나 그 한 종을 가리킨다. 알로에는 과로로 인한 피로 회복과 과음으로 인한 숙취 해소 등에 효과가 있고 알로에의 잎에 잘라두면 유난히 쓴 황색 물질이 흘러나오는데, 이것은 변비에 특히 효과가 있다. 민간에서는 알로에 잎의 액즙을 위장병에 내복하고 외상이나 화상 등 에도 이용한다. 또한 건성 피부와 지성 피부를 중성화시키고 피부 보습 효과가 있어 화장품 원료로도 쓰인다.

- **효능** : 보습, 피부재생, 진정작용, 살균 및 소염작용, 미백작용
- **성분** : 스테로이드, 아미노산, 사포닌, 항생물질, 상처치유 호르몬, 무기질, 알로에틴, 알로에우르신, 알로미틴

(7) 감 국

족부리풀이라고도 하며 다년생 초본으로 근경에 마디가 없고 길며 수염뿌리가 길다. 특이한 향이 있고 매운 맛이 강하며 조금 달고 쓴맛이 나는데 뿌리부분을 주로 사용한다. 해독작용, 항균작용으로 여드름 피부에 많이 사용하며 구내염과 통증방지 효과가 있다. 한방에서는 빈혈증, 현기증에 약용으로 쓴다.

- **용도** : 여드름, 기미, 주근깨, 항균 및 항염작용, 통증예방
- **성분** : 락톤, 비타민 A, 비타민 B, 사포닌

(8) 감 초

콩과에 속하는 다년생 식물인 감초의 뿌리로서, 홍갈색, 또는 암갈색이고 맛은 달고 독이 없다.

감초는 한약의 조제시에 사용하는 경우가 많은 약물 중의 하나로 '약방의 감초'라는 말이 여기서 유래한 것이다. 감초가루는 소염작용이 뛰어나 상처를 치료하는데 좋으며 항알러지 작용이 있어 알러지 피부 등 특이성 피부에도 사용된다.

소화기 및 위장 기능의 허약으로 인한 갈증, 폐기능 장애로 인한 기침에 구운 감초를 사용한다. 비장의 기능과 기력을 돕고, 종기를 제거하는 등 여러 가지 약성을 골고루 조화시켜 준다.

또한 염증, 화농증, 특히 인후통, 구내염, 유선염, 위장경련완화, 상기도염, 기관지염등 염증성을 경감시킨다.

- **효능** : 해독작용, 세포재생, 두피재생, 모발재생, 소염, 진정, 피부기능 대사촉진
- **성분** : 사포닌, 글리시리진산, 후라보노이드, 콜로이드, 환원당

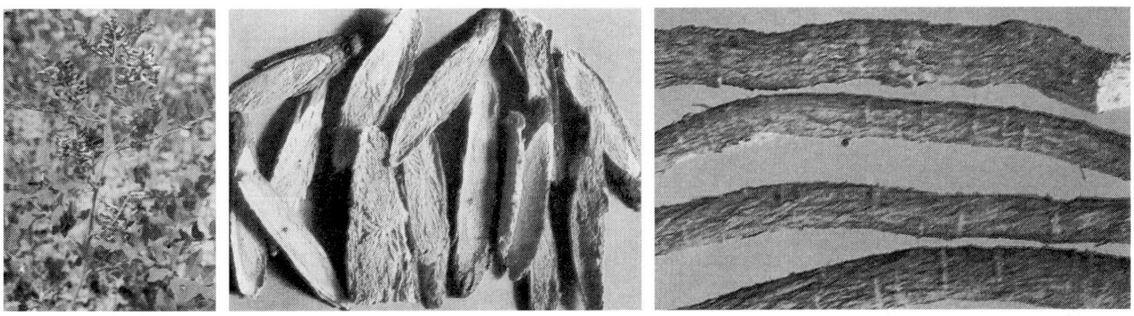

(9) 약쑥(애엽)

약쑥, 뜸쑥, 참쑥 등으로 불리는 국화과의 다년생 초본으로 잎을 따서 말린 것을 애엽이라고 한다. 9~10경에 줄기 끝이나 가지 끝에 총상화서로 관상화만으로 된 작은 꽃이 총총하게 핀다. 봄철에 줄기가 10cm쯤 자랐을 때 채취하여 그늘에 말려 약으로 쓴다. 음력 3월에 채취 한 것이 약효가 가장 높다.

- **효능** : 어떤 타입의 피부라도 쓸 수 있지만 민감성 두피, 지성두피 기미피부, 여드름 피부, 붉은 피부에 아주 좋은 효과를 얻을 수 있다. 피를 맑게하고, 혈압조절, 어혈해소, 지방의 대사를 도와주는 여성의 비만을 해소한다. 세포제생, 진정작용, 소독작용, 살균작용, 지열, 소염, 기미, 향균 작용이 있다.
- **성분** : 비타민 C, 카로틴, 탄닌, 칼슘, 철분

(10) 정 향

정향과 상록교목으로 높이는 10m에 달하고 9월에서 다음해 3월 사이에 채취하는 방향이 강한 늘푸른 나무이다.

- **효능** : 비듬, 염증성두피질환, 피부 긴장완화, 향균작용
- **성분** : 올렌놀산, 유게놀, 살리실산

(11) 박 하

구박하, 인단초, 야식향이라고도 하며 산과 들이나 길가의 습기 있는 풀밭에서 자라는 다년생 초본이다. 식물전체에 향기가 있어 약초로 재배하기도 있다. 줄기는 네모지고 털이 드문드문 있으며 높이는 20~60cm이다. 연한 자주색 꽃이 층층으로 잎겨드랑이에 모여 핀다.

박하는 말초신경의 감각을 자극해 국부 피부나 점막의 혈관을 수축시킨다. 소염이나 진통 작용도 있다. 한방에서 풍열, 두통, 인후종통, 복부고창, 치통, 창개, 피부소양 등을 치료한다. 발산하는 작용이 있으므로 몸이 허약해서 땀이 많이 사람은 많이 사용하지 않은 것이 좋다.

- **효능** : 혈액순환 촉진, 방부 작용
- **성분** : 멘톨, 기타 첨희류화합물

(12) 영 지

불로초, 영지초, 만년버섯, 등의 속명이 있고, 각종 활엽수의 썩은 나무 둥치에 붙어서 기생하는 균핵으로 반월형으로 된 갓만 붙어서 생장한다. 버섯의 일종으로 바탕이 견고하고 오래되어도 변하지 않는다. 예로부터 상서로운 풀로 여기고 인삼의 효능과 비슷하다.

크기는 약 20cm, 두께는 0.5~1cm 정도로 아래 면에는 무수한 구멍이 있는 다공질이다.

이 균핵 덩어리를 영지라고 하고 강장, 진정제, 불면증 치료제, 고혈압, 당뇨병, 저혈압, 동맥경화, 항암제 등으로 써서 성인병 치료제로 각광 받고 있으며 요즘에는 인공재배에 의해 공급된다.

- **효능** : 여드름, 기미, 미백 노화피부, 탈모, 백모
- **성분** : 에르고스테롤, 만니톨, 15종의 아미노산, 4종 펩타이드, 글로코사인

(13) 백복령

소나무를 벌채한 후 5~9년 경과되어 흙 속에 소나무뿌리 기생하는 백색 혹은 회백색의 균덩어리이다. 수분대사를 원활히 하게 도와주고, 기미피부, 노화피부에 좋으며 그 외에 다양하게 사용 할 수 있다. 미백효과도 있으며 혈액순환을 돕는다.

- **효능** : 두피 혈액순환, 노화피부, 수분대사 원활, 피부를 희고 윤기부여, 임신출산, 기미에 효과적
- **성분** : 스테롤, 레시틴, 리파제, 아데닌산, 페치믹산

(14) 내복자

무씨, 노복, 나복자라고도 하며 내복의 종자이다. 1년생 또는 2년생의 지립 초본으로 높이는 1m에 달하고 개화기는 8월이다. 소화촉진과 담을 없애고 소갈과 관절을 치료하며 오장의 악기를 물리치고 폐위와 토혈 및 노수의 기침을 멎게 한다.

- **용도** : 화농성균 억제, 항균, 여드름
- **성분** : 리놀레인산

(15) 활련초

국화과에 딸린 1년생 초본으로 높이는 30~60cm이며, 줄기 끝에 잔 꽃잎으로 된 흰 두상화가 핀다. 개화는 8~9월이고 결실은 9~10월이다.

냄새는 없고 맛은 조금 시고 달다. 세포 결합촉진, 지방의 평형, 지혈작용이 있다.

- **효능** : 모공수축, 피부윤택, 가렵고 건조한 피부, 화농, 피부탄력 강화
- **성분** : 사포닌, 탄닌, 니코틴, 비타민 A

(16) 맥반석

맥반석은 모양이 보리밥처럼 생겼다고 하여 붙여진 이름인데, 옛날 중국에서 발견되어 약효가 좋다하여 약석으로 널리 사용되어 왔고, 그 효능이 구두로 전해 내려오면서 한방약재로 이용되어 왔다.

무수규산(SiO_2, 산화질소(Al_2O_3) 등을 주성분으로 하여 인체 및 생물체에 필요한 산화제이철, 칼슘, 망간, 마그네슘 등 45여종의 무기질 원소를 함유하고 있으며, 이 무기질은 인체 및 생물의 에너지원은 아니나 발육과 생리기능을 조절하여 정상적인 생명력을 유지하게 하고, 식물에는 발육촉진에 꼭 필요한 영양소이다.

약 알카리성 가루로 피부를 청결하게 하고 독소를 제거하는 효과가 뛰어나다. 특히 공모의 피지를 제거하고 묵은 각질을 제거하는 데 효과적이므로 지성 피부와 여드름 피부에 좋다. 느낌은 진흙 팩과 비스하다. 신진대사 및 피부 면역성을 높여서 피부에서 일어나는 중금속 오염, 각종 문제점 등을 개선해 준다.

- **효능** : 흡착력 제거능력 ,미네랄 용출, pH 조절, 용존산소 풍부
- **성분** : 산화규소, 산화알미늄, 산화철, 산화이철, 산화마그네슘, 산화나트륨, 이산화티타늄, 산화칼륨, 산화칼슘

(17) 행인(살구씨)

장미과의 소고목 살구나무의 열매씨를 말한다. 고행인과 감행인의 2종이 있는데 고행인을 피부미용 재료로 사용하는데 유의할 필요가 있다.

- **효능** : 거칠고 건조한 피부에 보습과 영양공급, 잔주름, 기미, 주근깨, 피부에 효과적
- **성분** : 포도당, 과당, 비타민 C, 아미노산

(18) 금은화

다년생 반상록 덩굴성 식물로서 높이는 9m 인동의 꽃이다. 특이한 방향이 있고 맛은 떫고 달다. 인동덩굴은 능박나무라고도 하며 모진 겨울을 이기고 꿋꿋이 자라므로 노옹수, 금고채라는 별명을 가지고 있다. 6~7월 경 개화하는데 처음에는 희게 피었다가 시일이 지남에 따라 누렇게 변한다. 꽃은 채취하여 그늘에서 말려 그대로 쓰며 특히 해열, 해독, 수렴의 효능이 뛰어나다. 감기, 이질, 장염, 임파선종, 각종, 종기증에 좋다.

- **효능** : 살균, 해독, 화농성질환에 특효
- **성분** : 사포닌, 탄닌, 시토스테롤

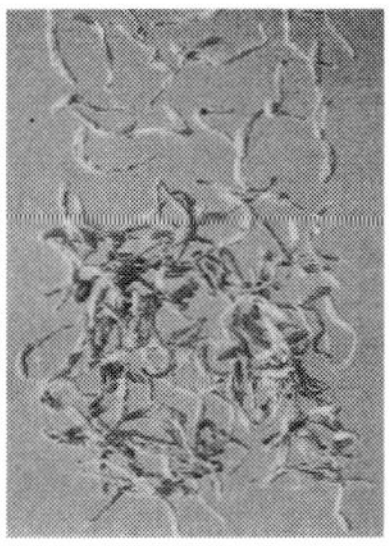

(19) 이의인(율무)

벼과의 1년생 초본, 율무종자의 종피를 제거한 것이다. 율무는 피부를 탄력있게 할 뿐만 아니라 얼굴에 난 잡티를 없애주는 효과가 있으며 미백효과도 있다. 율무가루 1스푼에 우유 1스푼을 잘 섞어서 따끔거리는 부위에 팩을 하면 피부가 진정효과 있고 보습작용이 있다.

- **효능** : 피부의 신진대사촉진, 잡티제거, 기미, 미백, 거친피부, 배농, 피부산화, 환원능력, 영양공급
- **성능** : 쌀이나 보리보다 칼로리가 높으며, 단백질, 비타민 B_1 , 칼슘, 철분, 등을 풍부하게 함유하고 있다. 그중에서도 단백질은 양질의 아미노산으로 구성 되어 있어 다른 고물에 비해 신진대사의 작용이 크다.

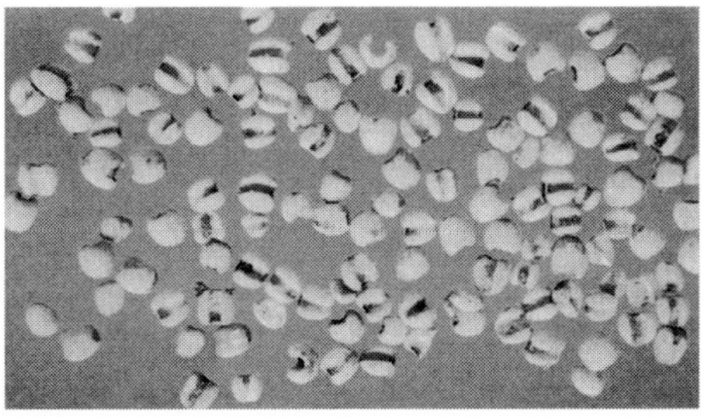

(20) 천 궁

다년생 초본으로 미나리과에 땅속의 덩어리 모양의 줄기뿌리를 사용한다. 중국이 원산지라 전하며 우리나라의 한랭한 산간 지방에서 당귀와 더불어 재배하는 약초로 강한 방향을 풍긴다. 8, 9월경에 가지 끝에 백색의 잔잔한 꽃이 평면으로 무리지어 총총히 핀다.

피를 맑게 하는 작용이 있으며 예민한 피부의 탄력성 강화에 좋다. 한방에서 보혈, 활혈, 정혈제로 부인병에 주로 쓰는 대표적인 약재다. 생리불순, 냉증, 생리통, 산후에 당귀와 같이 쓰인다. 혈액순환을 활발하게 하여 체내의 악혈을 빨리 운반하여 없애고 강한 살균 작용으로 외과질환도 신속히 치유하며 자궁 수축작용으로 출산 후에 피를 멈추게 한다.

- **효능** : 모세혈관 탄력 강화, 피부조직 재생, 미백, 보습, 피부사상균 억제
- **성분** : 세다노닉산

(21) 진 피

귤과에 속하는 동정귤의 성숙과일의 껍질이다. 진피는 오래된 귤피로서 오래 될수록 약 효과 좋고 맛이 맵고 쓰며 향이 강한 약재이다. 귤껍질에는 향기 성분과 쓴맛이 나는 물질이 있어서 위액의 분비를 높이고 입맛을 돋구는 작용을 한다. 또는 기침이 나고 가슴이 답답하고 어지럽고 두근거리는 증세에도 좋다.

비타민 C가 과육보다 4배가량 더 들어 있고 정유가 있는 것이 특징이다.

- **효능** : 화농성여드름, 상처소독, 지방소호효소인 lipase의 활성증가, 항알러지 효과, 자궁근의 수축억제, 진정효과, 모세혈관 투과성억제, 모세혈관강화, 동맥경화, 고혈압예방, 기침, 가래, 가슴 답답함 완화, 소화불량
- **성분** : 비타민 C, 구연산, 히스페리딘, 리모니, 세로토닌, 플라보노이드

(23) 토사자(새삼)

매꽃과의 한해살이 덩굴성 식물로 다른 식물에 기생하여 꽃과 열매를 맺는 특성이 있다. 전체가 황색의 굵은 철사 모양으로 목본식물에 기생하여 번식을 하는데 싹이 나서 기생식물에 이르면 뿌리는 마르고새로 생긴 흡반으로 기생식물의 영양을 흡수해서 성장한다.

새삼의 씨를 토사자라 하고 한방에서는 자양, 강정, 강장제로 음위, 유정 몽설, 요통에 처방배합되어 당뇨증세에도 효과를 본다. 꽃이 핀 전초를 걷어 말린 것을 토사라 하며 청열, 양혈, 해독제로서 토혈, 코피, 하혈, 황달에 쓴다.

- **효능** : 기미, 주근깨, 여드름, 잡티 등을 없애주고 피부를 윤택하게 한다.
- **성분** : 비타민 A, 카오틴, 감마카로틴, 루틴

(24) 카오린

맥반석을 사용할 수 없는 민감성피부, 중증의 건성피부나 아주 약한, 피부에 사용한다. 일종의 고령초로 아주 미세한 입자로 구성된 흙의 일종이다. 원래 중국에서 발견되어 진흙 팩으로 사용되어 왔다. 효능은 맥반석과 유사하나 맥반석 보다는 강도가 좀 약하고 부드럽다.

- **효능** : 크린싱 작용, 필링작용, 머드대용

(25) 황 정

백합과의 다년생 초본으로 죽대뿌리, 산둥글레, 괴불꽃이라고 불린다. 근경이 옆으로 뻗으며, 미후한 육질로 원주형이고 묵은 줄기의 탈혼이 있으며 수염털이 조금 있다. 땅 속의 덩어리 줄기뿌리를 황정이라 하고 자양완하제, 자양강장제로서 이용되고 있으며 그 맛이 달콤하고 특히 오장에 좋은 영양을 주어서, 보중익기제로 병후의 허약자, 류머티스즘, 통풍, 당뇨증에 가미 배합히여 쓴다. 뿌리와 줄기도 강장, 강정약으로 약효를 가진다. 향균작용이 인정되어 결핵에 장복하고, 무좀에 바르면 효과를 본다.

- **효능** : 노화방지, 향균작용
- **성분** : 아스파라긴산, 디아미노

(26) 백강잠

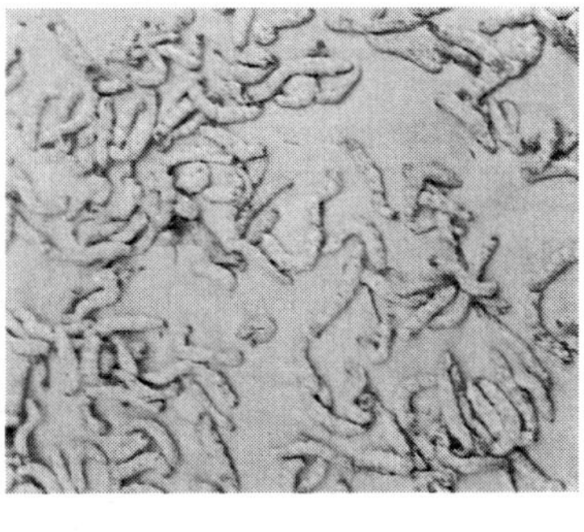

동물성 한약재로 소화관에 백강균이 기생하여 병사한 누에벌레(4cm 이상으로 질이 단단한 것)이다. 단백질과 무기질, 기름 성분이 함유되어 있으며, 옛 부터 기미 등 색소가 검게 변한 것을 희게 하는데 사용됐으며, 미백효과가 뛰어나다. 백강잠은 피부점막과 닮은 단백질 보습구조를 갖고 있으며, 노화방지에도 탁월한 효과가 있다.

풍을 없애는 작용을 하는 데 경맥을 따뜻하게 하고 불필요한 체액이나 경련을 막는데 쓰여 지고 생리를 고르게 한다. 손, 발이 마비되고 안면신경 마비에도 백강잠을 한번에 6g씩 따뜻한 술에 타서 복용하면 뛰어난 효과를 볼 수 있다.

- **효능** : 기미, 미백, 주근깨, 노화
- **성분** : 단백질, 무기질

(27) 백 지

미나리과의 다년생 초본으로 높이는 1~2㎝이고 뿌리는 굵고 곧다. 2~3년생을 6~7월 채집하여 수염과 뿌리를 버리고 깨끗이 씻어서 물이 스며들게 한 후 썬 것을 햇볕에 말려 생것을 약으로 한다.

중추를 흥분시키며, 호흡을 증강 시키고, 혈압을 올라가게 하는 작용이 있다. 양이 많으면 경련이 있고 마지막에는 마미가 나타난다. 독사에게 물려서 발생한 충추신경계통의 억제를 치료하는 작용이 있고 또 항균작용과 관상동맥의 확장작용이 있다. 치통, 두통, 눈주위 상연부 뼈의 동통 등의 통증치료로 강활, 만연자, 천궁고 함께 사용한다. 몸의 종기와 심한 콧병 등에도 쓴다.

- **효능** : 모공수축, 피부윤택, 미백, 가려움, 조이는 증상완화, 안색을 밝게 함, 화농
- **성분** : 안젤리콜, 임페라토린

(28) 삼백초

다년생 초본으로 높이 40~100cm 정도이며, 저습지나 수변에 자란다. 잎, 꽃, 뿌리가 희기 때문에 삼백초라고 한다.

해족, 피부재생, 염증치료, 향균, 작용이 있어 예로부터 피부가 헌데, 염증성, 피부질환, 무좀 등에 널리 사용되어 왔다. 특히 여드름피부에 쓰면 효과적이다. 피부를 상쾌하고 시원하게 하며 모공 축소효과가 있다.

- **효능** : 여드름, 향균, 염증치료, 피부재생, 독소제거
- **성분** : 탄닌, 루틴, 하이퍼린

(29) 게르마늄

게르마늄은 체내에 산소, 공급을 촉진시키고 면역세포인 NK(Natural Killer)세포와 마크로파지, T임파구 등의 기능을 활성화시킨다. 또한 면역기능을 강화시킬 뿐만 아니라 혈관 속의 노폐물을 없애 주고 혈압을 자동으로 조절해 준다. 모세혈관의 혈액순환을 좋게 하여 피부세포의 신진대사를 활발하게 하며, 혈액자체를 정화시켜서 혈관벽에 침착되어 있는 노폐물을 제거하며 피부조직에 결합되어 있는 교원섬유를 활성화시킨다.

피부는 윤기가 있고 싱싱함을 주는 동시에 게르마늄의 이온이 피속의 산성화를 방지하므로 노화방지의 효과가 있다.

적정온도에서 유기성 게르마늄을 피부에 적용하게 되면 피부에 붙어있는 어떤 독성들이 이온화작용으로 인해서 분해 및 산화가 되어 피부를 건강하게 해주어 얼굴에 화장독이 제거된다. 알러지 체질이 개선되고 피부의 생기를 불어 넣어준다.

- **효능** : 여드름, 지성, 뾰루지

(30) 황백(산초과)

두꺼운 코르크층이 발달한 산초과의 낙엽 고목으로 한 · 온대 심산에 자생하며 높이는 10m이다. 황백나무 껍질의 코르크층을 없애고 건조한 것이다. 알칼로이드를 포함하며 위장약 원료로서 사용되며 맛은 매우 쓰고 점액성이다.

- **효능** : 어혈, 피멍, 골절, 황
- **성분** : 버베린, candicine, palmatine

(31) 포공영

민들레를 잎이 달린 체 뿌리를 캐내어 말려서 약으로 쓴다. 한방에서는 꽃이 피기 전에 채취해 약으로 쓰는데, 포공영 또는 지정이라 부른다. 건위, 정혈, 강장, 소염제 등 여러 방면에 쓰인다. 소화불량, 변비 등에 효과가 빠르고 항암효과도 상당하다. 민들레 잎에는 간의 지방 변성을 억제하는 이눌린이라는 성분이 들어 있어 황달 치료에 효과가 높다. 잦은 설사로 피부가 거칠어진 사람은 이것을 먹으면 통변이 부드러워질 뿐만 아니라, 피부미용의 효과도 볼 수 있다. 라놀린 과 콜린은 성인병에 예방 효과가 있다. 라놀린은 피를 맑게 하며, 콜린은 간장에 지방이 쌓이는 것을 막아주고 담즙 분비를 촉진해 간경화 등 간질환을 예방해 준다.

- **효능** : 염증완화, 부종, 셀룰라이트 개선, 노폐물 제거
- **성분** : 리놀산, 이눌린, 콜린, 팔미틴, 유황, 프로 비타민 A, K, Ca, Mg

(32) 조 각

주엄나무의 극자이다. 냄새가 없고 덤덤하다.

- **효능** : 여드름, 베농, 항균, 항진균 작용

(33) 당 귀

미나리와 참당귀의 뿌리로 심산에 자생하는데 꽃이 피기 전에 뿌리를 캐서 덕에 말린다. 맛은 향신하고 성질은 따뜻하다. 당귀의 맛은 맵고 써서 땅의 기운을 얻을 것이다. 당귀는 암당귀(참당귀)와 수당귀(일당귀)로 구분하여 부르기도 한다.

- **효능** : 노화, 잔주름, 매끄러운 피부, 보혈, 모세혈관 탄력강화, 조직재생, 자궁기능조절, 진정, 진통, 이뇨, 비타민 E 결핍증 치료 작용
- **성분** : 비타민B_1, 비타민B_2, 니콘틴산, 아미노산, 다당류

(34) 감송향

다년생 외소초본으로 강렬한 향이 있고 높이는 20~35cm이며 개화기는 8월이다.

- **효능** : 여드름, 미백
- **성분** : 아리스토랜, 나도스타크놀

(35) 흑축(견우자)

1년생 덩굴성 초본으로 높이가 3cm 정도 자란다. 개화기는 6~7월이고 결실기는 7~8월이다. 푸르거나 붉은 나팔꽃 씨앗이다. 암자색 꽃이 피는 것은 씨가 흑갈색이므로 흑축이라 하고, 흰 꽃이 피는 것은 씨가 희어서 백축이라고 한다. 나팔꽃 씨는 10월에 따서 쓰며, 잎과 줄기는 여름에 뜯어서 쓴다. 나팔꽃 씨의 성미는 평하며 백축은 독이 없으나 흑축은 독이 있다. 습열을 제거하고 물기를 내리며 담을 삭힌다.

- **효능** : 기미, 미백
- **성분** : 팔비틴, nilic acid, 갈릭산

(36) 소 맥

1년생 혹은 2년생 재배작물로 밀이다. 씨눈 부분에 비타민 E가 풍부해서 노화 방지에 좋고 리놀레산의 콜레스테롤 을 낮추는 작용과 비타민 E의 항산화 작용으로 동맥경화를 예방해준다. 신경안정 작용이 있어서 여성 신경과민, 불안 증세에 대추, 감초와 함께 달여 먹으면 좋다. 가슴이 두근거리며 불면증에는 감초, 대추, 용골, 생지황, 백합등과 함께 사용한다. 이뇨작용이 있어서 소변이 잘 안 나오고 열이 나며 통증이 있을 때 통초와 함께 달여 먹으면 좋다.

- **효능** : 수분공급, 중화작용, 희석작용, 미약한 미백,
- **성분** : 올레인산, 리놀산, 스테아린산, 아밀라제, 말테아제, 레시틴

(37) 번 서

다년생 덩굴성 초본으로 유즙이 있고 개화기는 7~8월이다. 고구마를 한의학적으로는 외국에서 온 감자라는 뜻으로 '번서(蕃薯)' 라고 한다. 단맛과 평성으로 전분이 많아 영양 식품으로 환영받는데 기운을 돕고 진액을 생성시키는 효능도 있다. 과식하면 소화에 어려움이 있다.

- **효능** : 모세혈관투과성 억제작용
- **성분** : 당질, 비타민 C, 단백질

2) 두피 모발에 유용한 한방팩

(1) 검은 참깨나 배추씨를 날것으로 짜서 기름을 내어 탈모된 부위에 바른다.

(2) 삼잎과 뽕나무 잎을 잘 섞어 참기름에 담근 후 3~4일이 지난 뒤 여기에서 나온 즙을 아침, 저녁으로 탈모된 부위에 바른다.

(3) 머리를 감을 때 삼잎과 뽕나무 잎 한 움큼씩 집어넣어 헹구어 준다.

(4) 뽕나무의 뿌리와 껍질 29g을 1.5홉의 물속에 가라앉혔다가 즙을 내어 윗물은 따라내고 그 즙을 탈모된 부위에 바라 준다.

(5) 뽕나무 뿌리의 속껍질(상백피) 140g을 4홉의 물에 넣어 푹 달인 뒤 하루에 2번 탈모된 부위에 바른다.

(6) 뽕나무 가지 중 연한 것을 골라 잘게 썰어서 말린 뒤, 빻아서 둥근 환약을 만들어 하루에 세 번 50알씩 복용한다.

(7) 검은깨와 흰 국화, 백복령을 각 같은 양으로 가루로 만든 뒤 불에 한 번 졸인 꿀로 개어 환약을 만들어 식후 하루에 3번 50알씩 따뜻한 물에 복용한다.

(8) 오이에는 이뇨작용과 더불어 규소와 유황이 다량 함유되어 있으므로 당근이나 시금치, 상추 등과 함께 즙을 내어 매일 아침 1컵씩 마시면 탈모 예방 및 발모 촉진에 도움이 된다.

(9) 손바닥 크기의 측백나무 잎 2장과 비자육 3개, 호도육 3개를 가루를 내어 탈모된 부위에 골고루 문지르거나 물에 개어 발라 준다.

(10) 밤송이를 검게 태워서 가루로 만든 뒤 이것을 참기름에 개어 탈모된 부위에 골고루 발라 준다.

(11) 달걀노른자 날 것을 미농지에 골고루 편 뒤 그늘에서 말린다. 이 종이를 찢어서 접시 위에 놓은 뒤 그 위에 다른 접시를 덮고는 달걀 말린 종이를 태운다.

탈모된 부위를 알코올로 소독한 뒤 접시 안쪽에 붙어 있는 기름에 그으름 연기를 긁어 탈모된 부위에 바른다. 하루 2~3회씩 며칠 동안 지속하면 모발이 나기 시작한다.

(12) 밥그릇 위에 창호지를 놓고 그 위에 등겨를 쌓은 후 이 위에 숯을 태운다. 숯은 쉽게 꺼지므로 옆에 숯불을 피워 놓고 자주 바꿔 준다. 이런 방법으로 계속하면 등겨의 기름이 창호지에 걸러져 밥그릇 아래로 떨어지게 되며 이 약을 탈모된 부위에 바르면 된다.

(13) 박 줄기를 잘게 자르거나 참외 잎을 짓이겨서 탈모된 부위에 바르게 되면 모발을 보호할 수 있다.

(14) 소주잔에 쓴너삼(고삼)에 붙은 긴가뢰 10개를 넣은 뒤 1주일쯤 지난 다음 이 물을 탈모된 부위에 발라 준다. 이 약물은 매우 독하므로 절대 마셔서는 안 된다.

(15) 검은깨를 쪄서 말리기를 9번 반복한 후 대추를 말려 빻은 가루와 함께 환약을 만들어 먹게 되면 흰머리가 검게 된다.

(16) 검은깨를 볶은 뒤 으깨어 알콜에 넣어두었다가 바르게 되면 모발이 생성된다.

(17) 참깨 잎을 달인 물에 머리를 감게 되면 머리카락의 성장이 촉진된다.

(18) 눈썹이 빠질 때는 생강 조각을 하루 3번 문지르고 생 반하를 가루로 낸 후 이것을 날것으로 짠 검은깨 기름에 섞어 바르면 효과를 볼 수 있다.

생강즙을 내어 10배 정도의 알코올과 섞어 이것을 탈지면에 묻혀 하루에 두세 번 환부에 발라도 좋다.

제7장 아로마 두피 · 모발관리

1. 아로마테라피의 필요성

아로마테라피(aromatherapy) =	아로마(aroma) +	테라피(therapy)
(방향요법, 향기요법)	(향, 향기)	(치료, 관리의 의미)

아로마테라피는 향기 물질을 사용하는 것으로 사람의 후각 또는 피부를 통해 정신적 · 신체적 치유 및 개선을 가져오는 작용을 한다.

아로마테라피는 고대로부터 전해 내려오는 민간요법으로 고대 이집트인들은 그들의 몸과 마음의 질환을 치유하거나 종교 의식을 위해 널리 사용했으며, 고대 인도와 중국에서도 여러 가지 목적으로 아로마테리피를 행하였다.

아로마테리피의 장점은 육체뿐만 아니라 정신 그리고 감성적인 부분까지 다스릴 수 있다는데 있다. 우리가 좋은 꽃향기를 맡으면 기분이 좋아지며 레몬향이나 페퍼민트 향 등을 맡으면 머리가 맑아지고 집중력이 좋아지는 것을 느낄 수 있듯이, 식물에 존재하는 휘발성의 향기 물질은 두뇌와 신체 특정 기관을 자극하여 몸과 마음의 건강을 유지시켜 주는 특성이 있다.

아로마테라피는 인간이 본래 가지고 있는 '자연치유력'을 자극하고 활성화 시켜 질병의 예방 및 개선 효과를 나타낸다. 식물에 존재하는 아로마오일(aroma oil) 또는 에션셜오일(essential oil)이라 하는데 이는 식물체내에서 호르몬과 같은 작용을 하며 생리적 기능을 조절하고 정보를 전달하는 일을 맡고 있다. 그래서 식물의 각종 생화학적 반응을 촉매하고 해충으로부터 자신을 보호하고 성장과 번식에도 중요한 역할을 한다.

아로마테리피는 식물 성분을 사용한다는 점이 한방과 유사하다. 그러나 식물을 그대로 쓰지 않고 특정 부분을 추출하여 얻은 고농축 된 휘발성의 아로마오일을 사용한다는 것이 큰 차이점이다. 한방에서는 대개 약초를 물에 넣고 끓인 후 그 액을 마시는데 비해 아로마테라피에서는 대부분 식물에서 얻은 아로마오일을 피부에 문지르거나 흡입 또는 목욕물에 첨가한다. 즉 마사지, 목욕, 호흡 등을 통하여 체내에 침투시키거나 흡입시켜 생체내 호르몬의 분비를 조절하고 생체 리듬을 정상화하여 미용을 증진시키고 질병의 예방과 치유가 가능하게 한다. 아로마 오일은 각종 순환계 및 호흡계 그리고 신경계 이상 등 증상에 맞도록 적당한 농도로 희석하는 것이 바람직하다.

아로마오일은 탄화수소(hydrocarbon), 알콜(alcohol), 알데히드(aldehyde), 케톤(kerone), 에스테르(ester, 오사이드(oxide)) 등의 비교적 분자량이 작은 간단한 물질들로 이루어져 있어 휘발성이 높을 뿐만 아니라 체내에 침투되는 속도가 매우 빠르기 때문이다.

피부의 모공을 통해 흡수된 아로마오일은 모세혈관에 침투되어 혈액 순환계까지 도달하며, 코를 통해 흡입된 것은 후각신경을 거쳐 대뇌에 영향력을 주는 동시에 폐에서 흡수되어 전신에 영향을 미쳐 신체의 면역성을 높여주고 스트레스 호르몬의 분비를 억제해 주기도 한다.

스트레스 호르몬의 억제는 과다한 스트레스로부터 발생하는 정신적 · 육체적 긴장을 완화하고 신체 기능을 균형 있게 하며, 항상성(homeostasis)능력을 회복시켜 외부에 대한 저항력과 면역성을 강화시켜준다. 즉, 아로마 오일은 신체의 면역기능성을 강화 시켜 준다. 아로마 오일은 신체의 면역기능을 높여주고 각 내부 장기, 분비선, 호르몬의 작용에 영향을 주며, 박테리아나 바이러스, 곰팡이 균에 대한 저항력을 높여 준다. 또한 정신적 긴장을 감소시키고 뭉친 근육을 육을 이완시켜 통증을 완화해 주는 효과가 있기 때문에 큰 질병보다는 생활에서 흔히 겪게 되는 정신적 · 육체적 질환들을 예방하고 치유하는데 도움이 된다. 과도한 스트레스가 누적되면 몸과 마음에 변화를 일으켜서 호르몬의 밸런스가 무너지고 신진대사도 잘 되지 않아 피부의 거칠어지고 수면 장애가 나타난다. 아로마 오일은 사람의 감정이나 정서에 좋은 영향을 주며, 신경계, 내분비계 및 면역계에 영향을 미쳐 항상성을 유지 할 수 있도록 해준다.

현대인들에게 자기 체질에 맞는 아로마 테라피를 적용하여 몸과 마음을 풀어주고 피로를 회복하는데 큰 도움을 주며 질병의 예방과 치유에 뛰어난 효과로 점점 확대되고 있다.

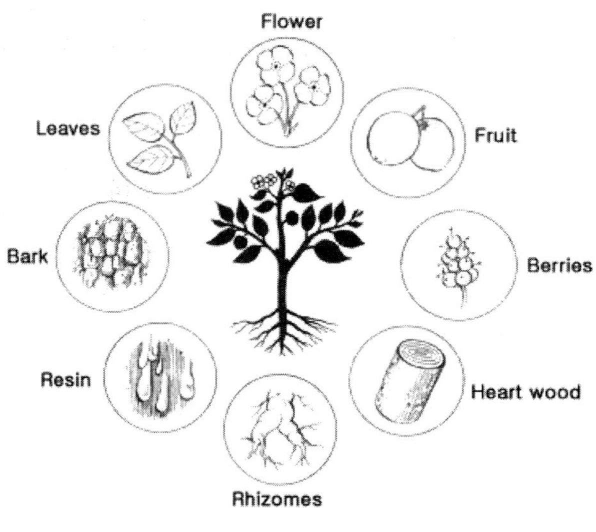

2. 아로마 오일과 캐리어 오일

1) 아로마 에센셜 오일

각종 식물의 꽃, 줄기, 잎, 뿌리, 열매 등에서 추출한 오일이다.

두피의 혈액순환을 촉진시켜 주고 세포의 기능을 활발하게 함으로써 모근의 영양 공급, 노폐물을 배출시켜 모발의 성장을 도우며 윤기 있고 건강한 모발을 만들어 준다.

2) 캐리어 오일(carrier oil) = 베이스 오일(base oil)

에센셜 오일을 피부에 효과적으로 흡수시키기 위한 베이스 오일(base oil)이라고 하며 에센셜 오일을, 피부에 전달하는 매개체 역할을 하고 향을 부드럽게 해 부작용을 없애준다. 피부의 연화, 진정 효과 및 영양을 공급해 준다.

화학적으로 캐리어오일은 트리글리세리드(triglyceride) 구조를 하고 있다. 식물성 오일은 대부분 액체 상태로 불포화 지방산인 올레인산(불포화결합 1개), 리놀산(불포화결합 2개), 리놀렌산(불포화결합 3개) 등으로 이루어져 있다. 따라서 공기에 노출해서 오랫동안 두게 되면 좋지 않은 냄새와 맛으로 변하게 된다. 오일 종류를 보관할 때는 반드시 공기가 통하지 않도록 밀봉하고 빛이 들지 않게 갈색병을 이용하며, 적정한 온도를 유지하기 위해서는 냉장고에 보관하는 것이 좋다.

호호바오일(jojoba oil), 아몬드오일(almond oil), 올리브오일(olive oil), 살구씨오일(apricot kernel oil), 아보카도 오일(avocade oil), 보리지 오일(borage oil), 피마자유(castor oil), 달맞이유(evening primrose oil), 마카다미아 너트 오일(macadamia nut oil), 맥아오일(wheat germ oil)

3) 아로마 오일 사용법

(1) 마사지법

에센셜 오일과 캐리어 오일을 적당량을 덜어 두피에 바르고 마사지를 한다. 신진대사를 원활히 해줌으로써 노폐물을 제거시키고 두피의 산소와 영양을 공급함으로써 새로운 세포를 활성화시켜 모발 성장을 촉진시킨다.

(2) 흡입법

증상에 맞는 아로마 오일을 손수건이나 티슈에 1~2방울을 묻혀 흡입하는 방법으로 심신을 안정시키고 집중력 향상에 도움을 주며 머리를 맑게 해준다.

(3) 확산법

램프나 도자기, 강화유리 그릇에 뜨거운 물을 붓고 오일 1~2방울을 떨어뜨리면 릴렉스 효과와 피로를 풀어주고 불면증에 효과적이다.

(4) 습포법

찬물에 적당량에 아로마 오일 4~5방울을 썩어 물수건을 만들어 통증 부위에 붙이면 통증이 가라앉고 부기가 빠진다.

(5) 족욕법

족욕기나 대야에 더운물을 담아 아로마 오일 3~4방울 떨어뜨린 후 발을 담그면 기분이 상쾌해지고 긴장을 풀어지면서 심신이 안정된다.

(6) 목욕법

욕조에 따뜻한 물을 받고 아로마 오일 8~10방울 정돌 떨어뜨려서 목욕을 하면 전신의 혈액순환을 원활하게 하고, 신진대사를 촉진하여 피로 회복에 탁월하다.

3. 아로마 에센셜오일의 종류와 성분 · 효능

1) 라벤더(Lavender)

- **주성분** : 에스테르계(linalyl acetate 40~50%), 알콜계(linalool, geraniol,borneol, terpineol), 케톤계(camphor)
- **효능 · 효과** : 아로마오일을 대표
  일반적으로 마사지용도로 사용 된다.
  소염작용, 항박테리아 작용
  일광화상, 상처치유 효과적
  진정효과 불면증, 정신적 스트레스, 긴장완화에 좋다.
  불안, 불면, 긴장 해소, 고혈압, 심신안정
  지성모발 샴푸제에 첨가하면 효과적(피지조절기능)
- **향취 · 성상** : 허브와 발삼향취, 무색~노란색 액체
- **추출** : 대부분 꽃을 수증기 증류, 간혹 용매추출 한다.

2) 로즈마리(Rosemary)

- **주성분** : 케톤계(camphor, bomeone), 옥사이드계(cineole), 탄화수소계(pinene), 알콜계(borneol), 에스테르계(bomyl acetate)
- **효능 · 효과** : 세포재생 촉진, 림프배출촉진 작용
  섬유아세표 생성촉진 작용으로 노화피부 효과
  기억력 증진, 두통효과
  혈행촉진 · 항균 · 방부 · 진통 · 염증완화 작용
  성욕강화, 배뇨촉진 작용
  뇌세포 활기부여, 기억력, 집중력 증진 치매예방
  소화촉진, 소화불량, 대장염, 위통 효과적
  피부윤기부여, 탄력유지, 류마티스나 신경통 효과
  비듬, 탈모, 예방 효과(지성 모발인 경우 샴푸에 첨가해 사용)
  저혈압 치유
  젖산배출로 근육통 치유
- **향취 · 성상** : 강하고 시원한 발삼의 우디 향취의 무색~연한 노란색 액체

- **추출 :** 로즈마리 꽃과 잎을 수증기 증류하여 얻는다.
  로즈마리 잎은 꽃이 피기 직전에 딴 것이 좋다.

3) 제라늄(Geranium)

- **주성분 :** 알콜계(citronellol, geraniol, linalool, terpineol), 탄화수소계(limonene, phellandrene, pinene), 케톤계(camphor)
- **효능 · 효과 :** 피부염 치유효과
  수렴、진통효과
  지성피부 전화작용
  상처 지혈효과
  피비생산의 균형조절
  림프계와 순환계 활동 촉진
  스트레스 해소, 호르몬 활동 정상화,
  월경 장애 해소, 노폐물 제거
- **향취 · 성상 :** 달콤하고 환한 민트 장미 향취 투명한 액체
- **추출 :** 제라늄의 잎을 수증기 증류

4) 페퍼민트(Peppermint)

- **주성분 :** 알콜계(menthol: 40~50%), 케톤계(menthone, isomenthone), 페놀계(thymol)
- **효능 · 효과 :** 피로회복, 졸음장지 효과
  항염증, 항박테리아, 여드름 효과
  순환계의 흐름 촉진, 비만 완화
  피부에 활력부여, 호흡기 감기에 효과적
  냉각효과, 통증완화, 발의 피로 회복
  모세혈관 수축작용 피비분비 조절, 여드름 지성피부에 효과적
  지성모발을 정상모발로 회복시킴
- **추출 :** 잎을 수증기 증류

5) 타임(Thyme)

- **주성분 :** 페놀계(thymol),알콜계(carvacrol, bornnneol), 옥사이드계(cineole), 케톤계(menthone), 탄화수소계(pinene)

- **효능 · 효과 :** 강한 방부작용
  소독, 살균작용(세균성장 억제)
  항염증, 배뇨촉진, 성욕강화작용
  두통, 신경성 질환에 좋음
- **향취 · 성상 :** 달콤한 풀 냄새 연한 노란색 액체
- **추출 :** 타임의 잎과 꽃봉오리를 잘라 수증기 증류

6) 카모마일 저먼(Chamilile German)

- **주성분 :** 탄화수소계(chamazulene), 알콜계(bisabolol, spathulenol)
- **효능 · 효과 :** 독성이 적어서 대부분 질환에 적당
  어린이 질병치료에 좋음
  수렴 · 소염 · 살균 · 소독작용
  모세혈관이 파괴된 피부와 건조한 피부에 정상화
  탈취효과, 진정작용, 완화작용, 심신 긴장, 피로 완화
  화끈거리는 피부 효과
  피하출혈, 주사비(붉은 코), 노인성 간반(기미), 치유
- **향취 · 성상 :** 약간의 허브 노트가 있는 달콤한 사과향취로 카모마일 로만에 비해 샤프한 향취, 오일 색상은 짙은 청색
- **추출 :** 카모마일 꽃을 수증기 증류

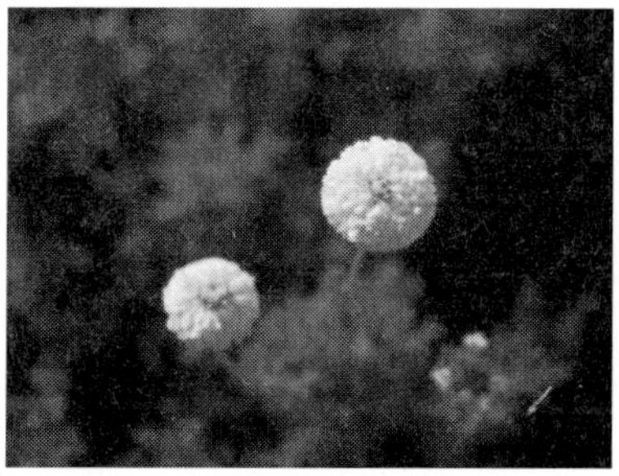

7) 쟈스민(jasmin)

- **주성분 :** 에스테르계(benzyl acetate : 70~80%, linaly acetate: 7.5%), 알콜계(linalool : 15~20%), 케톤계(jasmone), 페놀계(eugenol), 유기산계(phenylacetic acid), 기타(indol)
- **효능 · 효과 :** 호르몬 밸런스 조절
  정서적 안정, 긴장완화, 성욕강화 작용

건성, 지성, 민감성, 피부에 효과적
정신적 스트레스에서 오는 피부질환 효과적
자궁의 강장 작용, 모유 분비 촉진
임신선을 회복시킴

- **향취·성상 :** 우아하고 고급스러운 향취, 적갈색 점성 액체
- **추출 :** 쟈스민 꽃을 용매로 추출 또는 수증기 증류

8) 프랑킨신스(frankincense)

- **주성분 :** 탄화수소계(pinene, limonene, cymene, myrcene, terpinene, thujene, hellandrene)
- **효능·효과 :** 소염·수렴·진통작용
  호흡을 느리게 하여 마음을 가라 앉혀 줌
  세포재생 촉진작용
  정신치료(spiritual healing) 효과적
- **향취·성상 :** 묽고 투명한 무색, 발삼향의 노란색 액체
- **추출 :** 유향을 수증기 증류

9) 미르(Myrrh)

- **주성분 :** 탄화수소계(pinene, limonene, bisabolene), 알데히드계(cinnamaldehyde), 페놀계(eugenol)
- **효능·효과 :** 방부·항염증·항균효과
  피부 주름 방지
  거친피부, 갈라진 피부, 살이 튼 피부 보호
  무기력증 치료, 구내염, 치내염
  구취예방, 피부궤양의 치유에 효과적
- **향취·성상 :** 약간 쓴 향취을 가진 붉은기가 있는 황갈색의 점성 액체
- **추출 :** 몰약을 수증기 증류

10) 일랑일랑(Ylang-Ylang)

- **주성분 :** 에스테르계(linalyl acetate, linalyl benzoate), 알콜(linalol, geraniol), 탄화수소계(carophyllene), 페놀계(euggnol)
- **효능·효과 :** 고혈압을 낮추고, 성욕강화 작용
  피지 밸런스를 조절(건성과 지성피부 가능)
  긴장·분노·불안 상태 완화

피부정화작용 우수
항 스트레스 효과
정신적 긴장 완화,호흡 진정
가슴 뛰는 것을 억제

- **향취·성상 :** 날콤한 플로럴 발삼의 스파이스 향취로 관능의 유혹이 숨겨진 있는 듯한 느낌이다. 걸쭉하며 연한 노란색 혹은 녹색을 띤다.
- **추출 :** 일랑일랑 나무의 꽃을 수증기 증류

11) 샌달우드(Sandalwood)

- **주성분 :** 알콜(santalol : 75~90%), 탄화수소계(pinene, limonene, santalene)
- **효능·효과 :** 이완과 회복작용
  행복감 고취, 성욕강화 작용
  소염작용, 가려움증, 피부염 치료
  살균, 방부, 진정, 수렴 작용
  이국적인 수목향, 진정작용
  신경 완화, 면역계 강화, 마음 안정
  피부 유연, 노화피부, 탈수피부 효과적
- **향취·성상 :** 우디 발삼의 달콤한 나무향취, 노란색, 갈색의 점성 액체
- **추출 :** 심재(나무중심부분)를 수증기 증류

12) 패출리(Patchouli)

- **주성분 :** 알콜계(patchoulol : 52~57%, norpatchoulenol), 탄화수소계(patchoulene)
- **효능·효과 :** 불안과 우울한 감정 조절
  항염증, 충혈완화, 진정작용
  일광화상과 피부염 치료
  심적 고양, 성욕강화
  세포재생 작용, 반흔, 갈라진 피부 치유
  스트레스 해소, 여드름피부, 노화피부
  튼살 관리, 상처 치료 효과
  수렴, 항염증, 독소 제거 작용
  디오도란트(deodorant) 효과
  체취방지, 발한 억제

- **향취 · 성상** : 따뜻한 나무향취의 짙은 노란색, 갈색의 점성 액체
- **추출** : 패츌리의 잎을 수증기 증류

13) 베르가못(Bergamot)

- **주성분** : 에스테르계(linalyl acetatw, 약 40%), 알콜계(linalool), 탄화수소계(limonene, terpinene), 기타(furo-coumarin)
- **효능 · 효과** : 근육이완, 모공수축, 피지제거 효과
  지성 피부의 모공을 깨끗하게 해줌
  스트레스로 인한 지성 피부 증상에 도움
  우울증해소, 긴장완화와 마음의 진정효과
- **향취 · 성상** : 달콤한 과일 향, 오일은 카키 빛의 엷은 황갈색 액체
- **추출** : 베르가못 열매의 껍질을 냉각 압착

14) 유카립투스(Eucalyptus)

- **주성분** : 옥사이드계(cineole : 70~70%), 시네올 주성분(Eucalyptol 또는 eucalyptole로 표기
- **효능 · 효과** : 소염, 살균, 방부, 소취, 효과
  적혈구의 산소운반을 도와 피부호흡 증가
  겨울철 목욕과 마사지에 좋다
  피부에 청량감 부여, 근육통 치유 효과
  여성호르몬(estrogen)과 유사한 식물 호르몬 효과
  맑고 강한 향으로 머리를 맑게 해줌
  집중력 향상, 항바이러스작용(감기, 기침, 천식)
  염증에 탁월한 효과
- **향취 · 성상** : 장뇌와 비슷한 향취(green note)로 무색
  투명하며 약간의 녹색 띤 액체
  맛은 부드러우면서 약간 쓰다.
- **추출** : 유칼리 나무의 잎을 수증기 증류

15) 그레이프프루트(Grapefruit)

- **주성분** : 탄화수소계(limonene: 90%) 알콜계(geraniol), 알데히드계(citronellal), 기타(furo-coumarin)

- **효능 · 효과 :** 살균、소독작용,
  셀룰라이트 분해작용(림프에 작용 비만효과)
  체액 흐름을 촉진(독소 제거)
- **향취 · 성상 :** 레몬과 오렌지가 혼합된 산뜻하고 가벼운 과일 향취로 투명한 액체
- **추출 :** 그레이프프루트(자몽)의 열매 껍질을 냉각 입착

16) 레몬(Lemon)

- **주성분 :** 탄화수소계(limonene : 60~70%) 알데히드계(citral, citronellal), 알콜계(geraniol), 기타(furo-coumarin)
- **효능 · 효과 :** 살균, 미백작용
  기미, 주근깨에 효과적
  피부의 각질 제거, 혈색이 맑아짐
  모세혈관을 튼튼하게 함
  피지억제(수렴)해서 지성 피부에 효과적
  여드름 치유 효과
  부스럼 치유효과
  집중력, 기억력 향상
- **향취 · 성상 :** 신선하고 달콤한 과일 향취 묽고 투명한 액체
- **추출 :** 레몬 껍질을 냉각 압착, 수증기 증류

17) 레몬그라스(Lemongrass)

- **주성분 :** 알데히드계(citral, 70~80%), 알콜계(geraniol)
- **효능 · 효과 :** 모공수축, 피비분비조절
  근육통 완화, 머리를 맑게 해줌
- **향취 · 성상 :** 달콤한 레몬과 유사한 향취 노란색 액체
- **추출 :** 잎을 수증기 증류

18) 오렌지(Orange)

- **주성분 :** 탄화수소계(limonene) 알데히드계(citral,citronellal)
- **효능 · 효과 :** 콜라겐의 생성을 촉진, 노화피부에 좋음
  셀룰라이트를 분해, 비만 치유에 효과적
  림프액의 순환을 촉진, 붓기를 가라앉힌다.

땀의 분비를 증가시켜 피부의 독성을 배출시킴
배뇨를 촉진 노폐물의 제거

- **향취 · 성상 :** 달콤한 과일의 향취로 연한 노란색 또는 황록색 액체
- **추출 :** 열매 껍질을 냉각 압착

19) 티트리(Tea-tree)

- **주성분 :** 탄화수소계(terpinolene, pinene, cymene) 알데히드계(terpineol), 옥사이드계(cineole)
- **효능 · 효과 :** 살균, 소독작용, 여드름 치유효과
  성기, 항문 가려움증 치유
  뾰루지, 비듬치유작용(두피건조방지)
  진통효과로 질병의 통증완화 효과
  우울증 완화, 항바이러스
- **향취 · 성상 :** 따뜻하고 싱싱한 장뇌 향취, 묽고 연한 노란색 액체
- **추출 :** 티트리의 잎을 잘라 수증기 증류

20) 클라이세이지(Clary sage)

- **주성분 :** 에스테르계(linalyl acetate), 알콜계(linalool, sclareol), 탄화수소계(pinene)
- **효능 · 효과 :** 살균, 피부재생 작용
  상처, 거친피부에 효과적
  세포 재생 작용 주름완화효과
  여성 호르몬(estrogen)과 유사한 작용을 보이며
  월경주기를 정상화
  심신안정, 행복감 고취, 성욕강화 작용
  두피의 과다한 피지 조절, 지루성 비듬에 효과적
- **향취 · 성상 :** 오리엔탈노트로 무색, 노란색 묽은 액체
- **추출 :** 꽃봉오리와 꽃잎을 수증기 증류

21) 사이프러스(Cypress)

- **주성분 :** 탄화수소계(pinene, camphene, terpinene), 알콜계(cedrol, sabinol)
- **효능 · 효과 :** 수렴작용

지성피부, 지성모발, 여드름, 비듬에 효과적
위치하젤(witch hazel), 호스 체스트넛(horse chestnut)과 효과와 동일
셀룰라이트 분해작용(비만관리)
발한 억제, 족욕시 좋음
신체 균형의 정상화
정맥류 치유에 효과적
수렴과 혈액촉진
스트레스 해소에 효과적
산후부종 해소, 림프배액 촉진작용

- **향취 · 성상 :** 달콤한 나무 향취를 내는 연초록과 노란 액체
- **추출 :** 사이프러스 나무의 잎을 수증기 증류하여 얻는다.

22) 주니퍼(Juniper)

- **주성분 :** 탄화수소계(pinene, camphene), 알코올계(bomeol, terpineol)
- **효능 · 효과 :** 해독작용(체내 독소 배출)
  지방분해, 수렴작용, 셀룰라이트(비만치료)
  여드름, 피부염, 비만 치유 효과
  각질제거, 지성피부에 좋음
  수목향으로 정신이 맑아짐
  소화기 계통에 유익
- **향취 · 성상 :** 신선한 발삼의 나무향, 무색, 노란색 액체
- **추출 :** 노간주 나무 열매를 수증기 증류하여 얻는다. 주니퍼 베리오일이라 하고, 작은 가지를 증류하여 얻은 오일을 주니퍼 오일이라고 부른다.

23) 마죠람(Marjoram)

- **주성분 :** 옥사이드계(cineole : 49~65%), 탄화수소계(terpinene), 알콜계(terpineol)
- **효능 · 효과 :** 혈액순환, 타박상 치유
  동맥과 모세혈관 확장
  여성 냉증 효과
  고혈압 치유 효과
- **향취 · 성상 :** 허브 향취, 노란색 액체
- **추출 :** 잎과 꽃핀 선단부를 수증기 증류하여 얻는다.

24) 멜리사(Melissa)

- **주성분 :** 알데히드계(citral), 알콜계(citronellol, geraniol), 페놀계(eugenol), 에스테르계(linalyl acetate)
- **효능 · 효과 :** 항염증 · 진정작용
  감정의 밸런스 조절 기능
  쇼크, 히스테린, 광란 억제
  갱년기 증상 호전
  지루성 모발, 탈모 개선 효과
- **향취 · 성상 :** 레몬과 유사한 향취, 연한 노란 액체
- **추출 :** 멜리사의 잎을 수증기 증류하여 추출한다.

24) 네롤리(Neroli)

- **주성분 :** 알콜계(linalool, nerolidol, geraniol, nerol, farnesol), 에스테르계(linalyl acertate), 탄화수소계(pinene, limonene, bisabolene), 기타(ildol)
- **효능 · 효과 :** 불안 · 두근거림, 진땀, 호흡과다 효과적
  스트레스해소, 기미효과, 마음 안정
  꽃향기로 행복감, 편안함을 주어 만성 우울증, 불면증
  스트레스 완화, 피부세포 재생기능, 최음성이 강하다.
  세포부활작용 노화 피부, 튼살에 효과적
  반흔(흉터), 임신선을 예방
- **향취 · 성상 :** 오렌지 꽃 향취, 연노랑액체
- **추출 :** 오렌지 꽃을 수증기 증류 또는 용매 추출하여 얻는다.

25) 신나몬(Cinnamon)

- **주성분 : 껍질 :** 알데히드계(benzaldehyde : 55% 정도), 페놀계(eugenol : 4~10%), 탄화수소계(pinene), 옥사이드계(cineole),
- **잎 :** 페놀계(eugenol : 85~95%), 에스테르계(eugenol acetate), 알데히드계(cinnamal-deyde), 알콜계(linalool)
- **효능 · 효과 :** 부패방지, 살균, 소독작용
  지혈작용, 통경작용
  체온 상승 효과, 수렴작용

체액 흐름 효과, 최음작용
류머티즘 관절염 진정
피부 수렴 효과
무기력증, 고독감
해독, 혈관확장
체액흐름 촉진
사마귀 제거 효과
- **향취·성상 :** 달콤하면서 예리한 사향을 느끼게 하는 향취
연한 노란색, 갈색의 액체
- **추출 :** 껍질, 꽃잎, 잎을 수증기 증류

26) 클로브(Clove)

- **주성분 :** 페놀계(eugenol : 85% 정도), 에스테르계(eugenyl acetate)
- **효능·효과 :** 살균, 소독, 진통작용
피부 자극성이 심함
피부의 창상, 짓무름을 아물게 함
- **향취·성상 :** 강하고 짜릿한 날카로운 향취
무색, 약간 노란색 액체
- **추출 :** 꽃봉오리를 수증기 증류

27) 파인(Pine)

- **주성분 :** 탄화수소계(pinene, camphene), 알콜계(terpineol), 에스테르계(bomyl acetate), 알데히드계(citral)
- **효능·효과 :** 냄새 탈취 효과
감기와 기관지염, 근육통치료
피로 회복에 효과적
수증기나 목욕시 사용
- **향취·성상 :** 신선한 산림의 향취
무색, 연한 노란색 액체
- **추출 :** 솔잎을 수증기 증류한다. 소나무를 제재할 때 생기는 톱밥을 수증기 증류해서 얻기도 하는데, 이것을 파인 오일이라 한다.

28) 로즈(Rose)

- **주성분 :** 알콜계(phenethl alcohol : 80%, citronellol : 105, geraniol : 5%, linalool : 3%), 알데히드계(citral, nonanal), 페놀계(eugenol)
- **효능 · 효과 :** 분노, 우울한 감정 조절, 숙취 해소
  피부재생 효능 뛰어나며 시원한 느낌
  강한 소염성분 피부의 염증, 가려움증 치유
  수렴 · 진정 · 성욕강화 · 배뇨촉진 작용
  심신의 긴장, 피로, 스트레스 완화
  월경장애 해소
  노화피부 · 건성피부 · 민감성 피부 효과
  건조하고 딱딱한 피부에 좋다.
- **향취 · 성상 :** 깊고 달콤한 꽃향으로 무색, 약간 노란색 액체
- **추출 :** 장미꽃을 수증기 증류 혹은 용매 추출하여 얻는다. 이때 물층에는 향기성분이 일부 남게 되는데 이것을 로즈 워터라고 한다.

29) 시더우드(Cedarwood)

- **주성분 :** 탄화수소계(cedrene : 80%), 알콜계(cedrol, cedrenol), 케톤계(atlantone)
- **효능 · 효과 :** 림프 배출, 셀룰라이트 분해
  배뇨촉진, 지성 · 여드름 피부에 효과적
  지성모발 · 비듬에 효과
  방부 · 수렴효과
  수렴, 살균작용
  두피의 지루, 비듬, 탈모증에 좋다
  긴장된 신경 완화
  두피 세포 해독 촉진, 헤어토닉 사용
  탈모예방
- **향취 · 성상 :** 나무향취로 노란색 또는 짙은 황색의 점성액체
- **추출 :** 시더나무의 잎 또는 가지를 수증기 증류하여 얻는다.

4. 효능별 아로마오일

1) 세포 재생

라벤더, 로즈마리, 패출리

2) 탈 모

바질, 시더우드, 제라늄, 라벤더, 멜리사, 로즈마리

3) 지성 두피

멜리사, 로즈마리, 파인, 버거못, 시더우드, 쥬니퍼, 라벤더, 레몬

4) 지루성 두피

시더우드

5) 민감성 두피

네롤리, 페퍼민트, 카모마일저먼

6) 피지분비의 균형

야로우, 일랑일랑, 클라리 세이지

7) 두피 토닉

카모마일, 시더우드, 멜리사, 티트리, 야로우, 일랑일랑

8) 모발 성장

베이로렐, 클라리 세이지, 야로우, 일랑일랑

5. 타입별 아로마 샴푸

1) 정상 모발

클라리 세이지 8방울 + 라벤더 5방울 + 샤이프러스 3방울 + 로즈마리 4방울 + 조조바 오일 30ml + 샴푸 200ml

2) 건성 모발

샌달우드 8방울 + 클라리 세이지 6방울 + 라벤더 3방울 + 제라늄 3방울 + 조조바 오일 30ml + 샴푸 200ml

3) 지성 모발

베르가못 10방울 + 샤이프러스 4방울 + 로즈마리 3방울 + 조조바 오일 30ml +샴푸 200ml

4) 손상 모발

샌달우드 8방울 + 로즈마리 5방울 + 세이지 3방울 + 라벤더 4방울 + 조조바 오일 30ml + 샴푸 200ml

6. 두피 타입별 트리트먼트

1) 정상 두피

라벤더 12방울 + 클라리 세이지 6방울 + 일랑일랑 4방울 + 조조바 오일 30ml

2) 건성 두피

세이지 10방울 + 샌달우드 5방울 + 로즈마리 5방울 + 조조바 오일 30ml

3) 지성 두피

베르가못 8방울 + 티트리 7방울 + 페퍼민트 5방울 + 조조바 오일 30ml

4) 비듬성 두피

티트리 10방울 + 로즈마리 5방울 + 사이프러스 5방울 + 조조바 오일 30ml

5) 민감성 두피

페퍼민트 7방울 + 샌달우드 7방울 + 사이프러스 6방울 + 조조바 오일 30ml

6) 탈모성 두피

라벤더 10방울 + 로즈마리 6방울 + 시더우드 4방울 + 조조바 오일 30ml

7. 모발 타입별 트리트먼트

1) 정상 모발

샌달우드 11방울 + 클라리 세이지 5방울 + 라벤더 4방울 + 조조바 오일 30ml

2) 건성 모발

샌달우드 12방울 + 로즈마리 4방울 + 일랑일랑 4방울 + 조조바 오일 30ml

3) 지성 모발

베르가못 10방울 + 일랑일랑 5방울 + 라벤더 5방울 + 조조바 오일 30ml

4) 손상 모발

로즈마리 10방울+ 라벤더 5방울 + 클라리 세이지 5방울 + 조조바 오일 30ml

5) 탈모 모발

로즈마리 8방울 + 멜리사 7방울 + 시더우드 5방울 + 조조바 오일 30ml

8. 모발 타입별 린스

1) 정상 모발

세이지 10방울 + 페퍼민트 5방울 + 로즈마리 5방울 + 미네랄 워터 100ml

2) 건성 모발

세이지 10방울 + 일랑일랑 5방울 + 티트리 5방울 + 미네랄 워터 100ml

3) 지성 모발

세이지 10방울 + 라벤더 6방울 + 로즈마리 4방울 + 미네랄 워터 100ml

4) 손상 모발

로즈마리 8방울 + 라벤더 6방울 + 사이프러스 3방울 + 일랑일랑 3방울 + 미네랄 워터 100ml

제8장 두피 · 모발관리의 기기 및 제품

1. 두피관리기기

1) 두피진단기

(1) 사용방법

두피는 250배, 모발은 600~800배로 확대하여 관찰이 가능하다.

두피상태 문제부위를 자세하게 측정하여 두피타입과 피지나 각질정도, 모공의 상태를 알 수 있으며 고객이 직접 본인의 두피상태를 모니터를 통해 확인과 스틸 화면, 정지화면을 자세히 분석하고 동시에 화면이 2분할, 4분할되어 부위별 비교분석이 용이하다.

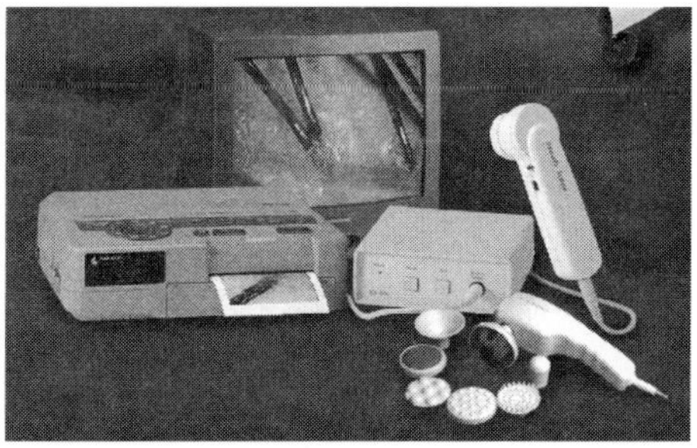

(2) 효 과

고객의 두피 상태난 모발의 상태를 고배율의 렌즈를 통행 자세히 살펴볼 수 있게 하는 기기로서 스코프라고도 한다. 과학적으로 진단하는데 도움이 되며 고객 상담시 시각적으로 고객에게 확인시켜 주는 도구가 된다. 측정 화상을 방문일자별로 진행 상태를 관리함으로 효율적인 관리를 할 수 있으며 고객관리의 좋은 자료로 이용 할 수 있다.

- 두피 · 모발 크리닉에 필요한 분석 및 처방
- 체계적인 고객관리를 위한 챠트를 작성, 저장할 수 있다.
- 측정화상을 방문일자별 진행상태를 관리함으로서 보다 효율적인 데이터 관리를 할 수 있다.
- 측정 시 육안으로 확인 할 수 있어 고객에 대한 신뢰가 형성된다.
- 분석결과에 따라 재품을 안내하므로 샵의 매출을 크게 기여한다.
- 샘플과 비교해 정확한 측정을 할 수 있다.

2) 두피세정기

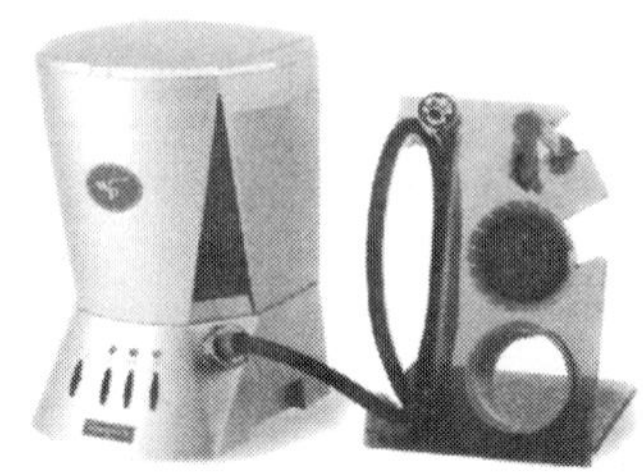

스켈프펀치, 아쿠어펀치 등 다양한 종류의 이름으로 시중에 판매되며 중요한 기능은 높은 수압을 이용하여 모공속에 깊이 박혀 있는 노폐물 및 각질을 제거하여 청결한 상태가 되도록 도와준다. 또한 모근의 호흡작용을 돕고 영양물질이 잘 흡수 될 수 있도록 하며, 수압을 조절할 수 있고, 모발의 길이에 따라 노즐 을 선택 사용 할 수 있다.

(1) 사용방법

① 아쿠아 펀치 본체와 튜브, 노즐 부분이 정확하게 연결되어 있는지 확인한다.

② 전원 플러그가 연결되었는지 확인 한다.

③ 전원플러그 연결 시 본체 스트랜드 램프에 초록색 불이 들어온다.

④ 스톱(stop)/스타트(Start)버튼을 이용하여 물줄기를 확인한 후 고객의 두피와 노즐을 맞닿게 하여 고객으로 하여금 수압의 정도를 체크한다.

⑤ 두피가 예민한 경우에는 라이트(light), 두피에 각질이 많이 쌓인 경우나 비듬성 두피일 경우에는 헤비(heavy)로 조절하여 사용한다.

⑥ 노즐을 두피에 밀착시킨 일회에 걸쳐 전체적으로 모발을 빗질하듯이 빗어 준다.

⑦ 두상을 전두부오 후두부로 나누어 전두부의 경우 2cm 간격으로 슬라이슬ㄹ 떠서 아쿠아 펀치의 노즐을 두피에서 90° 각도를 유지한다.

⑧ 두피와의 거리는 3~5cm 정도의 간격을 유지하여 두피를 위주로 2회 정도 서서히 왕복하여 준다.

⑨ 모발을 가르며 꼼꼼하게 세척한다.

⑩ 관리가 끝난 후 물이 흐르지 않게 타올 드라잉을 한다.

(2) 효 과

- 두피의 각질과 모공의 노폐물을 샴푸로 간단히 제거 할 수 있다. 단 각질이나 비듬이 많은 경우는 두피 전체를 여러 번 관리해야 효과를 볼 수 있다.
- 두피 자극에 따른 기분 좋은 마사지 느낌과 상쾌함을 느낄 수 있다.
- 가려움이나 염증의 원인이 되는 잔류 샴푸를 간단하게 제거할 수 있다.
- 피부염이나 염증의 원인이 되는 펌, 염색의 잔여물을 제거하고 모공을 열어 유효물질의 흡수를 촉진시킨다.
- 지성두피는 물이 온도가 낮은 미온수를 사용하고, 건성두피는 따뜻한 물을 사용하여 피지 분비를 적절하게 조절한다.

(3) 주의사항

- 사용 시 물이 온도를 잘 맞추어 두피가 손상되지 않도록 한다.
- 물의 세기를 적절히 조절하여 두피에 통증이 가지 않도록 한다.
- 고객 얼굴에 물이 튀지 않도록 페이스마스크로 가려준다.
- 두피가 예민한 고객은 관리 후 홍반현상을 일으키므로 강도를 약하게 조절하거나 아쿠아 펀치 관리 후 고주파를 이용하여 진정 시킨다.

3) 소프트 바이오빔

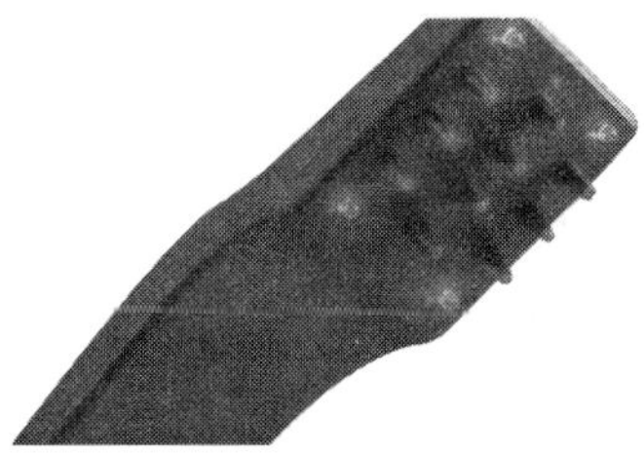

빛에너지의 작용원리를 이용한 것으로 피부조직에 무리하지 않도록 출력을 낮추어, 두피 및 모발의 성장에 적합한 태양광선의 기능을 인위적으로 만들어 낸 기기이다. 때문에 저하된 기능을 지닌 세포에 에너지를 전달하여 둔화된 세포의 기능을 상승시키고 제품의 세포 내 흡수를 도와주는 작용을 한다.

레이저란 유도방출에 의한 광 증폭 장치로써 특이한 성질을 가진 빛을 발생 시켜 여러 분야에서 유익하게 활용되고 있다. 특히 의학 분야에서는 체내의 건강한 세포를 파괴하지 않고 특정 세포를 선택적으로 파괴함으로써 어는 부위나 상처 없이 수술이 가능하며 노쇠한 세포를 정상기능으로 변화시켜 세포의 기능이 활성화되면서 통증치료에 사용되고 있다.

최근에는 이 레이저를 두피에 반복적으로 조사할 경우 두피의 혈류량이 증가되고 모낭세포가 활성화되기 때문에 탈모치료에 긍정적 효과가 있다는 연구결과들이 보고되고 있다.

(1) 사용방법

레이저의 적용부분을 치료부위에 접촉시켜 사용하는 방법이다. 탐침의 압박은 두피상층 모세혈관의 기계적 혈관 수축과 혈류 이동을 가능하게 하고 침투력과 근본적인 흡수력을 증가시킨다.

(2) 효 과

레이저 광은 세포차원의 자극으로 세포 호흡을 증대하고 미토콘드리아의 복제 반응이 증가되며 일차적으로 DNA와 RNA의 자극으로 단백질 형성이 촉진되고 세포구성물의 변화가 와서 생체효소와 호르몬의 조절작용이 이루어진다. 따라서 교원질의 합성이 가속화되고 치유조직의 혈관화가 증대괴고 미세세균의 감소작용이 있으며 통증이 완화된다.

두피의 혈류량 증가로 혈액순환 원활히 해주고 세포대사의 증대와 세포분열 증대로 모낭세포의 활성화, 영양공급 장애 부위는 조직의 영양 상태를 개선시킨다.

(3) 주의사항

- 시술자와 피시술장 보안경 착용
- 월경 중에는 조사하지 말 것
- 간질성 환자, 심장 조혈기 착용자, 이상조직 부위
- 심부전증, 갑상선 장애, 중증의 정맥성 질환자 사용을 금한다.

4) 뷰티콤(고주파기)

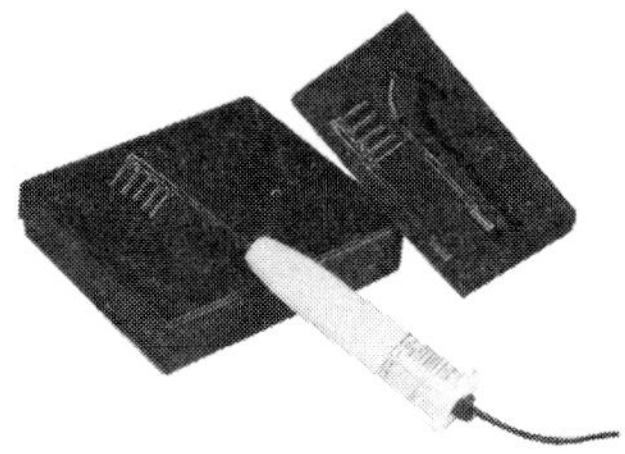

교류의 전류를 이용하여 두피에 기생하고 있는 모낭충이나 세균을 또는 곰팡이균, 바이러스 등을 살균, 소독, 진정하는 효과가 있다. 제품의 경피 흡수율을 상승시켜, 모세혈관 및 두피조직 강화, 혈액순환 개선효과도 있다. 브러시를 형태의 유리관으로 사용이 용이 하며 강도를 조절할 수 있다.

(1) 사용방법

고주파기는 고주파기 교류전류(초당 100,000 사이클~약 25,000사이클)를 사용한다. 미용기용 고주파 전류는 일반적으로 전류에 비해 약하기 때문에 감전의 위험이 없으며, 파동주기가 짧기 때문에 근육 수축을 자극하지 않고 피부를 통과하여 열 효과를 낸다.

관리부위 및 관리방법에 따라 각기 다른 모양의 전극 봉들을 끝에 금속이 연결되어 있는 유리봉으로 되어 있다. 유리봉 내에는 소량의 공기나 네온 수은 등이 들어 있다. 유리관 내에 공기가 들어 있으면 자색을 띠게 되며, 네온이 들어있으면 오렌지색을 나타낸다. 또한 수은이 들어 있으면 푸른 자색이 되어 자외선을 발한다. 전극봉을 홀더에 끼우면 전극봉의 끝에 있는 금속이 본체에 연결된 손잡이 모양의 홀더의 금속 부분과 맞닿아 전류가 흐르게 된다.

이때 전극봉의 유리튜브 내의 공기와 가스가 이온화 되어 전류가 유리관을 통하여 근육으로 흩어져 흐르게 된다.

(2) 효 과

- 두피자극, 각질과 비듬제거
- 살균과 진정작용
- 제품의 흡수를 돕는 역할

5) 선레이(sunray)

(1) 사용방법

카본작용에 의한 광선(원적외선, 가시광선, 자외선)을 이용하여 두피, 모발 재생, 피비분비조절기능을 하는 기기이다.

① 연필같이 생긴 카본심을 헤드에 나사조절을 하여 풀고 10~20cm 정도로 꽂아준다

② 전기 콘센트를 꼽고 on/off 스위치를 on으로 한다.

③ 카본기 헤드의 뒤쪽의 조절 나사를 조절하면서 가까이 붙이면 불꽃을 일으키면서 광선이 나온다.

④ 고객의 두피와 모발에 영양제나 앰플를 충분히 도포하여 광선을 10~20분 정도 충분히 조사해준다.

(2) 효 과

- 두피 및 모발의 세포 재생효과
- 피지분비조절 기능
- 혈액순화 촉진, 세포대사 활성화
- 근적외선 : 온열효과 인한 순환촉진
- 가시광선 : 생물체는 그 색과 같은 파장의 광선을 반사한다. 즉 가시광선에 함유되어있는 빛 중에 자기의 생존에 필요한 것만 흡수하여 에너지화 한다. 따라서 저하된 기능회복에 효과적이며, 세포의 재생과 대사 증진에 빠른 결과가 나타난다.
- 자외선 : 짧은 파장의 자외선과 공기의 산소가 결합하여 오존이 발생되고 특히 자외선은 냉선이므로 온열작용이 없는 피부에 잘 흡수된다. 또한 강한 광학적 작용으로 살균효과 뿐만 아니라 세포의 재생효과와 산소공급 효과까지 제공한다.

6) 적외선기

(1) 사용방법

① 고객의 앉은키에 맞추어서 이동식, 높낮이를 조절한다.

② 전원 플러그가 연결되었는지 확인 한다.

③ on/off 스위치에 on을 해준다.

④ 두피와 모발에 앰플과 영양제를 도포 후 충분히 조사해 준다.

⑤ 타이머를 작동시켜 코스에 맞추어서 10~20분 정도 적외선을 조사해 준다.

(2) 효 과

- 세포를 자극하여 두피대사를 활성화
- 혈액순환을 촉진하여 모모세포에 영양과 산소공급

7) 두피 마사지기

(1) 사용방법

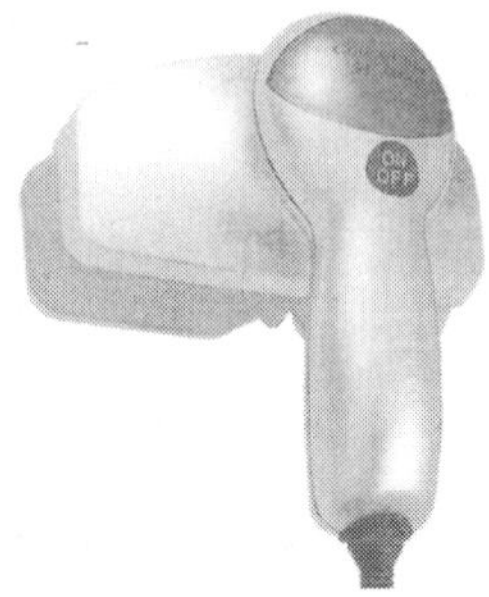

두피 마사지기는 고타진동기로서 손으로 잡고 사용하며 가볍고 휴대가 간편하다. 이것은 손 마사지기의 고타법의 효과와 비슷하며 적외선과 동시에 사용이 가능하다.

헤드는 스폰지나 스파이크 같은 것을 끼워 사용 할 수 있게 되어있고, 강도조절로 탭의 증감을 조절해서 피부조직에 맞게 조심스럽게 관리 할 수 있도록 되어있다.

초당 진동수는 전류량과 관계가 있는데 각 탭은 매 싸이클 마다 50Hz의 주파수로 초당 100번의 탭이 생긴다. 관리시간은 고객의 상태에 따라 5~15분 정도에서 배정한다.

(2) 효 과

- 피부를 자각하여 혈액순환과 기초 대사량 증가로 두피 상태를 개선
- 피지선을 자극, 두피를 윤택하게 함
- 긴장된 근육과 신경을 풀어 기분을 전환시킴

8) 확대경

(1) 사용방법

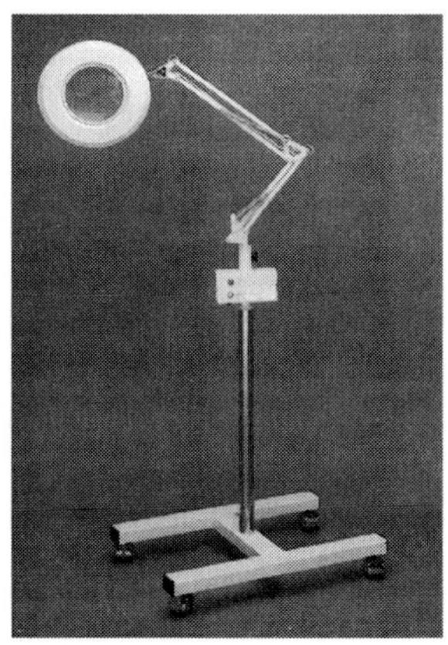

스파튤라(spatula)를 이용해 모발의 섹션을 떠서 각질이나 비듬 및 전체적인 모발 밀도를 관찰한다.

(2) 효 과

두피의 각질이나 비듬 상태, 염증 등 전체적인 두피와 모발이 상태를 확대경을 사용하여 육안으로 확인하는 기기이다.

렌즈의 배율을 20배로 확대되어 보여 지며, 고객의 두피 측정 시 육안으로 식별하기 어려운 부분 등을 관찰 할 때 사용한다.

9) 미스트기(오존기)

(1) 사용방법

① 수중기를 이용하는 기기 이므로 물통에 정수기 물을 담는다.
② 전기 콘센트를 꼽고 on/off스위치를 on으로 한다.
③ 고객의 두피에 영양제나 앰플을 충분히 도포한다.
④ 고객의 두피에 헤어밴드를 하고 미스트기의 모자를 씌운다.

⑤ 코스에 맞추어서 시간조절 버튼을 작동 시킨다.

⑥ 관리시간은 고객의 상태에 따라 5~15분 정도에서 배정한다.

(2) 효 과

수중기보다 작은 3미크론의 미세한 입자인 오존이 모표피를 통과해서 모발 내부에 수분과 영양분을 공급하여 손상된 모발을 관리해 준다. 또한 O_3로 인해 산화를 촉진시켜 중화작용을 돕고 퍼머와 염색 후 남아 있는 알칼리성분과 불쾌한 약품냄새를 제거해준다.

- 비듬제거 및 탈모예방에 탁월한 효과가 있다.
- 알칼리 잔량 99% 제거
- 산소공급, 냄새제거, 살균작용,
- 음이온 발생, 육모 촉진, 탈모방지, 공기정화 작용

10) 헤어스티머기

(1) 사용방법

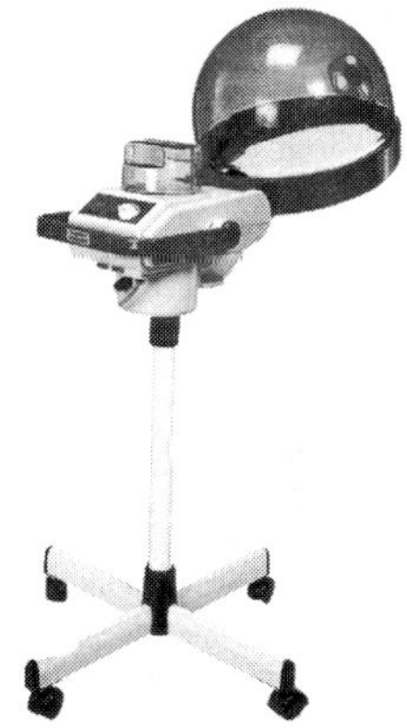

간단한 작동과 쉬운조작, 소정형과 이동식 스탠드 2가지가 모델

① 수중기를 이용하는 기기 이므로 물통에 정수기 물을 담는다.

② 전기 콘센트를 꼽고 on/off 스위치를 on으로 한다.

③ 고객의 두피에 스켈링제를 충분히 도포한다.

④ 고객의 두피에 헤어밴드를 하고 헤어스티머 기구를 머리에 씌운다.

⑤ 코스에 맞추어서 시간조절 버튼을 작동 시킨다.

⑥ 관리시간은 고객의 상태에 따라 5~15분 정도에서 배정한다.

(2) 효 과

따뜻한 스팀을 공급을 통해 모발과 두피에 수분을 공급하고, 두피의 오래된 각질을 쉽게 제거할 수 있도록 연화시켜 모공을 열어 Deep Cleansing 용액이 제대로 작용할 수 있도록 준비시키는 작용을 한다.

- 건성 두피 : 10분
- 비듬성 두피 : 10~15분
- 예민성 두피 : 7~10분

2. 두피모발 관리제품

1) 샴푸(Shampoo)

샴푸(Shampoo)는 힌두어인 **'champpo'**를 어원으로 하고 있으며 **'마사지 한다'**, '매만지다', '주무르다'라는 뜻이 있다. 두피와 모발에 피지, 묻은 먼지, 기름, 땀 등의 더러운 물질을 세제를 이용하여 씻어주기 위한 방법을 **샴푸**라고 한다. 모발이나 두피의 세정을 뜻하는데 고객에게 행하는 최초의 서비스이고 헤어스타일을 만들기 위한 가장 기본적인 행위이다.

(1) 샴푸의 목적

샴푸는 두피와 모발의 세정하여 두피의 비듬과 가려움을 덜어주고 건강하게 유지시키기 위해 사용되는 모발관리용 화장품 중의 하나이다. 샴푸는 단지 더러움만 제거 시키는 세정이 기능뿐만 아니라 사전 사후의 트리트먼트 기법과 병행하여 두피의 혈액순환을 좋게 하고 모근부의 기능 활발하게 하여 생리적 기능을 도와주며, 모발의 발육을 촉진시키는 것이 그 목적이 있다고 하겠다.

(2) 샴푸의 발달과정

과거에는 머리를 감는다는 것이 몸을 씻거나 얼굴을 씻는 것과 같이 더러움을 물로 헹구어 내는데 지나지 않았으므로 약간의 세정작용으로 작은 입자의 먼지나 더러움 정도의 물로 씻어 냈으며, 기름때 등의 정도가 심한 때는 세정이 불가능 하였다.

그 이후 약간의 세정작용을 갖고 있는 짚을 태워, 재로 사용하게 되었다. 그러나 재 역시 알카리 성분이 강해 필요 이상의 유분과 심하게는 모표피 까지 녹여내었기 때문에 모발을 뻣뻣하게 만들었다. 이러한 부작용을 막기 위해 해조류나 식물류의 분말의 사용이 시작되었다. 물에 넣어 끓여서 사용하였는데 세정효과도 있고 모발을 뻣뻣하게 만들지 않았다.

산업혁명 이후 비누가 사용되기 시작했는데 가장 오래된 비누는 B.C. 2500년경 제사 때 동물을 불에 태우는 과정에서 기름이 재에 떨어져 생긴 것을 이용했다는 기록이 있다. 1차 세계대전에 비누의 원료인 동·식물성 기름이 화학적 원료로 이용되어 비누를 만들게 되었다.

(3) 샴푸의 조건

① 세정이 잘 되어야 하며 두발을 부드럽고 윤기 있게 하며 정전기를 방지한다.
② 지나친 세척력은 금지하며 약 산성인 두피의 pH에 변화가 있어서는 안 된다.
③ 두발을 건조시키거나 손상시키지 말아야 한다.
④ 두피의 피지를 심하게 제거하지 않으면서 두발과 두피의 오염물질을 제거해야 한다.
⑤ 풍부하고 안정성 있는 거품과 빗질이 쉬워야 한다.
⑥ 눈이나 피부에 자극이 없어야 한다.

⑦ 장기간 보존해도 변질이 없어야 한다.
⑧ 사용 후 모발의 촉감과 윤기가 우수해야 한다.

(4) 두발 오염 원인

① 피지 성분 : 두피를 지빙성으로 보이게 하고 두발을 거칠어 보이게 한다.
② 땀의 잔여물
③ 먼지
④ 스프레이 잔여물
⑤ 바이러스 혹은 미생물
⑥ 세척이라 함은 두발을 한 겹 둘러싸고 있는 지방 성분과 그 외의 오염 물질을 제거하는 것을 의미하며, 샴푸의 계면 활성제는 지방 성분의 제거 능력을 가지고 있다.

(5) 삼푸의 종류

① 일반 샴푸(normal shampoo)

일반샴푸란 : 가장 저렴하면서 가장 널리 보급된 샴푸이다.

제품의 형태 : 보편적으로 매우 농축되어 있어 희석시켜 사용(8, 10, 15배 희석 사용)

- 세척력이 매우 강하다.
- 언제나 순수액의 상태인 경우가 많으므로 희석 상태에 따라 강도가 변경되며 기본 추출 세정제의 종류에 따라 부드러움이 결정지어 진다.
- 소프트닝제 : 보편적으로 식물성 지방을 사용하여 치료제의 성분은 사용하지 않는다.
- 색소, 향료
- 보편적으로 pH는 중성 : pH 불안정, 희석의 배수에 따라 변화 가능하다.

② 비듬방지용 샴푸(anti-dandruff for shampoo)

각질과 비듬을 제거하고 세균의 증식을 억제하며 피부질환 등에 효과가 있는 샴푸제이다.

- 반 세척력, 부드러움 : 두피의 지나친 건조를 막아 비듬 활동을 억제한다.
- 지방 성분: 두피의 지나친 건조화를 막고 각질의 지나친 생성을 억제한다.
- 트리트먼트 : 건조한 비듬, 지방성 비듬의 치유를 위해 사용한다.
- 비듬 제거 치료 성분, 소독 멸균의 성분 등 : 말라세즈균(malassez spore), 시더크란츠균(cedercrentz microbe)
- 향료, 색소
- pH 산성

③ 탈모방지용 샴푸(anti-hair loss for shampoo)

혈액순환 장애로 인한 탈모와 피지의 과다 분비, 영양 부족으로 인한 탈모를 해결해주는 기능을 가진 샴푸이다.

④ 건성모발용 샴푸(dry hair for shampoo)

건조하고 푸석거리며 윤기가 없는 모발에 모발 세척 과정에서 과다하게 손상될 수 있는 보습 성분들을 보충하여 주는 타입이다. 오일 성분, 천연보습 성분을 함유하여 엉킴을 최소화하고 광택, 감촉을 향상시켜 주는 마일드한 세정 타입이 적용된다.

- 부드러운 세척제를 사용한다.
- 지방 성분, 리신유, 밍크 기름 : 두피의 표피층에 침투하고 두발의 큐티클층에 침투해 부드러움과 윤기를 부여하기 위해 좋은 품질로 흡수 효과가 뛰어난 지방 성분을 많은 양 함유해야 한다.
- 트리트먼트 성분, 레시틴, 비타민
- 색소, 향료
- pH 산성

⑤ 지성모발용 샴푸(oily hair for shampoo)

과도한 피지 분비를 조절해 주고 세균 번식과 염증을 예방하는 세정력이 강한 음이온 계면활성제(1.5~2배)를 이용한 샴푸 타입이다. 헹굼 시 부드러운 느낌을 주는 오일, 폴리머 등의 컨디셔닝 제재들은 최소 함량만 사용하여야 하며, 지성모발용 샴푸를 사용 시 두피의 건조화 현상을 초래할 수 있다.

- 특별히 부드러운 세정제: 두피의 건조를 완벽하게 막아야 한다.
- 세척력이 있어야 하지만 두피의 건조를 유발하면 안 된다.
- 지방 성분
- 피지선에 활동하는 활성제: 피지선의 활동을 적절하게 되돌려 줍니다.
- 향료, 색소
- pH 중성 또는 아주 약한 산성

⑥ 산성 샴푸(acid-balanced shampoo)

펌이나 염색, 탈색 등으로 손상된 모발을 약산성으로 유지시켜 주는 제품으로 자극이 적고 모발과 두피의 단백질을 거의 변형하지 않는 샴푸이다.

⑦ 손상모발용 샴푸(damage-hair for shampoo)

잦은 화학적 처리나 과도한 드라이어 사용 등으로 인해 손상된 모발을 위한 샴푸로 영양성분을 첨가하여 탄력성을 증진시켜 주고 모발의 간층물질을 채워주는 샴푸제이다. 즉 트리트먼트 샴푸라고 하며 두피의 비정상적인 상태나 두발의 극손상 등의 지나친 활동력을 억제하기 위한 샴푸이다.

⑧ 가는 모발용 샴푸

볼륨을 주는 샴푸제로 끈적임이 없고 모발 강화 효과로 볼륨감이 지속된다.

⑨ 민감성용 샴푸(sensitive for shampoo)

아주 부드럽게 세정되며, 특히 피부에 순하게 작용하여 민감한 두피를 진정시키고 이완해 준다. 피부 자체의 방어막을 강화시켜 자기방어를 할 수 있게 피부를 보호한다.

⑩ 염색모발용 샴푸(colored hair for shampoo)

염색한 모발이 산화되는 것을 방지하고 모발의 색상을 오래 유지시키며 모발을 보호해주는 샴푸이다. 칼라전용 샴푸는 염색, 탈색 후에 남아 있는 잔여물을 제거하고 알카리로 되어 늘어나 있는 모발의 알카리 성분을 중화시켜 다시 큐티클을 단단하게 하고 pH 발란스를 조절해 주는 역할을 한다. 염색했을 때 가장 문제가 되는 것이 모발손상 및 퇴색이다.

일반적으로 모발의 퇴색은 화학성분이나 열, 자외선, 대기오염 등에 의한 것인데 염색모발을 위해 고안된 이런 샴푸들은 산화방지 비타민이 들어 있어 자외선으로 인한 변색을 방지하며 충분한 영양과 보습을 제공하여 염색색상을 유지시켜 준다. 샴푸는 모발에 가장 자주 사용하는 화학제품이기 때문에 산 균형이 잡혀 있어야 한다는 것이 특히 중요하다.

모발의 케라틴은 가장 안정된 상태의 pH 4.5~5.5의 약산성으로 결합력이 최대가 된다. 모발은 산에 대해서는 강하나 pH 4 이하의 산성샴푸는 모발의 색을 퇴색시키며 수분을 빼앗아 모발이 부서지고, pH 8 이상인 알카리성 샴푸는 모피의 비늘층을 용해시킨다.

⑪ 펌 전용 샴푸(permanent hair for shampoo)

퍼머 후 컬의 탄력을 유지시켜 주며 퍼머 시 화학처리로 손상된 모발에 영양을 보충해주기 위한 샴푸제이다.

⑫ 베이비용 샴푸(baby for shampoo)

어린이 전용의 샴푸제로서 어린이의 약한 피부와 눈에 자극이 낮은 제품으로 탈지력이 약하고 저자극성의 샴푸제이다.

⑬ 허벌 샴푸(Herbal shampoo)

고급 알코올 세제 사용으로 식물의 엑기스를 첨가하여 두피의 생리적 기능을 조절하면서 소염 · 진염 · 탈취 · 살균 · 단백질 합성과 세정 작용을 한다.

⑭ 샴푸 & 린스 겸용 샴푸

바쁜 현대인의 욕구에 의해 출시된 제품으로 양쪽성 계면활성제를 주 세정제로 사용하는 샴푸에 음 · 양이온성 복합체를 린스제로 배합한 샴푸제이다.

⑮ 딥 크렌징 샴푸(deep cleansing for shampoo)

모발에 남아 있는 화학 성분, 펌이나 염색약 및 트리트먼트제의 유분기, 스타일링제의 잔여분 등을 말끔히 씻어 주는 딥 클렌징 제품을 사용한다. 남아 있는 화학 성분들은 모발을 알카리화해서 단백질 조직을 약화시키며, 유분기는 비듬 등 가려움의 원인이 되므로 딥 클렌징으로 제거해 주는 것이 필요하다.

일명 위크엔드 샴푸라고 해서 일주일간에 쌓인 노폐물을 깨끗하게 닦아내는 역할을 한다.

* 사용방법 : 염색이나 코팅후에는 샴푸할 때 거품이 잘나지 않으므로 샴푸를 두 번에 나누어서 한번 깨끗이 헹구어낸 다음 두 번 샴푸하는 것이 좋다.

- 뜨거운 물로 감지 않고 따뜻한 물로 하는 것이 모발건강에 좋다. 뜨거운 물은 피부를 건조하게 하는 것과 마찬가지로 두피도 건조하게 만든다.
- 샴푸를 직접 두피에 바르지 않고 손으로 비벼 거품을 내서 모발의 중간부분부터 시작해서 끝까지 발라 주어야 한다.
- 샴푸의 세척과정 : 오염 물질이 잘 세척되지 않으나 물과 계면활성제로 표면 활성화되며 지방 성분과 물의 유화로 두발에서 떨어지기 시작 계면활성제가 물과 접촉해 두발에서 제거된다.

⑯ 탈색 후 샴푸(bleach after shampoo)

- 부드러움 : 재염색이 가능하도록 두발의 상태를 적절히 조절하기 위함
- 두피의 pH를 예전으로 돌리기 위함(알칼리 성분이 남게 되므로 본래의 두피 pH로 되돌아오기 위해 48시간이 소요된다.)

⑰ Perm 전 사전 샴푸(Permanent before shampoo)

큐티클의 열림을 위해 알카리성 샴푸를 사용해야 하며, 이는 제품의 침투력을 향상시킨다. 이 샴푸들은 특히 염색, 탈색 등의 테크닉 후에 전문적으로 사용하는 샴푸이다.

⑱ 산화 염색 후의 샴푸

- 부드러움: 두발의 반사 빛을 흐리지 않으면서 색상의 고정된다.
- 파라톨레디아민의 모든 성분 활동제거.
- 두발의 윤기와 부드러움. 탁월한 빗질에 좋다.

(6) 샴푸의 주요성분

일반적으로 샴푸제의 기본 성분은 물, 계면활성제인 인공합성 세제가 중심이 된다. 그 외에 거품제, 정전기 방지제, 엉킴 방지제, 조정제, 방부제, 향료 등을 혼합한다.

① 계면활성제

계면이란 기체와 액체, 액체와 액체, 액체와 고체가 서로 맞닿은 경계면이다. 계면활성제란 이런 계면의 경계를 완화시키는 역할을 한다. 이 때문에 계면이 가지고 있던 표면장력은 약해진다. 하나의 분자 내에 친수성과 친유성을 가진 화학적 구조를 하고 있다. 계면활성제는 조금의 화학구조를 변형시킨 것만으로도 특성이 크게 달라지고 종류도 다양해진다. 대체로 계면활성제는 음이온성, 양이온성, 양쪽성, 비이온성 계면활성제로 분류할 수 있으며, 샴푸에서는 음이온성 계면활성제를 가장 많이 사용한다.

② 점증제(thickener)

샴푸에 적정한 점착성을 주기 위해 첨가하며 제품의 조밀도(density)를 높여서 크림 등이 너무 묽어서 흐르지 않게 하는 작용을 하는 것으로 아카시아검(acacia gum), 트라가칸스검(tragacanth gum), 메틸셀룰로오스(methyl cellulose), 카르복시메틸셀룰로오스(carboxymethyl cellulose) 등이 사용된다.

③ 방부제

샴푸가 미생물에 오염되면 혼탁, 침전, 분리, 변색, 변취 등이 일어나는데 미생물에 의한 변질은 상품의 제형과 수분 함량에 따라 다르다. 방부제로 많이 사용되는 것으로 살리실산, 파라옥시안식향산메칠, 파라옥시안식향산프로필, 아미다졸리딜우레아 등이 있다.

④ 컨디셔닝제(conditioning agent)

샴푸 세정시 두피의 피지 성분을 과도하게 제거시킬 수 있으므로 이것을 방지하고 모발의 표면을 부드럽고 윤기 있게 보호하며 손상을 회복시키는 등의 목적에 사용하는 것으로 동、식물 단백질 등이 포함된다.

⑤ 항비듬제(anti-dandruff agent)

비듬발생의 가장 큰 원인은 각질세포의 이상박리, 피지의 과잉분비, 미생물의 증식이다. 따라서 미생물의 번식을 억제하면 기려움증을 줄일 수 있다. 항비듬제는 비교적 짧은 시간에 두피에 작용하므로 두피와의 친화성이 있는 성분들로 선택하여야 한다. 아연-피리치온(Zn-pyrithion), 피록톤올아민(piroctone olamine), 알란토인(allantoin), 살리실산(salicylic acid), 멘톨(menthol) 등이 사용되며 가장 많이 사용되는 것은 ZPT(zincomadine)로 피부염 치료, 가려움 예방효과가 있다.

⑥ 항산화제(antioxidant)

샴푸를 장시간 진열하거나 소비자가 뚜껑을 계속 열어 놓은 상태로 사용하게 되면 유성 성분이 공기 중의 산소에 의해 산화되어 과산화지질을 형성한다. 과산화지질은 피부에 자극이 되므로, 항산화제를 첨가하여 과산화지질의 형성을 방지한다. 특히 샴푸 용기가 투명한 경우, 자외선을 흡수하여 제품의 색상 및 품질을 변화시키므로 이를 방지하기 위해 항산화제를 첨가하기는 하나 대개 피부에 좋지 않으므로 소량씩 사용한다.

⑦ pH 조절제(pH control agent)

음이온성 계면활성제를 사용할 경우 pH에 의해서 색상, 기포력, 점도 등이 영향을 받으므로 원하는 pH로 조절하여야 한다. 대부분의 원료가 약알칼리이므로 구연산(citric acid)등으로 pH를 맞춘다.

⑧ 금속이온봉쇄제(chelating agent)

비누성분샴푸 등에서 금속비누의 생성에 따라 투명도가 저하되고 경수에서 샴푸할 때 불용성

물질이 모발에 흡착되므로, 이를 방지할 목적으로 금속이온봉쇄제가 쓰인다.

주로 EDTA유도제, 구연산(citric acid), 주석산(tartaric acid), 트리폴리포스페이트(tripoly-phosphate), 헥사메타포스페이트(hexametaphosphate), 디하이드로옥시에칠글리신(dihydro-xyethylglycine) 등이 있다.

⑨ 색 소

색소(color)는 제품의 변질이나 이미지를 높이는 데 중요한 역할을 한다. 천연색소는 일반적으로 불안정하여 보존이 어렵고 가격이 비싸기 때문에, 가격이 싸고 안정된 인공색소가 일반적으로 사용되고 있으며 타르색소가 대표적이다. FDA에서 허용된 색소만 사용하며, 색을 결정할 때는 자외선에 의한 변색, pH에 의한 변색 등을 검토하여야 한다.

⑩ 향

자외선, pH, 일광, 온도, 습도, 산화 등에 의한 영향을 고려하여 선택하여야 한다. 반드시 소비자의 기호를 고려하여 향(fragrance)을 선택하여야 하며 어떠한 향을 첨가하느냐에 따라 제품의 수명에 중요한 결정요인이 된다.

⑪ 세정제

세정제로 사용되는 성분 중 라우린 산과 라우린 알코올 계통은 다른 동물성 유지에 비해 세정력이 좋고 거품이 잘 일어나기 때문에 널리 쓰인다. 이 성분은 야자열매에서 추출한 야자 오일과 성분이 같으며 둘 다 포화지방산으로 이 두 성분이 없이는 샴푸를 만들 수 없다.

암모니아수는 알칼리 성분으로 비누성분을 말하며 유황 성분은 모발을 보호하며 비듬을 예방하는 효과가 있다.

세정제는 지방질의 제거와 세척을 하며, 세정제로 가장 널리 사용되는 계면 활성제인 황화 알코올 지방산은 두발 세척의 주원인이 되어 지방 및 오염물 등을 제거하는 능력이 있으며, 자연식물 생태계에서 추출한 오일이 기본이 된다.

세정제의 질은 바로 위의 기본 추출 오일의 성분에 의해 좌우되며, 오일의 지방 성분이 많고 좋을수록 샴푸는 부드럽고 두발의 건조가 적고 두피의 손상을 줄인다.

예를 들어, 샴푸의 성분이 리신유를 기본으로 할 경우 월계수유를 기본으로 하는 것 보다 더욱 부드럽다. 리신유는 월계수유 보다 지방성이 더욱 강하기 때문이다.

⑫ 조정제

모발의 손질을 쉽게 하고 탄력을 주기 위해 사용하는 것으로 세제의 탈지성을 보충하고 윤택한 모발을 위해 조정제를 첨가한다. 보통 라놀린과 그 유도체, 세틸 알코올, 올레일 알코올 등의 작용이 우수하며, 사용 농도는 거품 형성에 영향을 주지 않는 2% 이하로 제한된다.

⑬ 거품제(foaming agent)

기포 증진과 안정을 목적으로 알카놀아미드와 아민옥사이드를 쓰며 알카놀아미드는 음이온 계면활성제의 기포 형성과 포막의 강도를 현저히 증가시키고, 고급 알코올과 같은 유분은 계면활성제의 미셀내에 들어가 표면 점성을 증강시킨다. 또한 수용성 고분자는 기포 증진 과 함께 기포 표면에 강한 흡착만을 만들어 점증 효과도 더해준다.

(6) 샴푸의 구성 성분

보편적으로 샴푸는 세정제와 코스메틱제 혹은 치료제 등의 혼합으로 이루어진다.

① **세정제**

- 세정 성분
- 코스메틱 제
- 지방성분 : 오일 성분을 기본으로 하며, 세정제의 과다한 피지제거로 인한 건조를 방지하여 두발의 건강을 증진시키도록 구성된다.
- 치료제 성분 : 혹은 두발 건강을 위한 성분을 기본으로 하여, 생화학적인 원료(골수, 프로테인, 황, 비타민 등), 또는 식물적, 동물적인 원료(허브, 밍크기름 등)를 혼합한다.

2) 헤어 린스(Hair rinse)

예전에는 비누의 사용 후 모발에 남은 알칼리 성분과 모발광택을 저해하는 비누 찌꺼기를 제거하기 위하여 레몬즙과 구연산 등의 산성액으로 헹구어 내었다. 그러나 합성세제로 만든 샴푸의 발달로 이러한 문제는 사라졌으나 너무 강한 세정력에 의한 모발의 푸석함을 막기 위하여 자연성분의 식물성유(올리브유 등)를 섞은 물로 헹구어 내었다. 그러나 최근에는 양이온 계면활성제를 사용한 린스의 사용으로 편리하게 모발을 보호할 수 있게 되었다.

린스라는 말은 본래의 의미로 '씻다, 헹구다'의 의미이지만 통상적으로 샴푸 후 사용하는 헤어 컨디셔너의 일종으로서 여러 가지 원인에 의하여 발생하는 모발의 손상을 보완시켜 주며 모발의 광택을 부여하고 빗질을 용이하게 해주며 세척 후 생기는 정전기를 막아주는 역할을 하는 제품을 말한다.

현재 사용하고 있는 샴푸들은 주로 합성세제로 되어 있기 때문에 아주 물에 잘 녹고 모발의 불순물을 완전히 씻어내는 것이 가능하고 알칼리성이 아니기 때문에 예전의 비누처럼 중화시킬 필요가 없게 되었다. 그러나 세정력이 너무 뛰어나기 때문에 모발에 필요한 유성 성분까지 제거하려 모발이 건조해지고 푸석해 보이게 되므로, 이러한 상태가 지속되면 건성 모발이 되어 손상의 원인이 된다. 또 브러싱을 할 때에도 모발정돈이 안되고 부담이 가게 되어 물리적으로 모발 최외각 부분인 큐티클(cuticle)층을 손상시키게 되므로 반드시 린스의 사용이 필요하다.

(1) 헤어 린스의 기능

① 샴푸 후 모발을 부드럽게 하고 촉촉하게 한다.

② 눈이나 두피에 피부에 모발에 자극이 없어야 한다.

③ 모발이 매끄럽고 윤기가 나게 한다.
④ 모표피에 안정성이 좋아야한다.
⑤ 모발을 유연하게 하며 빗질이 잘되게 하여야 한다.
⑥ 모발에 수분이나 유성 성분을 보충하여 광택을 부여하여야 한다.
⑦ 정전기의 발생을 억제, 방지하는 효과가 있어야 한다.
⑧ 모발의 표면을 보호할 수 있어야 한다.
⑨ 모발을 정돈하기 쉽고 스타일링 하기가 쉬워야 한다.

(3) 헤어 린스의 구성성분

① 계면 활성제

모발에 강한 흡착력을 갖고 있는 양이온 계면활성제를 사용한다. 린스가 모발에 부착되면 마찰저항을 2~4배 감소시켜 모발을 보호하며 모발 케라틴과 이온 결합하여 정전기의 발생을 억제한다.

샴푸에서 사용하는 계면활성제는 거의 음이온성이거나 비이온성이었지만, 린스의 계면활성제는 양이온성 계면활성제를 사용하고 있다. 그것은 모발과 정전기적으로 결합하는 성질을 가지고 있어서 다른 계면활성제들보다 강하게 흡착할 수 있기 때문이다. 특히, 음이온을 띄고 있는 모발과 반응하여 젖은 모발에 투과해 들어가 모발 표면에 부드럽고 얇은 피막을 형성함으로써 젖은 상태에서의 빗질의 용이성을 증가시켜 줄 수 있다.

② 보습제

일반적인 보습 효과를 줄 수 있는 성분들이 포함된다. 글리세린이나 프로필렌글라이콜, 에칠렌글라이콜, 솔비톨 등이 주로 사용되고 있다.

③ 컨디셔닝제

샴푸에 의하여 과도하게 제거된 유분을 보충하여 주며, 모발의 추가적인 손상이나 정전기를 방지시켜 줄 수 있는 성분들을 말하며, 일반적으로 모발에 부착능력이 좋으며, 물로 씻어도 잘 씻겨 내려가지 않는 천연 오일류나 합성 오일들이 사용된다. 이러한 오일류는 영양 공급이나 소류인 미네랄 오일, 스쿠알란, 바셀린 알코올류인 올레일알코올, 세탄올, 에스테르류인 이소프로필미리스테이트 등과 글리세린류의 오일들, 천연으로 라놀린 오일과 레시틴을 들 수 있다. 또한, 최근 여러 가지 합성 오일 중 실리콘 오일류가 많이 사용되기 시작하였는데 다른 오일보다 가벼운 사용감과 모발에의 밀착감이 뛰어난 컨디셔닝 효과가 있어서 장점이 많다.

④ 고분자 물질

제형을 잡아주고 역시 모발에 부착하여 부수적인 컨디셔닝 효과를 줄 수 있는 성분이다. 정발의 효과를 나타내는 성분들이 많으며, 점증 효과와 제형 안정화를 위하여 필수적으로 들어가는 성분들로, 천연 성분들부터 합성한 고분자까지 다양하게 나와 있다. 또한, 이러한 고분자 물질들이 모발에 남아 있으면서 수분을 함유하고 있기 때문에 보습효과까지도 나타낼 수 있다. 대표적인 성분들은 천연 물질로서 아라비아검, 젤라틴 등이 있고, 합성 물질로 카르복시메칠셀룰로오즈, 하이드록시프로필스타치, 양이온성 셀룰로오즈, 폴리비닐알코올 및 그 유도체 들을 들 수 있다

⑤ 기 타

샴푸에서와 마찬가지로 기타의 성분들은 거의 비슷하다. 금속이온봉쇄제인 EDTA나 향, 살균효과를 줄 수 있는 성분들이나 비듬 방지 성분 그리고, 모발에 영양을 줄 수 있는 비타민류, 식물 추출물 등이 포함되며, 청량감을 줄 수 있도록 알코올이나 멘톨이 사용되고 있다.

이러한 보조 성분들은 성장이나 안정도 등에 영향을 줄 수 있기 때문에 그 사용량이나 혼합 사용에 있어서 주의를 요한다.

(4) 린스의 종류

① 산성(산 균형)린스

펌, 염색 등의 시술 후에 모발에 남아있는 알칼리의 성분을 중화시켜 주는 제품으로 성분에 따라 레몬 린스, 구연산 린스 등이 있다. 산 균형 린스제는 표백작용이 있으므로 장시간 사용을 피한다.

② 비듬 제거용 린스

린스제에 비듬제거 효과가 있는 약제를 배합한 제품으로 노화각질과 산화분해물, 세균의 번식, 두피의 건조 등에 의해서 생기는 비듬을 제거하는 각질 용해제, 피지 분비물을 억제하는 비타민류, 살균제 성분이나 습윤제 등이 배합되어 있다. 비듬제거 샴푸제와 같이 사용하면 더욱 효과적이다.

③ 컨디셔닝 린스

양이온성 계면활성제가 주 성분으로써 대전방지 효과와 유 · 수분을 보충하여 영양을 공급해 주는 린스제이다. 컨디셔닝제로 사용되는 유성성분으로는 고급 알코올, 스쿠알렌, 라놀린 등이 있다.

④ 자외선 차단 린스

자외선으로 인한 모발의 탈색이나 변성을 방지하는 제품이다.

⑤ 컬러 픽스 린스

염색 후 모발에 이중막을 형성하여 색소의 산화를 막아 퇴색을 방지하는 제품이다.

3) 헤어 트리트먼트(Hair treatment) 개요

윤기 있고 부드러운 모발은 한 두 번의 트리트먼트로 이루어지는 것이 아니므로 지속적인 관

리가 필요하다.

트리트먼트나 컨티셔너는 pH 2.5~3(산성)으로 샴푸로 인해 열려 있는 큐티클을 닫아 단단하게 유지하며 표면에 보호막을 형성해 준다. 염색으로 손실된 아미노산 단백질을 큐티클 안쪽에 침투시켜서 모발 내부에까지 영양을 주어 건조해진 모발에 윤기와 부드러움을 준다. 손님들이 염색한 다음 모발손상으로 인해 염색하기를 꺼려한다. 그러나 이렇게 트리트먼트만 잘 해준다면 모발 손상을 걱정하지 않아도 좋을 만큼 좋은 제품들이 많이 있다.

트리트먼트 제품의 산성이온은 손상된 모발의 알카리 이온과 결합해서 적정한 산도를 유지한게 된다. 스타일링제는 알카리성 제품의 화학성분 보다는 천연식물 성분이 배합된 것을 선택하는 것이 좋다. 이런 제품들은 사용 후에 항상 깨끗이 다 헹구어내는 것이 중요하며 그렇지 않을 경우 탈모와 비듬의 원인이 된다.

(1) 트리트먼트의 정의

'치료, 처치'라는 의미를 담고 있는 트리트먼트는 두피, 모발에 유·수분을 보급하여 두피나 모발을 건강한 상태로 유지하고 손상된 모발의 진행을 방지하며 외부의 손상 요인으로부터 보호하는 역할을 한다. 헤어 트리트먼트는 모발의 내부층까지 깊숙이 침투해 손상되거나 약해진 부분을 보강해줌으로서 단순히 모발 표면에 보호막만을 형성해주는 린스보다는 근본적인 작용을 하게 한다.

일반적으로 모발이 손상을 받게 되는 원인을 크게 3가지 정도로 볼 수 있는데, 화학적인 원인에 의한 손상, 물리적인 원인에 의한 손상, 환경적인 원인에 의한 손상을 들 수 있다.

이와 같이 손상으로 생기는 모발의 변화는 일시적인 현상이 아니라 지속적으로 일어나고 있는 변화이기 때문에 트리트먼트의 개념도 일시적인 치유가 아닌 지속적인 관리의 개념이 되어야 한다. 한번 손상된 모발은 다시 원래의 상태로 회복될 수 없으므로 미리 손상을 방지 하는 것 또한 중요하게 되며, 손상모 뿐만 아니라 정상모도 아름다운 모발을 유지하기 위하여 수분과 유븐을 공급하고 광택 및 유연성을 유지시켜 주는 것이 필요하다.

① 모발을 유연하게 하며 빗질이 잘되게 하여야 한다.
② 모발과 친화력이 있어 내부의 케라틴과 결합하여 손상을 방지할 수 있어야 한다.
③ 정전기의 발생을 억제, 방지하는 효과가 있어야 한다.
④ 모발의 표면을 보호하며, 윤기를 주어야 한다.
⑤ 모발에 일정한 수분을 유지시켜 주어야 한다.
⑥ 모발의 물리적인 특성을 강화시켜 줄 수 있어야 한다.
⑦ 극손상모에 모발보호 성분의 함량이 높고 지속력이 좋아야 한다.
⑧ 자외선 차단효과가 있어야 한다.

(2) 헤어 트리트먼트의 사용법

① 물기를 타월로 닦아낸 후 적당량을 모발과 두피에 바르고 2~5분 정도 마사지하여 뜨거운 타월로 감싸고 있다가 깨끗이 헹구어 낸다.

② 모발은 공기, 태양, 기후의 변화 등 자연적인 원인 외에도 다른 여러 가지 원인들에 의하여 이상 증상을 나타내고, 모발 빈혈을 일으키며, 민감해지고, 결국은 손상된다.

③ 미용인은 고객의 모발건강에 책임이 있으므로 모발진단에 따른 적합한 트리트먼트제를 사용하여 이러한 모발에 생기 있고, 부드러우며, 윤기가 나고, 건강한 모발로 회복시키도록 노력하여야 한다.

(3) 헤어 트리트먼트의 기능

① 얇고 부드러운 모발은 헤어스타일을 만들기 어렵다. 이러한 모발을 견고하게 해준다.

② 케라틴과 친화력이 있어 손상된 모발 내부의 구성성분과 융합되어 모발의 손상을 회복시킨다.

③ 수렴제로 모표피가 수축되게 한다.

④ 모발에 윤기를 준다.

⑤ 빗질을 쉽게 해 준다.

⑥ 모발에 정전기가 일어나지 않게 한다.

(4) 헤어 트리트먼트의 시술

샴푸 전에 모발의 성질(지성, 건성, 비듬 등)을 검토하고, 필요하다면 트리트먼트를 동반한 샴푸를 한다. 트리트먼트시 마사지로 효과를 높여주는데 마사지는 고객의 긴장을 풀어 주고 샴푸 후에 안락하고 즐거운 분위기를 고객에게 만들어 준다.

트리트먼트제는 모발용과 두피용이 있는데, 두피용은 물리적 자극이나 생리기능의 원활한 혈액순환 그리고 모모세포의 분열을 촉진시켜 주는 역할을 하고, 모발용의 트리트먼트제는 손상모에 집중적인 보습과 영양공급을 위한 역할을 한다. 모발 진단에 따른 적합한 제품을 사용하여야 하며, 극손상모에는 2~3일에 1회, 손상모일 경우 1주일에 1회, 모발보호를 위해서는 1달에 2~3회 사용한다.

(5) 헤어 트리트먼트의 종류

① 클리닉칼라

가) 염색전

① 클렌징 또는 탈색으로 인해 손상된 다공성 모발에 사용하여 모발에(프로틴 성분을 함유) 영양을 주고 모발의 큐티클층의 변화로 생기는 손상을 방지하며 모발 섬유 조직에 빠르게 흡수되는 모발 보습제 역할을 한다.

② 염색시 손상된 부분을 메꿔 주어 염색 효과를 균일하게 하며 모발 끝 부분을 보호해 염색의 지속성을 유지시켜 준다.
③ 염색 시술전 두피에 얇은 막을 형성하여 두피보호작용을 한다.
④ 염색 전후에 사용할 수 있는 이중 목적을 위해 특별히 개발된 클리닉 제품이다.

나) 사용법

마른 모발에 도포하고 헹구지 않는다

(6) 트리트먼트의 주요성분

아름다운 모발을 위해서는 수분과 유분이 적당하여야 부드럽고 광택이 나야 되며, 보통 모발은 10~15%의 수분을 유지하고 있다. 수분과 유분이 부족하면 모발은 광택이 없어지고 마찰 등으로 손상되기 쉬우므로 손상으로부터 모발을 보호하기 위해 트리트먼트제가 필요하다.

트리트먼트제의 원료

구분	내용
계면활성제	비이온성 계면활성제, 양이온성 계면활성제, 음이온성 계면활성제, 양쪽성 계면활성제가 있으며 서로 섞이기 어려운 물과 기름성분을 고르게 유화시켜 침투시키기 위해 사용된다.
대전방지제	양이온성 계면활성제와 양이온성 고분자화합물 등이 있다. 이 물질들은 모발케라틴 단백질과의 친화력이 강하여 모발이 대전한 곳에 흡착, 정전기를 방지하고 빗질이 용이하게 한다.
유지류	모표피를 유성의 피막으로 막아 수분의 증발을 억제한다. 동·식물의 오일과 실리콘을 사용한다.
습윤제	모발이 부드럽고 촉촉한 느낌이 나도록 수분을 제공한다.
모질 개량제	모발에 흡착·침투하여 손상부위를 수정하거나 보호하는 목적으로 사용된다.

(7) 트리트먼트제 특성별 종류

① 크림 타입의 트리트먼트제

크림 타입이 가장 많이 사용되는 형태로서 사용방법에 있어서 헹구어 내는 방법과 헹구지 않는 방법이 있다. 모발에 유분과 수분을 공급하고 광택을 주며, 건강모와 손상모를 손상으로부터 보호하여 주는 역할을 한다.

② 에어졸 타입의 트리트먼트제

액체의 내용물을 주입 가스의 압력에 의해 분사시키는 타입으로 사용이 간편하고 씻어내지 않는 편리성으로 많이 이용되고 있다.

③ Wet 타입의 트리트먼트제

구미 제품에서 많이 볼 수 있으며, 사용법으로 펌 전처리제나 컬러링 시 전처리제 또는 후처리제 등으로 많이 사용되고, 캡슐이나 앰플 형태가 많아 1인용으로 사용한다.

4) 헤어 에센스(Hair essence)

건강한 모발은 큐티클이 질서정연하게 늘어 저 있고 단백질이 단단하게 맞물려 있어서 샴푸할 때에도 단백질이 빠져나가지 않고 광택과 탄력을 유지하게 되는 반면 손상된 모발은 큐티클이 벗겨져서 샴푸할 때 안쪽의 단백질이 빠져나가서 푸석푸석한 상태가 악순환 된다. 그러므로 에센스를 통해 단백질이 빠져나간 틈새에 영양분을 공급하고 벗겨진 큐티클을 인공적으로 만들어 준다. 엉킴과 정전기를 방지하며 모발의 광택효과와 염색으로 손상된 모발내부 조직에 침투하여 상처 난 모발을 치료해 주는 모발 보습제 역할을 한다.

모발 주성분인 케라틴과 18가지의 아미노산이 함유되어 있고 실크프로틴과 실리콘 성분이 함유되어 큐티클에 코팅막을 형성하여 건강모로 재생시켜준다.

(1) 사용법

① 샴푸 후 타월드라이하고 모발이 마르기 전에 젖은 모발(큐티클이 열려 있을 때)에 발라주는 것이 더 효과적이다.

② 바를 때는 손가락으로 두피 마사지를 해주며 이 때 손톱으로 두피가 긁히지 않게 주의해야 한다.

③ 반드시 손가락 끝 피부(지문부위)를 이용해 강약 효과를 내면서 지그시 누르거나 비벼주면서 반복하여 마사지해 혈액순환을 돕는다.

5) 헤어 크리닉(Hair clinic)

모발 섬유구조를 재구성하여 치료작용을 하며 트리트먼트 효과를 주는 부드러움과는 다르게 조직을 단단하고 튼튼하게 해주는 역할을 하여 재구성 분자로 인하여 섬유가 활기를 띄게 하는 제품이다.

특히 지속적인 백모염색을 하는 모발에 건강함을 재생시켜 준다. 모발의 손상이란 단백질이 빠져나감으로 인해서 결합이 끊어진 상태를 말하며 손상된 모발은 힘이 없고 윤기를 잃어 갈라지고 탄력을 잃게 된다.

이렇게 극도로 손상된 모발은 칼라가 빨리 퇴색되며 웨이브형성이 되지 않아 펌이 오래가지 않고 빨리 풀어진다.

(1) 사용법

샴푸 후 타올 드라이한 다음 골고루 도포하고 헹구지 않는다.

드라이나 세팅할 때 사용하면 좋고 염색한 후나 다음 염색 사이에 사용하면 좋다.

6) 두피 세정과 모공이완을 위한 스켈링제

두피 세정을 위한 준비단계에 사용되며 스타일링을 한 고객일 경우 간단한 모발 세정 후 사용한다. 각질 및 노폐물을 모공에서부터 끌어내오게 되며 동시에 모공을 이완시켜 다음 단계로의 이전을 용이하게 한다. 제품을 바른 후 음이온기, 두피 매뉴얼 테크닉기, 헤어스티머를 사용할 수 있으며 고객의 상태에 따라 15~20분 정도의 시간이 소요된다.

(1) 스켈링제이 성상에 따른 타입

① **액체타입**(liquid type)

비교적 증상이 가벼운 각질 및 피지를 제거할 때 사용되며 액체의 성질상 피부에 흘러내리는 것을 조심해야 한다.

② **젤타입**(gel type)

일반적인 대부분의 각질 및 피지를 제거할 때 보편적으로 사용한다.

③ **크림타입**(cream type)

증상이 심한 각질 및 피지를 제거할 때 사용할 수 있으며, 크림 타입의 성질상 두피가 아닌 모발에 묻을 수 있다.

(2) 스켈링 제품의 성분

- 각질 용해 및 향균(두피의 살균, 노화각질제거 및 두피의 연화/제품의 흡수 도움) : 살리실산, 레졸신 등
- 항지루제(피지분비억제) : 유황구연산, 비타민 B_6
- 혈행촉진제 : 니코틴산, 세파틴산, 비타민 E, 비타민 B_5
- 소염제(염증억제) : 감초추출물, 항히스타민제, 스테로이드화합물
- 국소자극제(청량감, 가려움증) : 멘톨, 고추틴크, 페파민트

7) 육모제

고농축 앰플 형태가 많으며 젤이나 스프레이 타입도 있다. 세정단계 후, 타올 드라이를 하고 두피에 골고루 도포한다. 흡수 정도가 효과에 관건이므로 기기를 함께 사용하여 흡수를 최대화 한다.

(1) 육모제의 성분

- 혈행 촉진 : 센부리추출물, 세파라틴, 비타민 E, 니코틴산
- 모근영양 : 비타민 B, 비타민 E, 시스테인, 시스틴, 아미노산엑기스
- 모근세포생성 : 글리세린, 히아루론산, 세라마이드

(2) 발모제, 육모제, 양모제의 차이

① 발모제

모근부에 영양을 공급하여 모발이 자라게 하는 제품으로 프로페시아나 미녹시딜과 같은 의약품류에 해당하는 것을 말하며, 전문의의 처방을 필요로 한다.

② 육모제

모근부위에 영양을 공급하여 모발이 잘 자랄 수 있도록 도와주는 기능과 더 이상의 이상 탈모 현상을 막아주는 탈모 예방 기능의 제품으로, 일반적으로 사용되고 있는 의용제를 말한다.

③ 양모제

모근부에 영양을 공급하여 모발이 자라도록 하기 보다는 가늘어져 있는 연모를 탄력있고, 건강한 경모로 발전하도록 도와주는 화장품류로 의약품에 비해 안전성 면에서 높은 제품을 말한다.

제9장 두피 · 모발관리사 자격증 취득을 위한 과정

1. 두피 · 모발관리사 자격증 취득을 위한 과정 안내

두피모발관리사 자격검정 시험규정(KAT한국두피모발관리사협회 자료제공)

등 급	검정기준	자 격
2급 두피모발관리사	모발에 관한 전문적인 지식을 갖추어 숙련기술을 갖추고 이에 관한 업무를 전문적으로 수행할 수 있는 능력의 유무	- 관련분야의 교육기관에서 정규과정을 수료한자 - 미용관련분야 고등학교 졸업예정 후 두피교육을 이수한 자 - 동일 직무 분야의 전문대학 이상의 졸업 또는 졸업예정자
1급 두피모발상담사	전문적인 지식과 숙련기술을 가지고 이에 관한 전문적인 업무를 수행 할 수 있는 능력으로 습득한 지식을 지도 및 감독, 현장훈련 업무를 수행 할 수 있는 능력의 유무, 교육을 이수한 자	- 2급 자격증을 취득한 후 동일 직무 분야에서 6개월 이상 실무에 종사한 자 - 2급 자격증을 취득한 자로 교육기관이나 사이버 강의를 이수한 자 - 1급 자격검정 인증기관에서 일정기간 세미나 - 온라인, 오프라인 강의
인증강사	모발두피의 관리 2급 자격에 관한 전문적인 학과목 이론과 실기를 습득하여 2급 과정을 지도할 수 있는 능력의 유무	- 교육기관에서 관련된 교육을 2년 이상 경력이 있는 자 - 대학 졸업자나 동등한 학력이 있는 자로 2급 자격을 지도할 수 있는 자
최고전문가	지식과 숙련된 현장기술 능력과 경험을 갖추어 1급 상담사 과정을 지도할 수 있는 능력 유무	- 2급, 1급 과정을 이수하고 교육기관이나 관련된 실무가 5년 이상인 교육 경험이 있는 자 - 인증강사를 이수하고 관련된 기관의 상담에 관련된 현장 실무 3년 이상 경력이 있는 자(교육경험) - 이수한 과목 중 규정된 과목 규정에 의해 과목 Test

두피모발관리사 2급 자격시험 이론 및 실기 시험방법

검정시험분류	필기시험	실기시험
응시자격	관련기관에서 정규과정을 수료한 자 제한없음	2급 필기시험 합격자 필기시험 합격 후 1년 동안 자격유효
원서교부	협회 중앙 사무국 각 지회 및 지역접수처 인터넷 사이트 직접접수	협회 중앙 사무국 각지회 및 지역 접수처
접수준비물	필기 응시원서(소정양식) 사진 1매 신분증	실기 응시원서(소정양식) 사진2매 신분증
전형료	불합격자 재 접수	불합격자 재 접수
시험지참물	수험표(고사장에서 배부) 신분증 필기도구(검정색싸인펜)	수험표(고사장에서배부) 신분증 실기에 필요한 준비물 응시번호표(고사장배부)
시험과목	고객상담 및 매뉴얼테크닉 모발학 두피모발 진단 및 관리학 화장품학 영양학 두피모발 관리학 기자재 및 제품 두피모발 관리용 기자재 및 제품	서술시험 및 차트작성법 (두피판독 및 관리방법) 시술테크닉(스틱면봉, 브러쉬, 스케일링,메뉴얼테크닉, 샴푸, 영양공급, 트리트먼트, 마무리 순으로)
출제 및 심사방법	객관식 60문항 100점 만점/70점 이상	1차-서술형 시험(30점) 2차- 실기테크닉(70점)/70점이상 평균
시험시간	60분	1차: 20분 2차: 60분

[참고] KAT한국두피모발관리사협회 두피모발관리사(2급) 자격시험안내

한국두피모발관리사협회 두피모발관리사 필기시험 안내

1) 시험시간 10분 전에 수험자를 응시번호대로 자리 정돈을 하고, 수검자 유의사항(아래쪽참고)을 숙지시킨다.
2) 필기시험지와 OMR답안지를 배포하고 시험시작을 알린 후 1시간동안(시험 치르는 동안 퇴실금지) 시험을 치르게 하고, 20분쯤 경과 후에 수험자의 주민등록증과 응시표를 대조한 후 필기시험 답안지의 감독자 확인란에 사인한다.
3) 시험의 종료를 알리고 시험지와 답지를 거두어들인다.

필기수검자 유의사항

1. 수검자는 수검표를 깨끗이 보관하여야 하며 필기시험합격자는 당해 필기시험 합격자 발표일로부터 1년간 필기시험을 면제 받게 되니 계속 보관하셔야 합니다.
2. 장소 및 시간을 미리 확인하시어 착오가 없도록 유의하시기 바랍니다.
3. 수검자는 필기 시험 시 (1) 수험표 (2) 주민등록증 (3) 검정싸인펜을 지참하여 시험시작 30분전에 지정된 장소에 입실하여야 합니다.
4. 응시원서를 잘못 기재하여 착오가 발생하였을 때에는 시행기관이 책임지지 않으므로 이로 인하여 발생하는 불이익을 받지 않도록 정확히 기재하여야 합니다.
5. 접수된 원서 및 사진 그리고 수수료는 일체 반환하지 않으므로 유의하시기 바랍니다.
6. 합격자 발표는 시험당일로부터 10일 후이며, 각 지정교육기관이나 협회로 문의하시기 바랍니다(개별통보 하지 않음).
7. 필기시험 합격자는 실기시험에 응시하기 위하여 현장실습을 확인하여야 하며, 확인서와 함께 실기시험에 응시할 수 있습니다(단, 특별한 경우 감독자의 판단에 의해 허가 할 수 있음).
8. 수검자는 필기/실기 시험을 제한된 시간이내에 마쳤더라도 밖으로의 이탈을 금지합니다.

9. 수검자가 소지한 휴대폰 및 정보통신기기는 시험 기간내에 소지가 불가능하며, 감독관님께서 보관 후 시험을 마친 후 되찾을 수 있습니다.

[필기시험 구성]

유형 : 객관식 60문제(A형/B형/C형/D형)

시험기간 : 1시간(60분)

합격기준 : (70점 이상 합격)

[두발모발관리사 2급 필기시험 시간표]

시 간	내 용
10:50	입실 & 유의사항 안내
11:00~12:00(60분)	객관식 60문항

한국두피모발관리사협회 두피모발관리사 2급 실기시험 안내

1) 실기 준비물을 정돈시키고 학생들의 응시번호대로 착석을 지시한다.
2) 자리에 앉아 서술시험을 치를 준비를 마치고 서술시험 및 고객 챠트 작성표를 나누어주고, 20분간 조용한 가운데 시험을 치를 수 있도록 한다.
3) 시험 종료를 알리고 시험지를 거두어 들인다.

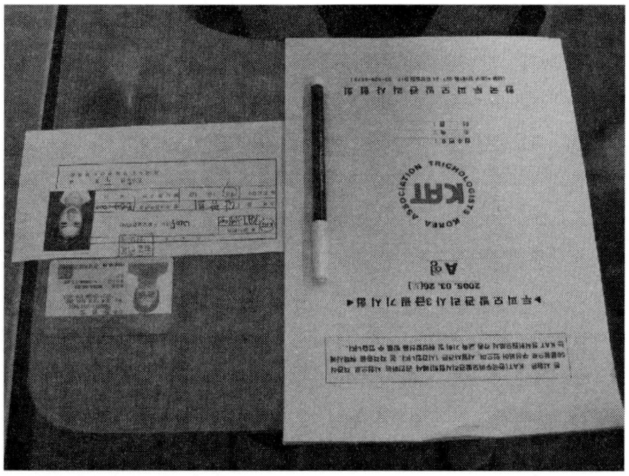

· 고객의 두피모발 타입을 분석하고 고객 챠트에 기록하여 관리의 효율성을 높이고, 마사지 및 시술과정의 테크닉을 갖추고 있는지에 대해 테스트를 한다.
· 실기시험 자격: 필기시험합격자이며, 현장실습 이수 확인자
· 실기시험 구성

1차 서술시험 or 고객 챠트 작성 (30점)

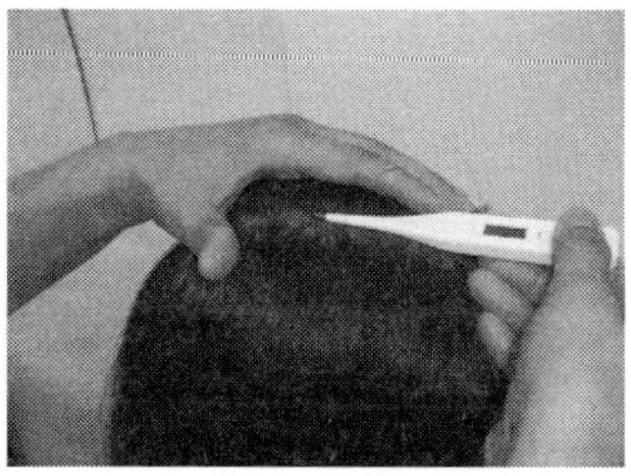
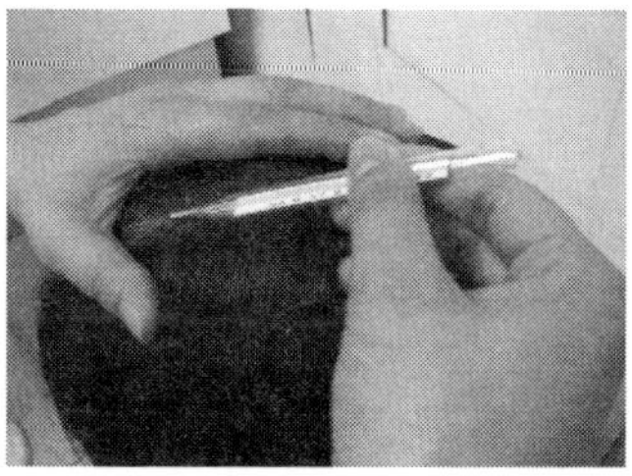

- 고객 챠트 작성시 두피온도를 체크하여 기록

2차 시술테크닉 및 마사지(70점)

합격기준 : 평균점수 70점 이상 합격

두피모발관리사 3급 실기시험 시간표

시 간	내 용
10:50	입실 & 유의사항 안내
11:00~12:00(20분)	서술형(고객 챠트 작성)
11:30~12:20(10분)	두피관리 시술테크닉 및 마사지

두피경혈점 파악 및 시술테크닉의 점수는 최저 1점, 최고 10점으로 채점 됩니다.

채점항목

1) 시술전 개인 준비물 검토 & 채점 항목

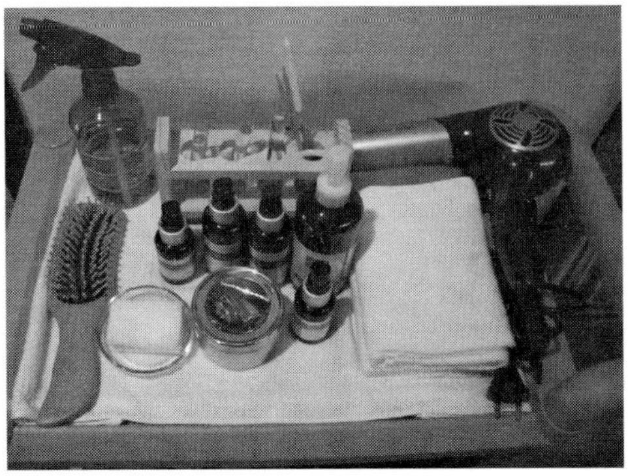

2) 복장 및 위생상태: 두발, 복장단정, 액세서리 미착용

· 목적 : 관리 시술사의 사전 준비 자세 및 위생상태 점검

· 실기시험 실시 전에 준비물 점검

준비물 : 응시표, 신분증, 필기도구, 관리제품일체(스켈링제, 앰플, 샴푸, 트리트먼트), U형브러시, 드라이, 흰색타월(3장), 스파츌라, 탈지면 소독불, 유리관(3개), 분무기, 거치대, 핀셋, 스틱, 쿠션 등

· 용모단정 정검

액세서리 미착용 및 두발과 복장 단정 정검

시험응시자 : 하얀색 관리사 가운

모델 : 상의 흰 면티

3) 브러싱 방법 - 백회 방향으로(나무브러쉬 사용)

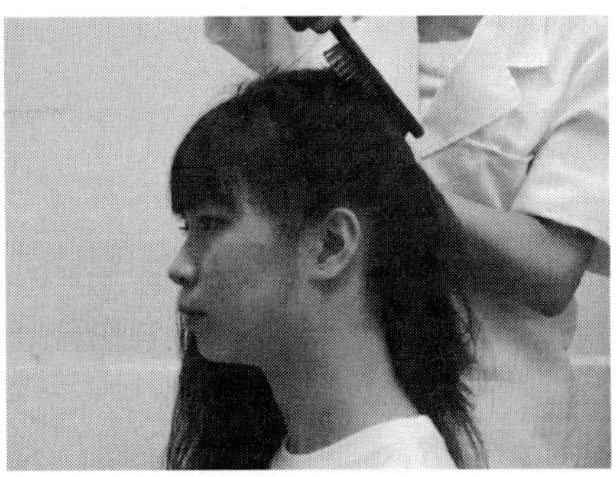

· 목적 : 올바른 브러싱을 통하여 두피의 혈액 순환을 돕고, 시술 전 고객의 두피 및 머리카락의 정돈을 위함이다.

· 방법 : 고객이 불편하지 않도록 머리카락의 결을 따라 자연스럽게 빗질하고, 정수리를 향하여 올바른 빗질을 하여 두피 및 모근을 자극하여 혈액순환을 개선시키는 자세를 살펴본다.

· 제한시간 : 5분
감독관님이 시작을 알리고 수험자의 브러싱을 살펴본 후 채점을 한다.

4) 스켈링(deep cleasing) - 섹션뜨기 및 방향과 숙련도

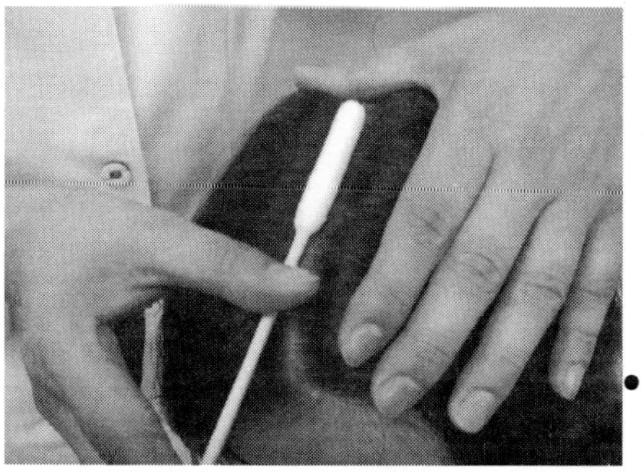

· 목적 : 두피의 노폐물과 오래된 각질제거를 통해 두피에 영양을 공급하기 위함이다.
· 방법 : 5등분으로 섹션을 나누고, 퍼프로 감은 스틱에 스켈링제를 적셔 1cm 간격으로 고르게 두피전체에 도포를 한다.
· 제한시간 : 10분
감독관님이 시작을 알리고 수험자의 스켈링 도포상태를 살펴본 후 채점을 한다.

5) 두피 매뉴얼 테크닉 - 정확한 경혈점 마사지의 연결성, 자세

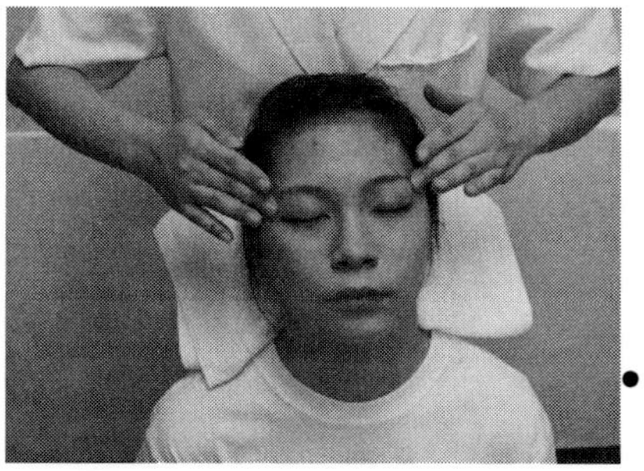

· 목적 : 고객의 안정 및 스트레스 해소 그리고 두피의 혈액순환을 돕고 두피 영양 공급을 더욱 효과적으로 하기 위하여
· 방법 : 승모근부터 시작하여 두피전체의 마사지를 통하여 수험자의 능숙한 매뉴얼 테크닉을 채점한다.
· 제한시간 : 15분
감독관님이 시작을 알리고 수험자의 매뉴얼 테크닉을 살펴본 후 채점을 한다.

6) 좌식 샴푸 및 마무리 – 샴푸제의 고른 도포 및 깔끔한 마무리(숙련도)

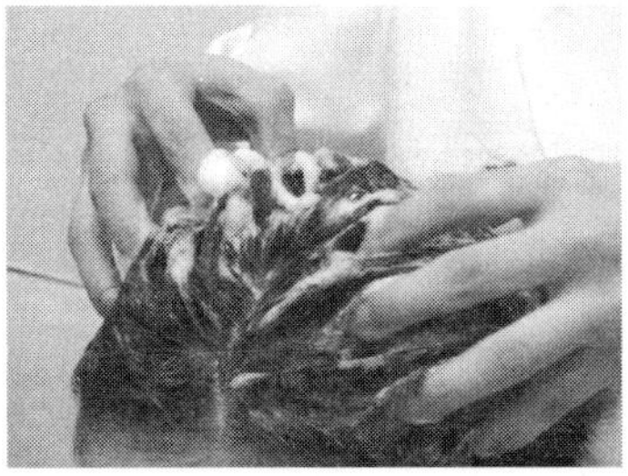
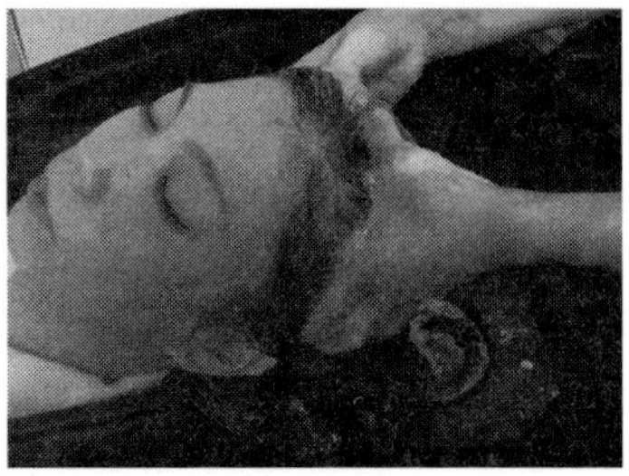

· 목적 : 두피와 모발의 세정을 통하여 고객에게 청량감과 안정감을 주기 위하여
· 방법 : 적당량의 샴푸를 도포하여 두부 전체에 고르게 거품을 일게 하고, 얼굴이나 귀 등에는 샴푸제가 묻어나지 않았는지 살펴본다.
· 제한시간 : 10분
감독관이 시작을 알리고 수험자의 샴푸 테크닉을 살펴 본 후 채점을 한다.

7) 드라이 – 타올 드라이와 적외선 또는 이온 드라이기 사용

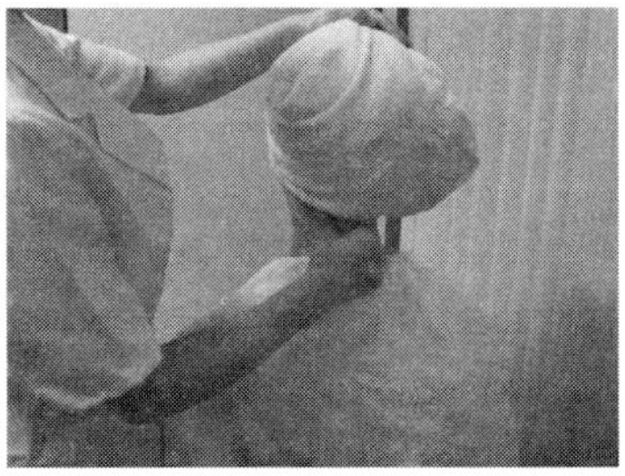
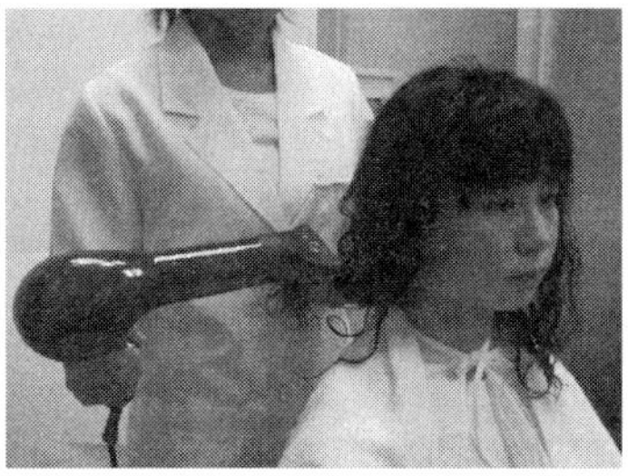

· 목적 : 앰플과 트리트먼트 도포 전 모발을 건조시켜 영양분을 투입시키기 위하여
· 방법 : 타올 드라이를 통하여 적당량의 수분을 덜어내고, 앰플 및 트리트먼트 도포를 위하여 모발을 건조시킨다.
· 제한시간: 10분
감독관이 시작을 알리고 수험자의 타올 드라이 및 열드라이 테크닉을 살펴본 후 채점을 한다.

8) 앰플과 트리트먼트 도포 – 전체 두부의 고른 시술

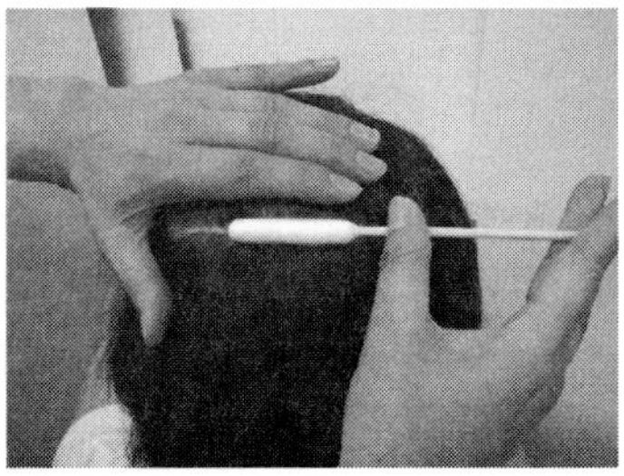
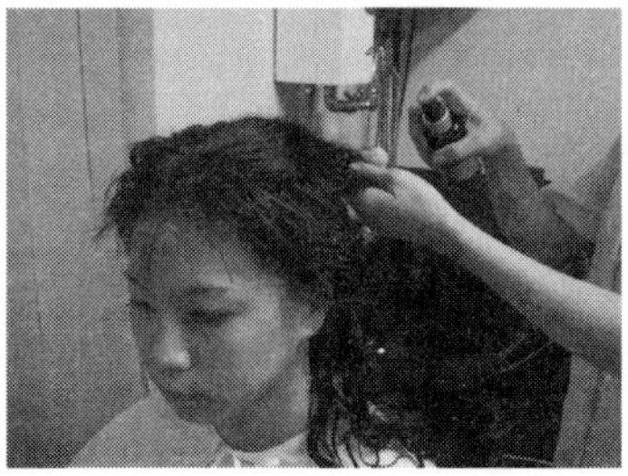

· 목적 : 모유두의 영양 공급으로 모근을 강화시키고 튼튼한 모발육성, 모발성장촉진 그리고 거칠고 가늘어진 모발을 건강한 모발로 회복
· 방법 : 다이아몬드 유형으로 5등분으로 섹션을 나누고, 두피에 앰플을 1cm 간격으로 고르게 도포, 모발에 트리트먼트를 두피전체에 고르게 분사 · 도포를 한다.
· 제한시간 : 5분
감독관이 시작을 알리고 수험자의 앰플 및 트리트먼트도로를 살펴본 후 채점을 한다.

한국두피모발관리사자격검정 필기/실기시험 수험원서

제 회 자격검정(필기, 실기)을 받고자 다음 사항을 서약하고 이 원서를 제출합니다. 이 원서에 기재한 내용이 사실과 틀리거나 응시가격 기준에 해당하지 아니할 때에는 합격 또는 자격을 취소하여도 아무런 이의를 제기하지 아니 하겠습니다.

〈수험원서 사진넣기〉

수험원서 작성방법

◈ 이 원서는 필기 및 실기를 구분하여 표기하여야 합니다.
◈ 다음 방법에 따라 작성하시기 바랍니다.

1. 사진 : 최근 6개월 아내에 촬영한 3cm*4cm 규격의 동일원판의 탈모 상반식 사진을 부착하여야 합니다.
2. 모든 내용은 정자로 작성하여야 하며, 특히 숫자는 명확하게 작성하시기 바랍니다.
3. 제출일자 : 수험원서에 지출일자를 꼭 쓰셔야 합니다.
4. 주민등록번호 : 주민등록번호를 칸에 맞추어 정확하게 기재하여야 합니다.
5. 주소 : 주민등록자와 사용가능한 이메일주소를 기재하여야 하며, 우편물 수취가 가능한 주소록 작성하되 통, 반(아파트 경우 동, 호수)까지 기재하여야 합니다.
6. 추천인의 소속과 이름이 명확히 기재되어야만 합니다.
7. 소지면허증이 있는 경우에는 자격증의 명칭과 교부일을 작성 기재하여야 합니다.

수험원서 작성방법

1. 수검자는 수검표를 깨끗이 보관하여야 하며 필기시험합격자는 당해 필기시험 합격자 발표일로부터 1년간 필기시험을 면제 받게 되니 계속 보관하셔야 합니다.
2. 장소 및 시간을 미리 확인하시어 착오가 없도록 유의하시기 바랍니다.
3. 수검자는 필기 시험시 (1) 수험표 (2) 주민등록증 (3) 검정싸인펜을 지참하여 시험시작 30분 전에 지정된 장소에 입실하여야 합니다.

4. 응시원서를 잘못 기재하여 착오가 발생하였을 때에는 시행기관이 책임지지 않으므로 이로 인하여 발생하는 불이익을 받지 않도록 정확히 기재하여야 합니다.
5. 접수된 원서 및 사진 그리고 수수료는 일체 반환하지 않으므로 유의하시기 바랍니다.
6. 합격자 발표는 시험당일로부터 10일 후이며, 각 지정교육기관이나 협회로 문의하시기 바랍니다(개별 통보하지 않음).
7. 필기시험 합격자는 실기시험에 응시하기 위하여 현장실습(40시간)을 이수하여야 하며, 확인서와 함께 실기시험에 응시할 수 있습니다.
8. 수검자는 필기/실기 시험을 제한된 시간이내에 마쳤더라도 밖으로의 이탈을 금지합니다.
9. 수검자가 소지한 휴대폰 및 정보통신기기는 시험 시간 내에 소지가 불가능하며, 감독관님께 보관 후 시험을 마친 후 되찾을 수 있습니다.
10. 실기시험일까지 현재 수험자의 응시자격요건을 충족하지 못한 경우는 필기시험 합격이 무효로 됩니다.
11. 접수된 수험원서, 수수료 및 기타 서류는 반환하지 아니합니다.

KAT 1급/1차 필기시험 기준

[KAT 1급 두피모발관리사 자격검정 기준 및 목표]

· 두피모발관리사의 사회적 역할과 필요성이 중요시 되고 있는 현시점에서 보다 현실적이며 산업체에서 요구하는 전문성을 갖춘 두피모발관리사를 양성하여, 실질적 업무능력과 컨설턴트 업무를 수행할 수 있도록 교육하여 그에 준한 자격검정 시험을 통해 교육기관, 두피모발관리사협회 및 산업체의 연계성을 통해 보다 더 우수한 인력을 배출하는 데 그 목표가 있다.

[출제 및 평가]

· 1차 필기 시험

객관식 4지 선다형 100문항 출제

· 교과목별 비율

교과목	출제문항수	교과목	출제문항수
모발과학	15	인체생리학	10
영양학	10	두피모발관리학	15
성분학	10	탈모학	10
아로마테라피	10	임상학	5
전기 및 기기학	5	상담학	10

· 합격점: 100점 만점 70점 이상

[심사방법] 이론 및 실기

· (감독위원은 협회의 규정에 준하는 별도의 심사위원 교육과정을 이수한자 위촉장 수여)

· KAT에서 위촉된 두피모발관리사 자격검정 심사위원에 한하여 감독자격이 주어지며 심사위원은 반드시 KAT의 심사규정을 준수해야 한다(필기 및 실기 동일).

[시험시간]

· 100분 (4지 선다형 100문항)

[출제범위]

· KAT 1급교재

KAT 1급 / 2차 논술시험 기준

[평가기준]

100점 만점 평균 60점 이상 합격

[교과목]

모발학, 영양학, 성분 · 제조하, 아로마테라피, 기기학, 상담학, 탈모학, 임상학, 인체생리학, 두피관리학

[출제유형]

서술형, 혼합형

[출제비율]

1. 두피모발관리학(모발학, 탈모학, 두피모발관리학, 인체생리학) 50%
2. 성분、제조학(성분제조학, 아로마테라피, 영양학) 30%
3. 임상학(상담, 임상학, 기기학) 20%(각 과목별 비중에 따라 서술형 및 혼합형으로 출제됨) 100점 만점기준 과락 없이 평균 60점 이상 합격

[심사방법]

[심사방법] 이론 및 실기

(감독위원은 협회의 규정에 준하는 별도의 심사위원 교육과정을 이수한자 위촉장 수여)

· KAT에서 위촉된 두피모발관리사 자격검정 심사위원에 한하여 감독자격이 주어지며 심사위원은 반드시 KAT의 심사규정을 준수해야 한다. 단, 심사위원 자격은 KAT 2급 교육과정에 이수한자로 심사위원으로 인정된 자에 한함.

[시험시간]

100분(4지 선다형 100문항)

[출제범위]

2차 논술시험(서술, 혼합형) 60분

* 단 1급 인증강사 자격시험은 2급 교과목 중 선택하여 1:1 테스트로 함
  (1:1 테스트 과정의 목적은 강사들의 능력을 키워주는 과정으로 교육 프로그램을 제시할 수 있어야 함)
  (2급 자격에 관한 교육향상에 목적을 두고 전문 강사 인력을 양성하기 위함입니다.)

[출제범위]

KAT 1급 교재

[문의] 한국두피모발관리사협회 (02) 525-5875 www.ekat.co.kr

Reference

김기향, 김기연, 미용학적 접근의 탈모연구, 한국미용학회, 1999,
김광옥외, 최신미용경락, 청구문화사, 2005
김남연외, 최신한방미용학개론, 청구문화사, 2007
김재원, 원형 탈모증의 임상적 고찰, 중앙대학교 석사학위논문, 1994,
김한식, 모발생리학, 현문사, 1997,
건강생활연구회 편, 백발· 탈모증 , 인화, 1998,
두피모발관리학,(사)한국두피모발관리사협회, 군자출판사, 2011
대한미용교수협의회, TRICHOLOGY Scalp & Hair Care, 청구문화사, 2007
박종운, 대머리 크리닉, 성하출판사, 1996 ,15pp.-45,
서은옥, 원형탈모증 환자 모발의 형태학적인 관찰, 전북대학교 석사학위논문, 1984
안남훈, Holistic오행체질분석, 도서출판 Holism, 2002
이인준, 굿바이 대머리, 유나미디어, 2000,
이정화, 원형 탈모증 환자에서의 불안, 우울 및 정신과적 증상에 관한 연구, 단국대학교 석사학위논문, 1997
임종삼, 모발과 피부 건강법, 문학풍경, 1996,
임현상, 원형 탈모증에서 모낭세포에 대한 자가 항체의 변화, 중앙대학교 석사학위논문, 1997
오경은, 헤어케어, 미용산업교육원, 1999,
정숙희외, 트리코로지스트 스토리북, 훈민사, 2008
조미영 김보경, 모발관리학, 훈민사,2006
최광호, 털클리닉, 다락원, 1999,
최선필, 원형탈모증 병적 모발과 정상 휴지기 모발의 단백성상 연구, 전북대학교 석사학위논문, 1990
최연희, 모발손상원인과 모발관리에 관한 연구, 김천과학대학 논문집, 1999
피부과학 원색도감 편찬위원회 번역, 피부과학 원색도감, 정담, 1999,
최연희, 컬러테크닉, 청구문화사,
최연희, Pun Pun Perm, 청구문화사,
현대건강연구회 편, 정확한 탈모 방지법, 태을출판사, 1990,
황인명, 탈모방지 두피건강 육모방법, 얼과알, 2000,
Dawber RP : Alopecia. In the Science of Hair Care. Zviak C(ed), Marcel Dekker, INC, New York, 1986:
Nadelson T : Psychological understanding and management of cutaneous disease. In Dermatology in Gerneral medicine. Fitzpatrick TB, Eisen AZ,Wolff K et al(eds), 3rd ed, New York : Mograw-Hill Book Co, 1987
Maguire HC, Hanno R : Disease of the hair. In Dermatology.
In Dermatology. Moschella, S.L. and Hurley, H.L.(ed), 2nd ed.,W.B. Saunders Co., Philadelphia, 1985
Mehlman RD, Griesemer RD : Alopecia areata in the very young. Am J Psychiat 1968;
Hordinsky M : Alopecia areata. In Immunologic disease in the Skin.
Jordon(ed), Connecticut : Appleton & Lange, 1991
Mitchell AJ, Krull EA : Alopecia areata : Pathogenesis and treatment. J Am Acad Dermatol 1984
Beard HO : Social and psychological implications of alopecia areata. J Am Acad Dermatol 1986
Brauner GJ, Goodheart HP : Dermatologic care behind bars. J Am Acad Dermatol 1988

이 교재는 오산대학교 연구비 지원으로 제작되었음

두피모발관리학

2012년 2월 20일 초판 발행
2014년 8월 30일 초판 2쇄발행

지은이 : 최연희
펴낸이 : 이상태
펴낸곳 : 청구문화사
주 소 : 120-831 서울특별시 서대문구 성산로 11길 15
전 화 : 02) 332-0541(代) FAX : 02) 337-9577
등 록 : 1990년 11월 2일 제9-247호

정가 25,000원

ISBN 978-89-5616-488-5 93590